———

DES MURS DE REFEND

ET DE LEURS CHEMINÉES

———

En construction, généralement parlant, les murs de refend ou, à leur défaut, les pans de bois montant de fond, dits également de refend, peuvent être, en quelque sorte, considérés comme étant à un bâtiment quelconque ce que la colonne vertébrale ou ossature médiane, principe vital d'un poisson, est à tout son individu, c'est-à-dire l'âme de tout son être ; comme aussi les cloisons de distribution pourraient être, dans l'espèce, comparées à ses menues arêtes, car, disposées en différents sens, ces cons tructions plastiques présentent autant de points d'appui annexés ou secondaires qui maîtrisent, dans de certaines proportions, les effets multiples des forces vives que produit naturellement la vertu de répansion du poids des planchers sur l'étendue des surfaces que ces derniers recouvrent.

Il est de toute nécessité en effet que toutes les parties esssentiellement constitutives d'un bâtiment en général convergent, pour ainsi dire, vers un centre ou point commun d'appui quelconque, dans le but, d'un côté, d'annihiler tout mouvement de roulis, de l'autre, d'en maintenir ainsi l'équilibre et enfin de la douer de cette force d'inertie à toute épreuve, condition, première de sa stabilité voulue, pour que celle-ci doive être pour ainsi dire, plus que séculaire.

J'ai donc naturellement pensé que ce genre de division principale que j'appellerai *point d'appui medium* ou de support général, devant, selon moi, être accepté comme complément immédiat et obligé des façades avec lesquelles il est dans de continuels rapports d'intime solidarité mutuelle a raison de trouver sa place, dans l'exposé qui fait l'objet de ce traité. Cette thèse toute sommaire admise, il me reste à décrire comme suit, les détails de ce mode de construction, contenus dans cette **59**e planche.

La figure 1 de cette planche donne le plan de l'ossature en tôle de fer dite de roche, d'un

APPLICATION GÉNÉRALE
DU FER, DE LA FONTE, DE LA TÔLE

DES POTERIES, BRIQUES PERFORÉES ET AUTRES

DANS LES CONSTRUCTIONS CIVILES, INDUSTRIELLES ET MILITAIRES

DANS CELLES DES PONTS FIXES OU SUSPENDUS, DES CHEMINS DE FER, DES ÉCLUSES
ET DES DIGUES A LA MER, ETC., ETC.

PREMIER VOLUME·

1· Traité de Construction en Poteries et en Fer;

2° Traité de l'emploi exclusif de la Tôle et des Briques perforées dans les Bâtiments en général.

3· Recueil de Machines anciennes et modernes, appropriées à l'art de bâtir.

NOTA. — *Bien que cet ouvrage se compose de deux volumes, l'un et l'autre traitant de matières distinctes peuvent être achetés séparément.*

AVERTISSEMENT

DE LA DEUXIÈME ÉDITION

DU TRAITÉ COMPLET DES CONSTRUCTIONS EN POTERIES ET EN MÉTAL.

Si, d'un côté, j'ai cru ne devoir rien retrancher de la première *édition* de mon Traité de Construction, etc., etc., aujourd'hui entièrement épuisée, de l'autre, il m'a semblé très-opportun d'y ajouter, par le fait même de l'addition de la *deuxième* en voie de publication, un complément d'autant plus nécessaire qu'il a pour objet de traiter de l'emploi exclusif de la *tôle de fer*, joint à celui des *briques creuses*, etc., etc., dans les constructions civiles, industrielles, etc., etc., ainsi que dans celles des ponts fixes, etc., etc., et de remplir ainsi une lacune qui, depuis longtemps déjà, m'avait été signalée par tous les hommes du métier.

Toutefois, dans l'intérêt de toute la clarté possible à apporter dans les nouvelles dispositions de ce nouveau travail, j'ai dû procéder à un classement méthodiquement coordonné de toutes les parties qui le composent, assigner à chacune d'elles la catégorie qui lui appartient, et aider ainsi mes lecteurs à consulter sans efforts tous les détails qui constituent l'ensemble de cet ouvrage, lequel, comme par le passé, se compose de deux *volumes* de texte, mais ici sans adjonction immédiate de planches à leur suite, ces dernières formant, de leur côté, un atlas séparé, de telle sorte que, sans sujétion aucune, on pourra, en lisant ce même texte, consulter utilement les planches qui y cor-respondent.

C'est pour ce motif, selon moi très-appréciable, que j'en ai classé les diverses parties ainsi qu'il suit :

1

Savoir :

Le premier volume comprend :

1° Le Traité de Construction en poteries et fer à l'usage des bâtiments civils, indus-triels et militaires, etc., etc.

2° Le Traité de l'emploi exclusif de la tôle de fer et des briques creuses perforées dans les constructions civiles, industrielles, ainsi que dans celles des ponts fixes établis d'après cette méthode encore toute exceptionnelle, etc., etc.

3° Un Recueil de machines anciennes et nouvelles dites modernes appropriées à l'art de bâtir, et à diverses opérations de l'Industrie.

Le deuxième volume comprend :

1° Le Traité de l'application du fer, de la fonte et de la tôle, dans les constructions civiles, industrielles et militaires, etc., etc.

2° Le Traité de construction des ponts fixes et suspendus, soit en fonte, soit en tôle, etc., etc.

3° Un Aperçu sur l'art d'ériger les tuyaux de cheminée en briques, d'après le nouveau système.

4° Un Mémoire sur la construction de nouveaux planchers destinés à rendre les bâti-ments incombustibles, suivi de l'Exposé d'un système de *pont* en charpente de bois, par feu E. D. Bazaine, général de division du génie, etc., etc.

Un *atlas* in-folio détaché et composé de 164 planches pour les deux volumes, donnera de suite toute facilité de comprendre les diverses descriptions du texte appuyées des dessins auxquels elles se rapportent.

Toutes les planches ont été gravées tant par Hibon que par A. Leblanc et Lemaitre dont l'exactitude de reproduction et la pureté du burin sont autant de recommandations en faveur de cet ouvrage tout élémentaire.

En résumé, si, par ce coordonnement méthodiquement combiné, j'ai enfin réussi à abréger autant que possible certaines recherches souvent laborieuses pour ceux de mes lecteurs qui voudront bien consulter cet ouvrage, à l'endroit de détails auxquels leurs spécialités ont droit, j'aurai, à mon entière satisfaction, rempli la tâche toute désinté-ressée que je me suis imposée, en vue de la vulgarisation désirable des progrès de plus en plus ascendants de la civilisation de notre époque.

A MESSIEURS

LES CONSTRUCTEURS.

Messieurs,

En vous dédiant mon Traité de Construction a l'usage des batiments civils, industriels et militaires, j'ai voulu le soumettre à l'examen d'un jury éclairé et compétent, dont le jugement impartial sera pour moi de la plus grande importance, soit que cet ouvrage obtienne son approbation, soit qu'il fasse naître des divergences d'opinion qui tourneront toujours au profit de l'art.

La marche que j'ai suivie paraîtra convenable, je l'espère : ainsi, à mon avis, c'était par une énumération méthodique de faits et d'expériences, plus que par des raisonnements, que je pouvais clairement développer les nombreuses applications d'un mode de construction connu des anciens, et que tous mes efforts ont tenté de rajeunir.

Les nombreuses recherches auxquelles je me suis livré m'ont toutes prouvé que cette méthode avait à peine trouvé place dans les divers traités de construction, et que les auteurs qui en ont parlé n'ont fait qu'effleurer ce sujet, ou ne l'ont traité que d'une manière extrêmement succincte.

Rondelet lui-même, dont l'excellent ouvrage fait autorité pour les travaux de toute nature, en raison du développement qu'il a donné aux diverses branches de la construction, n'a consacré que quelques lignes à cette partie, selon moi si importante : encore n'a-t-il pas déterminé la résistance des *poteries* considérées, soit isolément, soit à l'état de surface, provenant de leur juxta-position.

Dans cet état de choses, j'ai pensé que ce serait rendre service aux personnes qui se livrent à la construction, que de combler cette lacune par le rapprochement de documents authentiques et d'épreuves consciencieuses, fruits de longues observations et d'expériences réitérées.

Cet ouvrage traitera de l'*emploi des poteries*, soit isolément, soit *combinées avec le fer*, dans la construction des voûtes, planchers, murs de refend, combles, etc. ; et toujours les données qui m'ont servi de point de départ, et qui reposent toutes sur la pratique ainsi que sur les principes invariables de la statique, viendront à l'appui de mes démonstrations présentées dans les termes les plus simples. Les personnes qui s'adonnent spécialement à l'art de bâtir pourront donc facilement connaître la vérité de mes propositions ; d'un autre côté, ce Traité sera d'une incontestable utilité aux propriétaires, dont la plupart font aujourd'hui de la construction un objet de distraction et même de plaisir. Ils pourront facilement se convaincre, par la lecture des nombreux détails qui s'y trouvent renfermés, de l'immense avantage qui doit résulter, pour les constructions, de l'emploi des poteries, et sous le rapport de la solidité, et sous celui de la durée ; je ne doute donc pas qu'ils ne s'empressent de le substituer, soit dans les réparations partielles, soit dans les constructions nouvelles, aux divers modes employés jusqu'à ce jour.

Quant au Recueil de machines qui fait suite à ce Traité de construction, et qui a pour but d'exposer les différentes améliorations qui ont été introduites dans la combinaison des agents mécaniques, mes confrères me sauront gré, je pense, de l'avoir adjoint à ce Traité, et d'avoir ainsi réuni, dans un même recueil, les moteurs le plus en usage dans les diverses phases de la construction. Les perfectionnements que, dans la pratique, ils jugeront nécessaire d'y apporter feront naître en eux l'idée de s'occuper plus positivement de cette branche si importante des arts mécaniques, et de ne plus abandonner exclusivement aux constructeurs de machines le soin de combiner les divers systèmes de puissance ou d'augmentation de vitesse qu'ils sont chaque jour appelés à mettre en œuvre. Aux architectes, en effet, appartient essentiellement de créer, selon les besoins et les circonstances, des moyens ingénieux et expéditifs de construction, qui ont l'avantage d'accélérer la main-d'œuvre, et qui donnent de la sécurité aux ouvriers en les mettant à l'abri de nombreux accidents.

Si cet ouvrage, Messieurs, obtient votre faveur, je serai dignement récompensé de mes efforts, et je m'estimerai heureux d'avoir pu ajouter quelques lumières à un genre de construction qui sera, j'aime à le croire, de plus en plus goûté des gens de l'art.

PRÉFACE

DE LA DEUXIÈME ÉDITION DU PREMIER VOLUME

MESSIEURS,

En présence de l'accueil tout flatteur pour moi, que vous avez bien voulu faire à la première édition de ce *Traité de construction*, je ne puis que m'empresser d'en créer aujourd'hui une *nouvelle* ou *seconde* avec intercalation d'une *partie* non moins intéressante que ses deux devancières, en un mot, celle traitant de l'emploi exclusif de la *tôle* dite de *roche*, uni à celui des *briques perforées*, appropriés simultanément à une nouvelle méthode d l'art de bâtir, qui, selon moi, a aussi sa raison d'être, et, en résumé, en coordonnant la marche de ce *livre* entièrement revu et augmenté, selon un nouvel ordre, et en la divisant en *trois parties* distinctes renfermées dans un seul volume de *texte*, puis dans une seule série de *planches*, le tout à l'effet de donner au lecteur le plus de facilité possible dans la compulsion des nombreux détails tant écrits que dessinés, contenus dans ce volumineux ouvrage.

CH. ECK,

Architecte-Ingénieur civil.

INSTITUT DE FRANCE.

ACADÉMIE ROYALE DES BEAUX-ARTS.

RAPPORT

Sur un Traité de construction en *poteries* et *fer*, etc., etc., de M. Charles Eck, fait au nom de la section d'architecture, composée de MM. Percier, Fontaine, Huyot, Vaudoyer, Debret, Lebas, Guenepin, par A. Leclerc, son rapporteur.

Le secrétaire perpétuel de l'Académie certifie que ce qui suit est extrait du procès-verbal de la séance du samedi 8 juillet 1837.

Messieurs,

Par une lettre en date du 13 octobre 1836, M. le ministre de l'intérieur [1] demande à l'Académie des Beaux-Arts son opinion sur l'ouvrage de M. **Ch. Ekc**, architecte ingénieur civil.

Chargé de l'examiner, je viens vous présenter le résultat du travail que j'ai fait sur cet ouvrage qui a pour titre : *Traité de Construction en poteries et fer, à l'usage des bâtiments civils, industriels et militaires, suivi d'un Recueil de machines appropriées à l'art de bâtir, dédié à tous les constructeurs, par Ch. Eck, architecte, ingénieur civil, inspecteur des travaux publics.*

Cet ouvrage, in—folio, se compose de 66 planches gravées au trait et d'un texte.

Il a pour but de faire connaître la construction en *fer* et *poteries*, telle qu'elle s'exécute ici, à Paris. A cet effet, M. Ch. Eck est entré dans de très-grandes recherches, pour en

[1] M. le comte de Gasparin, pair de France, ministre de l'intérieur en 1836.

faire connaître toutes les parties, et donne principalement des détails sur les pots ou briques creuses, formant la maçonnerie qui se lie à la construction de fer. Il fait remarquer les avantages qui résultent de l'emploi de ces pots. On en voit dans les monuments antiques, pour évider les masses, leur donner moins de pesanteur et diminuer la dépense. On pourrait citer aussi l'église de Saint–Vital, à Ravenne, où des pots placés ingénieusement en spirales forment la construction des voûtes [1].

A Paris, la plus ancienne construction de ce genre est la salle d'exposition des tableaux du Louvre ; elle date de 1779, et est de *Bréblilon*. Vient ensuite, en 1786, l'exécution de la salle des Français, par M. *Louis ;* cet architecte, ingénieux dans ses plans, comme habile dans sa construction, semble avoir fixé chez nous les bases de la construction en *fer* et *poteries*, qui, indépendamment des avantages qu'elle présente sous le rapport de la solidité, de la durée et de la légèreté, semble aussi atténuer les chances d'incendie.

Depuis cette époque, l'emploi des couvertures en *fer* ne se retrouve plus qu'en 1802, à la reconstruction de la coupole de la Halle au Blé, couverte précédemment en bois par *Legrand* et *Molinos*, et qu'un incendie venait de détruire. Depuis lors, le système de construction en fer a, presque toujours, été adopté dans les monuments publics et imposé même pour les salles de spectacle où les dangers d'incendie sont constants.

Maintenant que tous les avantages qui résultent de ce genre de construction sont reconnus, qu'un grand nombre de monuments importants, comme la *Bourse,* la *Madeleine,* la *Chambre des Députés*, les *Archives de la Cour des comptes*, plusieurs *salles de spectacle* et un grand nombre de constructions moins importantes, sont achevées, il était utile d'en faire un Recueil méthodiquement classé, où tous ces exemples pussent se trouver observés avec soin, et où les forces, les pesanteurs et les résistances fussent calculées ; c'est ce que présente l'ouvrage publié par M. *Ch. Eck.*

Cet architecte, observateur de la chose, puisque, comme inspecteur de la Chambre des Députés, il a assisté à la construction de la nouvelle salle des séances, où se trouvent l'emploi du *fer* et celui des *poteries*, divise son ouvrage en neuf chapitres.

Le premier indique des notions générales sur ce système de construction, et les avantages qui en résultent.

Dans le second, il donne avec détail toutes les opérations de la fabrication des *poteries.*

Mais la partie importante de son Traité se trouve dans les troisième, quatrième, cinquième et sixième chapitres ; c'est là qu'il examine avec soin et capacité le système de

---

[1] Cet exemple de construction est reproduit dans notre Traité de l'application du *fer*, etc., etc., formant le 2ᵉ volume de cet ouvrage. (*Note de l'auteur.*)

cette construction, qu'il en fait remarquer les avantages, et qu'il en explique, par des calculs détaillés, les forces et les résistances.

Tout ce travail fait honneur à M. *Ch. Eck ;* il est fait avec beaucoup de soin, conduit avec méthode, et montre qu'en observateur habile, cet architecte faisait tourner, au profit de son art, le temps qu'il consacrait aussi à l'inspection des travaux.

Dans le septième chapitre, il décrit les combles en *fer.*

Dans le huitième, il présente ses idées sur des escaliers en fer, et montre que le même mode de construction peut y être adapté.

Dans le neuvième et dernier chapitre, il rassemble diverses constructions particulières, où le fer est employé utilement.

Enfin, il joint à cet ouvrage de construction un Recueil de diverses machines employées dans la construction des édifices ; plusieurs sont inventées ou rectifiées par lui.

En résumé, dans un moment où la construction des monuments publics se continue avec activité, où, de toute part, les édifices s'élèvent pour répondre à tous les besoins, et où, partout, les particuliers rivalisent avec le gouvernement, pour élever des villes neuves au milieu des anciennes, le Traité de M. *Ch. Eck* sera très-utile et fera connaître davantage un mode de construction qu'on doit désirer voir employer encore plus souvent, puisqu'il offre solidité, durée, et qu'il est toujours un obstacle aux incendies.

Ce travail fait beaucoup d'honneur à l'auteur qui explique, sous tous les rapports, avec savoir et lucidité, tout ce qui se présente d'intéressant dans ce système de construction.

Ont signé la minute : Percier, Fontaine, Huyot, Vaudoyer, Debret, Lebas, Guenepin, A. Leclerc, rapporteur.

L'Académie adopte les conclusions de ce rapport.

Certifié conforme :

Le secrétaire perpétuel de l'Académie,

Signé : Quatremère de Quincy.

En publiant ce rapport de l'Institut, j'ai voulu justifier mon œuvre aux yeux de MM. les constructeurs qui, désormais, pourront justement apprécier le but et l'utilité de cet ouvrage placé aujourd'hui sous la sauvegarde de l'opinion des maîtres de l'art.

Ch. Eck,
Architecte, Ingénieur civil.

20 Janvier 1841

2

DE L'EMPLOI
DES POTERIES

DANS LA CONSTRUCTION

DES VOUTES, PLANCHERS, TERRASSES, MURS DE REFEND, CLOISONS, COMBLES, ETC., ETC.;

ET DE LEUR COMBINAISON AVEC LE FER

CHAPITRE PREMIER

NOTIONS GÉNÉRALES.

De toutes les innovations dont s'est enrichi l'art de bâtir, de toutes les ressources qu'une longue expérience a mises à profit, il en est que nous devons vivement apprécier par les avantages immenses qu'elles présentent, tant sous le rapport d'une incombustibilité à toute épreuve, que comme obstacle insurmontable à l'humidité et à l'infiltration. Je veux parler des *Poteries* employées dans la construction des planchers, murs, cloisons et terrasses, ainsi que dans celle des voûtes des bâtiments destinés à l'industrie et aux fortifications, casernes et hôpitaux militaires.

Et comme il n'existe pas, pour ainsi dire, de contrées où ne se trouvent les terres argileuses employées à la confection des Poteries, il en résulte que ces matériaux sont destinés à devenir d'un usage universel, par la facilité de les établir en quelque sorte sur le lieu même des constructions. Leur analogie, avec tout ce qui présente une solidité durable, les fera de plus en plus préférer à tous les autres matériaux qu'ils auront remplacés; car on ne tardera pas à reconnaître qu'il résulte de leur réunion des surfaces éminemment résistantes, incombustibles et imperméables.

Il serait difficile de bien préciser l'époque à laquelle ces matériaux furent employés dans les constructions modernes; jusqu'ici, on en a trop peu fait usage, pour que les constructeurs en aient exactement recherché l'origine.

Tout ce qu'il est permis d'établir, c'est que les Romains employèrent ce mode de construction dans les dépendances de quelques-uns de leurs temples et de leurs fabriques ; ils se servaient à cet effet de vases allongés ou *amphores*, dont ils supprimaient le col ou le piédouche; il en a été trouvé quelques vestiges à Rome et dans les ruines de Pompeï et d'Herculanum, lors des fouilles qui furent exécutées en 1825.

On aurait eu lieu de s'étonner en effet que ce peuple, appréciateur si éclairé de tous les arts libéraux, n'eût pas cherché à adapter aux diverses combinaisons de monuments et même de maisons particulières ces principes de constructions secondaires si bien en harmonie avec les constructions principales, dont la hardiesse et la solidité séculaires servent encore de règle aux architectes de notre époque.

Mais les Romains ne sont pas les seuls qui aient mis ces matériaux en usage : les Indiens aussi les appropriaient à leurs constructions. Selon quelques voyageurs, tous les plafonds des dépendances du tombeau de l'Owliat (autrement dit cellules destinées au logement des pieux Fakirs) étaient construits à l'aide de vases cylindriques oblongs, d'une matière très-grossière, hourdés en mortier très-compact.

Dans le pays de Mysore, à Seringapatam, le plafond du temple de Vishnou, ainsi que plusieurs planchers du palais du nabab à Bangalore, furent établis selon cette méthode.

Plus tard, le nord en sut reconnaître le prix; les planchers du château de **Misselbourg**, en Prusse, qui fut habité longtemps par les Templiers, étaient construits également en poteries. Leur forme différait peu de celles employées par les Romains : c'étaient des cylindres à jour assez grossièrement confectionnés. Ce qui prouve suffisamment qu'on a reconnu dès le principe que la réunion de ces corps, leur juxta-position, faisait la force du système, et non leur nature plus ou moins résistante.

Dans plusieurs châteaux de l'Allemagne, les planchers des cuisines et généralement de toutes les localités les plus exposées à l'humidité, ou qui par leur destination sont susceptibles d'être lavées fort souvent, ces planchers, dis-je, sont construits en matériaux semblables; avec cette différence cependant, que les poteries de forme cylindrique mieux rendue sont fermées dans la partie supérieure par une chappe ou couvercle de même matière, adapté après coup.

Au commencement du dix-huitième siècle on en fit usage en France; mais ces cas furent très-rares; car il se trouve peu de constructions, même à Paris, où on ait retrouvé des traces de ces sortes d'ouvrages.

Cependant, bien des années auparavant, on avait construit suivant cette méthode les planchers de quelques dépendances des anciens bâtiments qui existaient jadis sur l'emplacement actuel du palais du Luxembourg; mais l'architecte Desbrosses les fit entièrement disparaître

En 1720, les architectes Bernardini et Lassurance firent ainsi établir les planchers de quelques dépendances du palais des Condé; les poteries qu'ils y firent employer différaient peu, quant à la matière première, de celles usitées actuellement pour ce genre de construction ; mais leur poids était de 3 kilogrammes, c'est-à-dire des deux tiers en sus du poids des poteries les plus en usage aujourd'hui.

Vers l'an 1785, un architecte nommé de Saint-Fart chercha à renouveler l'emploi des poteries; mais ce genre de construction fut peu goûté des hommes de l'art, car celles qu'il employait, outre le prix élevé de fabrication (les potiers de terre n'ayant à cette époque que des données très-peu arrêtées sur ce travail), étaient, en raison de leur pesanteur, peu en harmonie avec le but proposé, puisque chacune d'elles pesait environ 2 kilogrammes, c'est-à-dire une fois de plus que celles de fabrication actuelle.

Plus tard, en 1786, M. Louis, architecte, construisit en poteries et fer la grande voûte du Théâtre-Français et le plancher du grand salon du Palais-Royal. Tous ces ouvrages, parfaitement exécutés, sont autant de preuves concluantes en faveur de ce système : et si, de nos jours, l'application des poteries à l'art de bâtir a trouvé tant d'approbateurs, nous le devons en grande partie aux résultats satisfaisants obtenus par le Roi qui, en décidant, lors des grands travaux de restauration de ce palais, que tous les planchers fussent construits ainsi, a fait renaître une méthode dont la nouvelle pratique est due tout entière à l'expérience de son architecte M. Fontaine.

Le but que se sont proposé divers architectes en adoptant ce mode de construction dans plusieurs monuments a été complètement atteint; je me réserve d'en citer de nombreux exemples, ils donneront une juste idée des beaux résultats obtenus dans ce genre de travail que l'art et l'étude peuvent porter au plus haut degré de perfectionnement.

Avant d'énumérer les différents exemples que j'ai recueillis, je crois à propos de faire connaître en quels termes il en a été parlé par les auteurs qui ont écrit sur ce genre de construction, ainsi que par les commissions de savants, chargées d'en constater les avantages.

Voici comment s'exprime M. Quatremère de Quincy sur l'emploi des poteries.

« Poterie..... C'est le nom général que l'on donne aux ouvrages de plastique qui, sous
« toutes les formes de vases ou de pots, entrent dans une multitude de besoins domestiques
« et autres.

« On a reconnu, depuis quelques années, que les poteries avaient été souvent employées
« par les Romains dans les massifs de leurs constructions.

« Lorsqu'on avait à faire soit de grandes masses de maçonnerie, soit même des voûtes
« d'une certaine épaisseur, suivant le système de blocage qu'on appelle aujourd'hui *alla*
« *rinfusa*, où de petits fragments de pierre sont employés pêle-mêle avec le mortier de
« chaux et de pouzzolane, les constructeurs, pour économiser autant la matière que le
« temps, la charge et la dépense, plaçaient d'espace en espace, dans le massif, des pots de
« terre du genre de nos cruches, c'est-à-dire ayant ce qu'on appelle beaucoup de ventre.

« Chacun de ces pots, environné de la maçonnerie, formait naturellement et sans art une
« petite voûte qui devenait comme une voûte de décharge; ainsi s'allégeait la construction
« et s'économisaient les frais de matériaux et de main-d'œuvre.

« C'est principalement au cirque de Caracalla, à Rome, qu'on voit de nombreux vestiges
« de cette méthode économique de construction, et l'on a retiré de ces massifs plus d'une
« *hydria* entièrement conservée.

« Il y a déjà trente ou quarante ans que, d'après cet exemple, l'idée est venue à un
« architecte des hôpitaux (M. de Saint-Fart) d'employer ce qu'on a appelé des briques
« creuses pour en former des voûtes et des planchers.

« Il existe un rapport de l'Académie des sciences sur l'application des poteries à la
« construction des planchers, et ce rapport, d'après les expériences faites sur la résistance
« de ces pots contre la pression et sur la consistance des planchers ainsi construits, a rendu
« un compte très-avantageux de ce procédé.

« Précédemment, l'Académie d'architecture avait, dans un rapport daté de 1785, parlé
« ainsi de cette application moderne de la poterie à nos constructions. »

RAPPORT

« Nous soussignés, nommés par l'Académie royale d'architecture, à la séance du 9 mai
« dernier, pour l'examen de nouvelles constructions de voûtes et planchers en briques
« légères et creuses, dont les avantages ont été exposés dans un mémoire lu à la même
« séance par le sieur Saint-Fart, architecte des hôpitaux, nous nous sommes transportés
« les 12 et 19 du même mois aux ateliers du sieur Goblet, maître carreleur, demeurant
« rue Copeau, et nous y avons vu les objets ci-dessous détaillés :

« 1° Un plancher de six pieds en carré, établi sur un bâti de charpente posé sur
« quatre piliers, et retenu dans ledit assemblage par de simples chevilles et au moyen de
« la coupe pratiquée dans les pièces de bois, pour y appliquer les premiers rangs des
« briques dont est formé le plancher. Cette voûte, absolument plate, a été exposée à toutes
« les intempéries de l'air, depuis l'automne dernier jusqu'au moment actuel ; après lui avoir
« fait supporter un poids de 1200 livres, on a percé les fonds supérieurs et inférieurs des
« briques hexagones et creuses dont elle est composée, de manière qu'elle ne présente plus
« qu'une espèce de réseau à jour dans presque toute son étendue. Cela ne nous a point em-
« pêchés de monter dessus, au nombre de six personnes, sans la moindre crainte, attendu
« qu'elle est encore susceptible de supporter un poids beaucoup plus considérable.

« 2° Le sieur Goblet a fait construire à côté de son four un plancher carré de 12 pieds
« de côté, retenu, d'une part, entre une solive parallèle au mur du four et le même four ; et
« latéralement, par une cloison assez mauvaise, de 6 pouces d'épaisseur et par un mur en
« terre et moellon de 10 à 11 pouces. Ce même plancher est construit avec des briques de
« 8 pouces de long, carrées dans leur partie supérieure et terminées circulairement ; par le
« bas, il n'a que 6 pouces de bombement, et quoique soutenu par des appuis aussi faibles,
« il supporte journellement un poids de 15 à 20 milliers de glaise destinée aux travaux des
« ouvriers établis dans cette partie.

« 3° Nous avons encore vu un troisième plancher de 24 pieds de long sur 8 de large,
« qui n'a que dix pouces de flèche. Ce plancher, retenu à ses deux extrémités par des
« poteaux montants solidement arrêtés par des contre-fiches, est adossé d'une part à un
« pignon et se trouve lié à une charpente parallèle audit pignon par des bandes de fer
« scellées dans le mur et crampounées à une pièce de bois horizontale qui fait l'office d'un
« mur de cloison.

« Au dessus de ce plancher, et sur les mêmes dimensions dans le plan, on a construit une
« voûte de 10 pieds de hauteur sous clef, percée, à l'une de ses extrémités, d'une porte de
« 2 pieds ½ de large et 6 de haut, et à l'autre extrémité, d'une espèce de mansarde montant
« à la même hauteur dans la voûte, depuis la surface du plancher jusqu'au sommet de la
« porte et de la croisée dont on vient de parler. Les montants dosserets sont construits avec
« des briques creuses, emboîtées et liées les unes aux autres par des saillies en retraites
« pratiquées à leur extrémité, de manière que le tout présente une construction à peu près
« semblable à celle qui aurait été faite au dessus des reins de ladite voûte, par un mur en

« moellon ou en pierre de petit appareil, avec une grande différence de légèreté, causée,
« comme on le voit, par le vide des briques dont il est formé.

« 4° Au dessus de ladite voûte, on a commencé une voûte ogivique, formée de pareilles
« briques, posées sur champ, suivant la courbure de la voûte, et devant servir de toit à celle
« qui est immédiatement au dessous.

« Afin de diminuer la poussée, tant du plancher dont nous venons de parler que de la
« voûte qui est au dessus, ainsi que pour modérer l'effort causé par le gonflement du plâtre,
« on a disposé, de quatre pieds en quatre pieds de distance, des tirants de fer de deux
« pouces de large sur trois lignes d'épaisseur, tant audit plancher qu'à la voûte qui est au
« dessus ; au moyen de quoi, le tout nous a paru d'une très-grande solidité.

« 5° Enfin, à côté de ce plancher, et joignant le pignon auquel il est adossé, on a con-
« struit un toit avec des briques de même forme que celles employées à la voûte ogivique
« dont nous venons de parler ; ce toit sur la pente ordinaire, n'a point d'autres tuiles que la
« surface supérieure des briques dont il est formé, et n'a ni lattes ni chevrons.

« Tels sont les divers essais que nous avons vus, sans parler ici de différentes briques
« d'échantillon, plus ou moins considérables, destinées à des ouvrages de même nature.
« M. de Saint-Fart convient lui-même, comme l'Académie le savait d'ailleurs, que les monu-
« ments des anciens lui ont donné la première idée de ces constructions. On ne lui en sera
« pas moins redevable d'avoir renouvelé parmi nous ces procédés ingénieux, et d'autant
« plus intéressants aujourd'hui que l'on commence à s'apercevoir de la disette des bois,
« dont le prix augmente continuellement en même temps qu'ils diminuent de qualité.

« Nous ne doutons pas que ces moyens de bâtir, employés par des constructeurs habiles
« et éclairés, ne présentent des avantages nombreux, soit à raison de l'incombustibilité de
« ces sortes de voûtes, soit à raison de leur plus grande légèreté. On peut même espérer de
« diminuer l'emploi des fers, si l'on construit avec un excellent mortier au lieu de plâtre,
« dont le gonflement produit des effets souvent nuisibles à la solidité.

« Nous ne pouvons nous dispenser de louer le zèle du sieur Goblet, que M. de Saint-Fart
« a associé à ses travaux, et dont il reconnaît avec plaisir que les idées lui ont été souvent
« très-utiles dans les différentes tentatives dont nous avons vu les résultats. Nous croyons
« donc, qu'à toutes sortes d'égards, ces nouvelles pratiques, susceptibles d'être variées
« suivant les lieux et les différentes natures de construction, méritent l'approbation et les
« éloges de l'Académie. »

Signé, Hazon, Boullée, Guillaumet, Malduit, Peyre.

Lu et approuvé, à l'Académie. ce 20 juin 1785.

Signé, J. M. Sédaine.

« Il existe au Palais Royal quelques galeries dont les plafonds, fort étendus, sont ainsi
« construits depuis une trentaine d'années, et n'ont fait aucun effet qui puisse produire la
« moindre désunion. »

(*Encyclopédie de l'Architecture*, т. II ; Initiales P. O.)

Voici maintenant le rapport fait à l'Académie royale des sciences (séance du 6 septembre
1785), par la commission nommée pour donner son avis sur un Mémoire de M. de Saint-Fart
concernant les moyens de construire des voûtes avec des briques ou plutôt des poteries creuses.

RAPPORT.

« Nous avons examiné, par ordre de l'Académie, M. Cadet, M. de Fourcroy et moi, un
« Mémoire de M. de Saint-Fart, sur les moyens de construire des voûtes avec des briques
« ou plutôt des poteries creuses. Nous avons aussi examiné plusieurs voûtes, exécutées par
« M. de Saint-Fart d'après ce moyen, ainsi que différents modèles de poteries dont il se
« propose de faire usage ; nous allons en rendre compte.

« M. de Saint-Fart annonce dans son Mémoire, que ce sont des ouvrages anciens qui lui
« ont donné l'idée d'employer des poteries creuses à la construction des bâtiments ; que le
« dôme de Saint-Étienne le Rond, à Rome, celui de Saint-Vital, à Ravenne, sont con-
« struits avec des pots de terre cuite ; mais ce genre de constructions, oublié et même
« ignoré en Italie, n'est plus pratiqué nulle part.

« La première voûte que nous avons examinée a 24 pieds de longueur, 8 à 10 pouces
« de flèche, 6 pieds de largeur, 7 pouces d'épaisseur à la clef, et 15 à 16 pouces à la
« naissance. Tous les claveaux de cette voûte sont des pots creux, carrés à leur base, cir-
« culaires à leur tête, qui ont 7 pouces de longueur, 4 pouces de largeur à leur base,
« 3 pouces ½ à leur tête. L'épaisseur des pots, dans leur pourtour, est à peu près de
« 4 lignes, un peu plus vers le fond, un peu moins vers la tête. Ces pots sont fermés à leurs
« deux extrémités ; le fond a 6 lignes d'épaisseur, la tête un peu moins de 3 lignes. Ces
« pots pèsent à peu près 4 livres ¼ ; ils ont le même volume que deux briques, et le quart
« du poids de ces deux briques.

« Cette voûte, dans le moment de notre examen, pouvait être chargée assez uniformé-
« ment de 10 à 12 milliers ; en évaluant, d'après cette charge, la pression latérale que
« chaque pot placé vers la clef devait éprouver, elle devait être de plus de 1200 livres.

« Au dessus de cette première voûte, M. de Saint-Fart en a fait construire une seconde qui
« a 10 pieds de flèche ; elle est destinée à porter la toiture. Cette toiture est une espèce de
« voûte en ogive, formée avec les mêmes pots que nous venons de décrire. Les dosserets
« des portes et croisées pratiquées dans les voûtes sont construits également avec des pots
« dont la forme est adaptée à l'emplacement qu'elles occupent.

« M. de Saint-Fart nous a montré deux autres voûtes ou planchers : l'une exécutée avec le
« même genre de poterie que la précédente, a 12 pieds en carré, 6 pouces de bombement
« vers le centre. L'on nous a assuré qu'elle avait porté plus de dix milliers ; elle pouvait
« être chargée de quatre à cinq milliers au moment de notre examen.

« L'autre est un plancher de 6 pieds carrés, maçonné en plâtre dans un châssis. Les
« claveaux sont des pots hexagones qui ont à peu près 6 pouces de diamètre, autant de
« hauteur ; ils sont fermés par les deux bouts, et pèsent à peu près 5 livres. M. de Saint-Fart
« ayant voulu, il y a quelques mois, détruire ce plancher, avait fait crever la tête et le fond
« des pots ; mais ayant ensuite changé de projet, ce plancher, qui est resté à jour, paraît
« très-solide. Nous avons même remarqué que, quoique ayant enfoncé à coups de marteau
« les deux extrémités des pots, leur pourtour, enveloppé de plâtre, s'était conservé en
« entier sans se fêler. Nous avons aussi observé que les coups de marteau, sur les côtés de

« ces hexagones maçonnés, ne faisaient que trouer la partie frappée, sans fendre ni rompre
« le reste de l'enveloppe.

« Ces essais, faits en grand, ne laissent aucun doute sur l'utilité du moyen proposé par
« M. de Saint—Fart lorsqu'il sera employé avec les soins et l'intelligence que M. de Saint—
« Fart a mis dans ses constructions ; mais comme il était nécessaire de connaître jusqu'où
« l'on pouvait compter sur la force de ces poteries, nous avons proposé à M. de Saint-Fart
« de faire des épreuves pour en déterminer la force. Il s'est prêté à toutes nos demandes
« en homme instruit et qui ne désire que d'être éclairé ; il s'est chargé lui-même des pré-
« paratifs de nos expériences.

« Nous avons d'abord commencé par rompre chaque pot isolé. On couchait simplement
« le pot sur un billot par-dessus : puis, au moyen d'un levier qui avait son point d'appui à
« une de ses extrémités, et dont on chargeait l'autre extrémité à volonté, l'on pressait le
« billot supérieur et par conséquent le pot, avec une force plus ou moins grande, suivant
« qu'on l'approchait plus ou moins du point d'appui. Voici le résultat de ces expériences.

PREMIÈRE EXPÉRIENCE

« Les pots qui servent à former les claveaux des voûtes, et qui ont 7 pouces de longueur
« et à peu près 4 pouces de largeur, pesant 2 livres $\frac{1}{4}$, ont porté, au moment de la rupture,
« de 7 à 800 livres.

DEUXIÈME EXPÉRIENCE

« Un pot hexagone de 6 pouces de diamètre, 6 pouces de hauteur, pesant 5 livres, et ayant
« à peu près 3 lignes $\frac{1}{2}$ d'épaisseur, pressé dans la direction de deux de ses angles oppo-
« sés, supportait, au moment de la rupture, 1,584 livres.

TROISIÈME EXPÉRIENCE

« Un grand pot carré, pesant 7 livres, de 5 pouces $\frac{1}{4}$ de côté, 8 pouces $\frac{1}{2}$ de hauteur,
« n'ayant ni fond ni tête, placé debout sur le billot, fut chargé perpendiculairement dans le
« sens de sa longueur, et les billots portant sur tout son pourtour ; il supportait, au moment
« de sa rupture, 3,540 livres.

« Cette manière de mesurer la force des pots isolés est, sans contredit, très-désavanta-
« geuse, parce que ces pots n'étant point soutenus, comme lorsqu'ils forment un corps de
« maçonnerie, le moindre porte—à—faux les fait rompre, et que d'ailleurs toute la pression
« ne s'exerce souvent que sur une très—petite partie de la surface du pot. En effet, dans les
« expériences qui précèdent, la manière dont les poteries se trouvaient fendues annonçait
« que l'effort n'avait porté que sur une très-petite partie du vase. D'ailleurs nous ne trou-
« vions, par ces essais, que 7 à 800 livres pour la force des pots qui forment les claveaux
« de la voûte de 24 pieds de largeur, et nous ne pouvions pas douter, d'après la figure et la
« charge de cette voûte, dont tous les claveaux paraissaient très-sains, que ces claveaux ne
« portassent chacun plus de 1,200 livres. Ainsi, pour mettre la question sous son véritable
« point de vue, il fallait rompre un système de pots placés et maçonnés comme ils le sont
« dans la construction des voûtes. M. de Saint—Fart a désiré avec nous cette expérience, et
« s'est chargé des préparatifs.

« L'on a fait construire avec des pièces de bois très-fortes plusieurs châssis qui ont la
« forme de membrures dont on se sert pour mesurer la corde de bois. Ces châssis ou mem-
« brures étant dressés, on y a maçonné en plâtre 3 ou 4 assises de pots, dont les joints
« avaient à peu près la même largeur que dans la maçonnerie ordinaire. Les deux parements
« de cette maçonnerie présentaient, en dehors des châssis, les têtes et les bases ou fonds
« des pots. L'on plaçait ensuite un billot sur un ou deux des pots de la dernière assise, et,
« au moyen d'un levier dont nous avons parlé dans les expériences qui précèdent, on pres-
« sait ces pots jusqu'à leur rupture. On voit donc que c'était éprouver la résistance de ces
« pots, ou des claveaux des voûtes de M. de Saint-Fart, dans leur sens latéral. Voici le
« résultat de cette expérience.

PREMIER ESSAI.

« Trois pots maçonnés en plâtre dans la membrure, deux servant de base, le troisième
« placé en échiquier sur les deux autres, le tout enveloppé, sur les côtés, de maçonnerie en
« plâtre, l'on a posé le billot sur le pot supérieur recouvert de 8 à 10 lignes de plâtre ; il
« n'a été rompu que par une pression de 5,568 livres.

DEUXIÈME ESSAI.

« Douze pots maçonnés par assises de quatre de longueur et trois de hauteur, les pots
« placés exactement les uns sur les autres et non en échiquier, l'on a placé un billot qui
« couvrait les quatre pots ou toute l'assise supérieure ; ils ont été rompus par une pres-
« sion de 5,400 livres. Ainsi, dans cette expérience, chaque pot n'a soutenu que 1,350 livres
« de pression, et les quatre pots ensemble n'ont pas résisté à la même pression qu'un seul
« avait éprouvée dans l'expérience qui précède ; mais dans l'expérience actuelle, nous avons
« observé que le point de pression n'étant point placé sur le centre des pots, mais seulement
« à un pouce de leur tête, le billot, ayant plié du côté du point de pression, avait dégarni la
« tête des pots de tout le plâtre qui les enveloppait, en sorte qu'ils avaient rompu proba-
« blement l'un après l'autre, comme s'ils avaient été isolés.

TROISIÈME ESSAI.

« Nous avons répété l'expérience précédente, avec cette seule différence que les pots étant
« placés en échiquier l'un sur l'autre, nous avons eu soin que le point de pression sur le
« billot qui couvrait les quatre pots de l'assise supérieure passât par le milieu des pots. Les
« quatre pots ainsi pressés ont porté 10,300 livres, et n'ont pas été rompus. Les poteaux
« du hangar où nous faisions nos expériences, et qui servaient de point d'appui à notre le-
« vier, s'étant soulevés, il a fallu abandonner cette expérience, dans laquelle chaque pot
« soutenait à peu près le double de la pression qui les avait rompus dans l'expérience pré-
« cédente.

QUATRIÈME ESSAI.

« Nous nous sommes réduits à casser deux pots supérieurs du milieu du châssis de l'ex-
« périence qui précède. Nous avons posé un billot sur ces deux pots ; il a été chargé de
« 9,960 livres, ce qui donne 4,980 livres pour la résistance de chaque pot, et les pots ne

« se sont pas rompus. Le hangar, ébranlé dans l'expérience qui précède, commençant à se
« soulever, il a fallu abandonner de nouveau cette expérience.

« Il paraît résulter de ces essais que lorsque les pots dont M. de Saint-Fart s'est servi
« pour former les claveaux de ses voûtes sont enveloppés de maçonnerie, et que la pres-
« sion s'exerce sur le milieu de la longueur de ces pots, ils peuvent porter, comme nous
« venons de le prouver par notre premier essai sur des pots maçonnés, plus de 5,000 livres
« chacun.

« Les expériences que nous venons de mettre sous les yeux de l'Académie, les différentes
« espèces de voûtes que M. de Saint-Fart a fait construire, qui paraissent saines et solides,
« quoique chargées de très-grands poids, semblent répondre du succès de ces nouvelles
« constructions. Mais, en même temps, nous devons prévenir que ce moyen exige que toutes
« les poteries qui entrent dans ce genre de maçonnerie soient d'une pâte supérieure et plus
« soignée que celle des fabriques ordinaires, d'une cuite égale, bien sonores et sans aucune
« défectuosité dans la figure. Toutes celles que nous avons vues chez M. Goblet (le seul bri-
« quetier que M. de Saint-Fart ait associé à ses travaux), nous ont paru répondre à ces indi-
« cations. Il est le premier briquetier qui ait employé à Paris le charbon de terre pour la
« cuite des briques, usage établi depuis longtemps dans nos provinces ; mais les préjugés
« de routine établis dans chaque pays, ou plutôt dans chaque manufacture, sont si puissants,
« que l'on doit presque avoir la même obligation à un fabricant qui fait passer un usage
« avantageux d'une province dans une autre, qu'à celui qui fait dans son art une nouvelle
« découverte.

« Outre la perfection de la poterie, absolument nécessaire dans ce nouveau genre de
« construction, il faut que l'architecte qui voudra l'employer réunisse à la pratique toutes les
« connaissances théoriques relatives à son art. Il faut qu'il soit en état de se rendre compte,
« suivant la forme et la charge de ces constructions, de la pression que chaque point
« éprouve, et du levier avec lequel agissent les forces qui tendent à rompre les poteries.
« Nous avons vu, par nos expériences, que lorsque le centre de pression passe très-près de
« l'extrémité des pots, ils ont à peine résisté au quart de la pression qu'ils pouvaient porter
« lorsque le centre de pression passait par le milieu de leur longueur. M. de Saint-Fart, dont
« les travaux paraissent dirigés par une saine théorie, place, dans les voûtes, la tête des
« pots, qui est beaucoup plus faible que le fond, à l'intrados de la voûte, dans la partie où
« se trouve la clef, parce que, dans ce point, la pression se fait vers l'extrados ; il fait le
« contraire au dessous des reins, parce que la pression s'exerce, dans cette partie, vers
« l'intrados.

« Nous ne pouvons pas rendre compte ici des différents modèles de poteries creuses que
« M. de Saint-Fart nous a montrés, et qu'il destine à remplacer les combles de charpente et
« les angles de maçonnerie. Chacune de ces pièces, suivant sa figure, son étendue, la posi-
« tion qu'elle doit avoir, la pression qu'elle doit éprouver, le point où doit répondre le
« centre de pression, les différents leviers avec lesquels les masses qui la choquent agissent,
« demanderait une discussion très-détaillée, et nous serions obligés de faire un ouvrage et
« non un rapport. Mais, quand même on serait réduit, dans la pratique, à n'employer que
« les claveaux creux avec lesquels M. de Saint-Fart a fait, jusqu'ici, construire ses voûtes, son

« travail ne présenterait pas moins un objet de la plus grande utilité, et qui mérite l'appro-
« bation et les éloges de l'Académie. »

Fait à l'Académie, le 6 septembre 1785.

Signé, DE FOURCOY, CADET, COULOMB, *rapporteur*.

Le Secrétaire perpétuel pour les sciences mathématiques,

Signé, BARON FOURRIER.

Rondelet traite très-succinctement de ce genre de construction
Je rapporte textuellement l'explication qu'il en donne.

DES VOUTES EN POTERIES CREUSES.

« Comme les voûtes plates en briques de champ ou de plat n'ont pas toujours réussi,
« quelques constructeurs, sans en examiner les raisons, ont imaginé de faire des voûtes en
« poteries ou briques creuses. Ce moyen, qui présente l'avantage de former des voûtes plus
« légères, a été adopté avec empressement. On a fait de ces voûtes tout-à-fait plates, qui
« ne sont soutenues qu'à l'aide de tirants de fer en tous sens qu'on a prodigués, à leur
« construction ; on en a fait aussi de cintrées avec des armatures en fer au moyen desquelles
« elles se soutenaient, en sorte que c'est actuellement le procédé le plus en usage pour
« les voûtes et planchers des appartements où l'on ne veut pas employer du bois.

« On a donné à ces briques creuses différentes formes et dimensions ; les uns les ont
« faites à bases carrées avec des sillons, des renfoncements et des trous dans les faces, afin
« que le plâtre s'y attache mieux ; il y en a qui sont carrées par le haut et rondes par le
« bas ; d'autres ont leur base rectangulaire comme des petits moellons. J'en ai vu à base
« hexagone pour former le carrelage au dessous (figures 23, 24, 25, 26). Les côtés ou dia-
« mètres des bases de ces briques ont depuis 9 jusqu'à 20 centimètres, et depuis 11 jusqu'à
« 25 centimètres de haut. Au reste, comme presque toujours on les fait faire exprès, cha-—
« cun leur donne la forme et les dimensions les plus avantageuses ; ce qui les rend plus ou
« moins chères, et leur moindre prix est toujours au dessus du prix des briques pleines ;
« aussi ce n'est pas l'économie qui les fait préférer, mais la certitude de réussir. Les figures
« 27 et 28 indiquent les briques en place, et les figures 29, 30, 31, 32 et 33, leur arran-
« gement en place tant en dessus qu'en dessous.

« Lorsqu'on veut construire avec ces briques des planchers tout-à-fait plats, il vaut
« mieux faire passer les tirants ou armatures dans leur épaisseur qu'au dessus ; elles doivent
« être plus près du dessous qu'il est possible et en fer plat posé de champ. La figure 24
« indique l'entaille faite dans les briques pour faire passer ces tirants. Il ne faut pour leur
« cintre que quelques solives étayées en dessous avec des planches en travers, ou des lattes
« pour soutenir les rangs de briques à mesure qu'on les pose : on doit apporter à cette
« opération les mêmes soins et les mêmes précautions que nous avons indiqués pour les
« briques pleines, c'est-à-dire les tremper dans l'eau avant de les mettre en place et bien
« garnir leurs joints de plâtre ou de mortier (car on pourrait s'en servir pour les endroits

« humides), et les poser en liaison. Les voûtes tout-à-fait plates ont besoin de plus d'épais-
« seur que celles qui sont cintrées ; cette épaisseur ne saurait être moindre de la tren-
« tième partie de la largeur; encore faut-il leur donner un peu de roide au milieu, c'est-à-
« dire un centième de la largeur, au dessus de la ligne de niveau. On ne conseille pas d'en
« faire pour des pièces dont la largeur excède 7 à 8 mètres.

« Comme les briques creuses ne peuvent pas se tailler ni se couper, il est presque
« toujours nécessaire de former la clef avec des briques ordinaires, de même que les
« angles des voûtes d'arête ou en arc de cloître.

« Quant au reste, les voûtes à surfaces courbes, en briques creuses, peuvent s'exécuter
« sur des cintres en planches, comme celles en briques plates. » (*Traité de l'Art de bâtir*,
art. 4, folio 372, tome III.)

On voit par ce qui précède, que du temps même où Rondelet publia son ouvrage
(en 1802), on faisait rarement usage de poteries dans les constructions. On avait, à
ce qu'il paraît, à cette époque, tenté bien peu d'essais, puisque cet architecte conseille
dans son traité de n'employer ces matériaux que pour des surfaces dont la largeur n'excède
pas 7 à 8 mètres, tandis qu'aujourd'hui de nombreux exemples prouvent que l'on peut, sans
crainte du plus léger affaissement ou disjointement, construire par cette méthode des surfaces de 10 mètres de côté, c'est-à-dire 100 mètres superficiels, témoins le plafond du
salon du Roi et celui de la grande pièce de distribution au palais de la chambre des
Députés.

Un plancher de ce palais, construit d'après ce système, et qui fut démoli en 1828, pré-
senta une telle consistance que les ouvriers armés de lourds marteaux n'en démolissaient
chacun que quatre mètres superficiels environ, dans une journée complète, c'est-à-dire dans
l'espace de dix heures. L'adhérence de ces poteries au plâtre était telle que subissant, pour
être démolies, un choc équivalant à 40 ou 50 kilogrammes, elles ne se disjoignaient pas au
point de contact de leurs parois extérieures avec le plâtre, mais se brisaient une à une, selon
le diamètre de leur vide ou capacité. De plus, la commotion éprouvée par un certain nombre
de ces pots, agissant sur une partie très-restreinte de la surface totale, ne se faisait pas
même sentir sur celles avoisinantes et n'en atténuait la force en aucune manière, car les
ouvriers, après avoir pratiqué une saignée très-large dans la travée du milieu, continuèrent,
sans la moindre inquiétude, cette démolition jusqu'aux sommiers ou murs dosserets.

Cette expérience fait clairement voir combien est grande l'adhérence des poteries au
plâtre, et combien elles offrent de résistance à la pesanteur et au choc le plus inattendu.

Lors des premiers essais dans ce genre de construction, ou plutôt lorsque cette méthode
plus approfondie commença à être goûtée des gens de l'art, les praticiens, pensant que
l'adhérence ne devenait complète qu'au bout d'un certain temps, s'attachaient à ne supprimer,
que huit jours environ après la construction, l'échafaud ou tablier disposé pour recevoir
l'assemblage hourdé des voûtes et des planchers; l'expérience a enfin prouvé que l'on peut
pour ces sortes de travaux suivre la même manœuvre que pour la construction en pierre et
en moellon : ainsi, il suffit de faire marcher, à partir des murs dosserets d'un plancher
quelconque, un couchis ou cintre qui, avancé au fur et à mesure de l'hourdis, reçoit les
poteries qui doivent former l'ensemble de ces constructions. Cette marche a été suivie avec

succès pour les travaux de ce genre dans les monuments achevés et on l'emploie encore
chaque jour pour les édifices publics actuellement en construction.

Les poteries peuvent donc être employées pour les planchers, sous quelque point de vue
qu'on les considère; pour les trémies et les âtres de cheminées, lors même que les planchers
sont en charpente; pour les voûtes en général avec ou sans fer, selon leur dimension et la
hauteur de leur flèche; pour les cloisons légères ou de distribution, de quelque épaisseur
que ce soit.

Un autre point de vue sous lequel doit être considéré l'emploi des poteries, c'est celui de
l'acoustique; comme chacun sait, si des sons viennent à frapper des corps homogènes dans
leur contexture, ils se reproduiront plus ou moins complètement sur les surfaces opposées;
mais si au contraire, ces sons rencontrent une masse composée de cellules ou de couches de
différente nature, il se produit, dans le passage de l'une à l'autre, une multitude de réflexions
qui détruisent les sons et s'opposent à leur transmission.

Ce phénomène se manifeste de la manière la plus éclatante dans les constructions en
poteries; aussi a-t-on généralement adopté cette méthode pour les planchers de parterre et
d'orchestre, qu'on a d'ailleurs soin de recouvrir en planches sonores : de cette manière, les
sons recueillis par ces corps essentiellement élastiques retentissent d'autant mieux dans
l'intérieur de la salle, qu'ils sont isolés par les surfaces en poteries.

On a du reste reconnu non-seulement l'utilité, mais encore la nécessité de ce système dans
la construction des salles de spectacle comme garantie de solidité et d'incombustibilité; la
police a exigé la construction, suivant cette méthode, des planchers des nouveaux théâtres;
tels sont ceux de l'Opéra-Comique, rue Ventadour et place de la Bourse, du Gymnase
entièrement réparé en 1830, et du Palais-Royal.

A l'égard de ce dernier théâtre, il existe une particularité qui vient précisément à l'appui
de ce qui a été dit plus haut sur la solidité des constructions en poteries. Conformément à
ce qui avait été prescrit par l'autorité, l'architecte, M. de Guerchy, obligé d'isoler cette
salle des propriétés voisines, avait à construire un mur séparatif suivant toute la largeur et
la hauteur de l'édifice. A cet effet, pour épargner aux actionnaires la dépense considérable
qu'aurait occasionnée un mur en moellon plein, cet architecte ne trouva rien de mieux pour
se conformer à ce qu'exigeait l'autorité, et pour atteindre son but sous le rapport de
l'économie, que de le construire en poteries. Il les plaça, non sur leur tête comme pour les
voûtes, mais horizontalement, de sorte que par la superposition de tous ces petits cylindres,
la résistance se trouvait multipliée à l'infini. Les poteries employées pour ce mur de séparation étaient de dimension moyenne, c'est-à-dire de 0,21 centimètres de hauteur sur 0,136
millimètres de diamètre, et revêtues des deux côtés d'un enduit en plâtre de 0,027 millimètres d'épaisseur.

Que l'on considère que ce mur comporte une longueur de plus de 11 mètres sur une
hauteur de 21 mètres, que plusieurs cheminées ont été adossées à son parement intérieur,
sans que, depuis son origine, le plus léger déchirement, bouclure ou lézarde, se soit
manifesté (bien que l'on ait pratiqué après coup, en divers points de la surface, un grand
nombre d'ouvertures), et l'on reconnaîtra que c'est un des beaux résultats obtenus dans ce
genre de construction.

Les combles de ce théâtre ont été construits en matériaux de même nature, de 0,108 millimètres de hauteur sur 0,06 centimètres de diamètre : les différentes travées divisées par des fermes en fer ont remplacé les chevrons, pannes et arbalétriers en bois; on a ainsi remédié aux avaries inévitables dans les combles en charpente les mieux établis.

En effet, ces bois reçoivent le plus souvent une couverture en ardoises, qui, en raison de son peu d'épaisseur, ne présente aucun obstacle à l'ardeur du soleil, et qui, au contraire, en raison de sa couleur foncée, en concentre les rayons. Le calorique pénètre ces combles d'une manière continue et progressive; car l'absorption s'en fait avec beaucoup de rapidité, tandis que le refroidissement est extrèmement lent; il en résulte que les bois s'échauffent, se détériorent, et qu'à la longue les assemblages se séparent.

Dans le système que je développe, rien de semblable à craindre : la chaleur est sans effet sur des corps, qui, pour être amenés à un degré de cuisson convenable, ont été soumis à l'action d'une température extrèmement élevée. Bien plus, quand une construction en poteries joint immédiatement des matières combustibles, telles que les bois qui, dans les anciens édifices, font partie intégrante des bâtiments, les poteries deviennent, pour ces corps, un rempart contre l'incendie ; l'air froid renfermé dans chacune d'elles offre un obstacle insurmontable à la chaleur le plus intense, et détruit, par cela même, toute communication. Et l'on ne peut supposer que l'action continue et prolongée de la chaleur puisse détériorer les poteries; elles sont essentiellement indécomposables et indestructibles au feu. L'exemple suivant en est une preuve.

Le Génie militaire fit construire, en 1833, dans les anciens bâtiments de la manutention des vivres de la guerre, et sur les dessins de M. Lespinasse, garde du génie, qui en dirigea lui-même l'exécution, la voûte supérieure d'un four de nouvelle invention en poteries et plâtre (voyez pl. 47). Malgré l'excès de la température à laquelle ce four était soumis journellement, on pourrait dire, sans interruption, aucune des poteries ne se brisa, et s'il se manifesta, environ dix mois après sa construction, un affaissement qui en nécessita la démolition, il fut reconnu qu'il ne provenait pas de la rupture des poteries qui toutes furent retrouvées dans un état parfait de conservation, mais bien de la décomposition du plâtre qui avait servi à les unir. Les joints en plâtre se trouvant détruits, il avait dû nécessairement en résulter désunion dans l'assemblage des poteries, et enfin affaissement de toute la masse.

J'ai voulu me rendre compte non-seulement de l'indestructibilité des poteries par le feu, mais encore de leur imperméabilité plus ou moins grande à la chaleur. A cet effet, je fis, en 1833, une expérience qui démontra de la manière la plus évidente cette propriété et en même temps la résistance infinie de ce genre de construction. Au-dessus d'un plancher en poteries de 16 mètres superficiels que je venais de faire construire, je fis établir à 2 mètres en contre-bas du plafond une espèce de grille en fer. J'y fis disposer un bûcher composé de débris de bois résineux et par conséquent très-combustible. Le plancher avait été préalablement chargé extraordinairement de blocs de pierre chacun du poids moyen de 225 kilogrammes, et la somme de toutes ces masses réparties sur différents points de la surface du plancher équivalait à 3,540 kilogrammes. Entre ces blocs j'avais fait étendre des feuilles de papier qui recouvraient les parties apparentes, afin d'apprécier jusqu'à quel point se communiquerait la chaleur à travers le plancher. On mit le feu au bûcher ; au bout d'une demi-heure l'enduit du plafond se fendit sur toute la surface, il se calcina et tomba par petites portions. L'opération dura deux heures, pendant lesquelles le feu fut entretenu très-vif, car longtemps après il s'en dégageait une chaleur considérable. Malgré l'élévation de la température, le plancher qui aurait dû souffrir, et de la surchage extraordinaire qu'il supportait, et de la désunion des poteries dont les joints en plâtre étaient détruits, ne ressentit aucun dommage. Des barres verticales, qui devaient servir de témoins, avaient été dressées touchant presque le plafond ; leur sommet n'en était éloigné que de 0,05 cent. Cet intervalle, mesuré après comme avant l'opération, se trouva être le même ; le plancher ne s'est nullement affaissé.

J'ai signalé la chaleur naturelle comme agent destructeur dans les combles et planchers en bois. Le gaz hydrogène, généralement adopté aujourd'hui pour l'éclairage des établissements publics et particuliers, ainsi que pour les fabriques et usines, exerce sur les bois une action bien autrement destructive : les émanations méphitiques qu'il exhale souvent, la fumée épaisse et corrosive qu'il produit toujours, pénètrent dans les plafonds et attaquent les solives jusque dans leurs fibres les plus intimes. Les accidents multipliés qui se sont succédé depuis l'origine de l'emploi du gaz comme mode d'éclairage, les nombreuses réparations qu'il occasionne, démontrent la nécessité de l'entourer de corps sur lesquels il n'ait pas d'action.

L'application des poteries dans la construction des planchers neufs ou même la réparation des vieux planchers offre aux propriétaires un moyen facile et sûr de remédier à ces inconvénients. Déjà plusieurs ont employé cette méthode et beaucoup d'autres sont dans l'intention de l'adopter, comme présentant les garanties les plus complètes de durée et de sécurité.

Pour mettre le lecteur à même de juger de toute la puissance de ce système, je crois nécessaire de mettre sous ses yeux l'exposé des diverses expériences auxquelles je me suis livré pour me rendre compte de la résistance que peuvent offrir les corps vides de la nature la plus fragile, disposés ainsi parois contre parois.

J'ai fait construire avec des bouteilles ordinaires (dites bouteilles de Sèvres) un plancher légèrement voûté : j'avais eu soin de ne pas supprimer le col des bouteilles, afin de conserver entre elles un plus grand intervalle pour loger le plâtre nécessaire à former un intrados uniforme. La travée était de 2 mètres 92 cent. de long sur 2 mètres 27 cent. de large. Cet essai réussit parfaitement et démontra toute la solidité de cette construction, car ce plancher, chargé à raison de 150 kilog. par mètre carré, résista à un poids de 995 kilog. sans éprouver la moindre oscillation, et lors de la démolition qui eut lieu trois semaines après, aucune des bouteilles ne fut trouvée cassée.

Ce résultat extraordinaire m'engagea à pousser l'épreuve plus loin encore ; je fis établir, dans un carré de 2 mètres de côté, avec des verres à boire, un plancher aussi légèrement voûté (il n'avait à son intrados que 0,16 cent. de flèche) ; les verres étaient placés l'orifice en bas, comme disposition la plus favorable à la résistance. Je fis adapter à l'intrados de cette petite voûte un grillage maintenu par des clous enfoncés dans le plâtre qui remplissait les interstices et je fis enduire.

Peu de temps après, on chargea le plancher jusqu'à 75 kilog. par mètre carré, ce qui donnait 300 kilog. pour la surface totale, et je ne remarquai aucune fissure sur toute son étendue. Un mois après, je fis démolir le plancher ; l'ouvrier n'en vint à bout que par petites portions et à force de coups de pioche réitérés.

Il est à remarquer que ces expériences ont été faites en plein air, à l'injure du temps et dans une saison très- pluvieuse (de novembre à décembre 1834).

De tels exemples et beaucoup d'autres que je pourrais citer prouvent sans contredit comment on pourrait dans un temps de pénurie de bois de charpente y suppléer, même avec avantage, par l'emploi de corps totalement étrangers à l'art de bâtir.

Dans leur application à la construction des bâtiments militaires, les poteries fourniront des avantages inappréciables pour l'établissement des voûtes et des planchers des casemates et des poudrières, car, en les substituant aux surfaces de résistance en bois usitées encore aujourd'hui, on évitera le renouvellement infini de dépenses qu'exigent ces planchers construits en charpente et dont l'expérience peut déterminer la durée toujours limitée à un certain laps de temps, quelque supérieure que soit d'ailleurs la qualité des bois qui ont servi à les établir. En effet, la couche de bitume apposée sur la surface supérieure de la plupart de ces planchers, comme préservatif contre l'humidité, détruit insensiblement le principe de résistance des bois qui se trouvent dépourvus de courant d'air, les mine jusqu'au cœur et finit par les faire totalement dégénérer de leur nature première. Si, à l'action corrosive de cette substance, on ajoute l'effort de résistance que ces bois doivent opposer par continuation à la charge énorme des terrasseaux ou recouvrements de terre de un mètre, un mètre et demi de hauteur qui règne sur toute la longueur des casemates, on se convaincra aisément que ces planchers doivent nécessairement céder avec le temps.

Quel parti les ingénieurs militaires ne peuvent-ils pas tirer de ce procédé pour la construction, dans les citadelles ou places fortes, des casernes qui, par leur position toujours élevée et à découvert, sont dans les temps de guerre, encore plus que les casemates, exposées à l'action de la bombe ? Dans la construction actuelle des combles et planchers de ces sortes de bâtiments, l'ébranlement produit par le choc du projectile sur un seul point de la surface se fait ressentir sur la surface entière ; la commotion est générale. Bien plus, la rupture d'une solive ou d'une ferme, en désorganisant le système d'assemblage, peut en compromettre fortement la solidité, sinon en déterminer la chute.

A l'aide du mode proposé, rien de semblable à redouter : point de commotion, point de contre-coup, encore moins d'ébranlement capable d'entraîner la ruine des bâtiments. Les poteries, à raison de leur position verticale et de la masse d'air qu'elles renferment, peuvent être considérées, en quelque sorte, comme des corps isolés : les bombes les traverseront, il est vrai, mais sans produire de secousse, et l'effet du choc ne se fera nullement sentir dans les parties avoisinantes.

Comme on sait, la principale étude de l'assiégé est de bien établir ses moyens de défense, afin de paralyser par toutes les ressources imaginables les combinaisons de l'assiégeant. Personne n'ignore non plus quelle importance le génie militaire attache à solidement ériger les escarpes des fronts défensifs d'une place de guerre, ainsi que les différents autres points les plus exposés à être battus en brèche.

Le plus ordinairement, ces parties des fortifications sont établies en pierres dures, résistantes, contre lesquelles les boulets viennent d'abord s'amortir, sans produire de grand dommage ; mais l'entôt, la pierre boursouflée par les chocs répétés finit par se briser. Enfin, la réitération infinie des attaques détermine la chute de fragments plus ou moins considérables, et les murailles les plus épaisses sont ainsi mises à jour, souvent sur une grande étendue, par suite de l'écroulement successif des parties frappées.

Les constructions en briques sont loin de présenter ces inconvénients. Que peut contre un front composé de matériaux tendres, friables, et pour ainsi dire isolés les uns des autres par la multiplicité de leurs joints, que peut, dis-je, le choc des projectiles ? Ils pénètrent, il est vrai, ces masses énormes sans difficulté, mais aussi sans causer d'ébranlement : ils ne font, à proprement parler, qu'une ouverture et vont se perdre dans l'intérieur des terres auxquelles ces murs sont adossés.

La supériorité des matériaux qui ont la propriété d'amortir le choc avait é'é reconnue dans les temps les plus reculés ; aussi les Romains construisirent en briques poreuses les parties de remparts les plus exposées aux violentes attaques des machines de guerre, appelées *béliers*. Comme exemple remarquable, il nous reste une partie des remparts de Toulouse construits par Jules César, et qui sont encore dans un très-bon état de conservation.

En vertu du même principe, on a toujours préféré dans nos places modernes l'emploi de la brique à celui de la pierre, comme présentant une défense plus assurée. Ainsi, de l'avis des hommes spéciaux les meilleurs juges en cette matière, c'est précisément à leur construction en briques que les fortifications de la lunette Saint-Laurent, lors du siége d'Anvers en 1832, ont dû de résister aussi longtemps à l'effet du boulet. Nul doute que les fronts de ces bastions n'eussent éprouvé des avaries bien autrement considérables, s'ils eussent été érigés en pierre dure ou autres matériaux de résistance analogue.

Après avoir démontré la supériorité des constructions en briques sur celles en pierre dans les fortifications, il semblerait assez rationnel, d'après les motifs ci-dessus développés, de substituer les poteries à tous les autres éléments de construction usités jusqu'à présent dans certaines parties des fortifications.

Ainsi, suivant moi, les poteries combinées avec le fer remplaceraient le bois dans la formation des planchers et des cambles, et elles remplaceraient la pierre dans la formation des voûtes de protection et de tous autres travaux de ce genre.

Quant à la substitution des poteries au bois, déjà le Génie militaire a reconnu les ressources immenses qu'on en pourrait tirer ; en traitant des planchers et des voûtes, je ferai connaître les heureuses applications qui en ont été faites.

Tous ces intéressants résultats d'une méthode si ancienne, mais trop longtemps oubliée, ont été appréciés aussi dans d'autres contrées ; déjà plusieurs étrangers de distinction [1] en ont apprécié les nombreux avantages et s'occupent d'en faire sentir l'opportunité dans leur propre pays.

On parle beaucoup en Belgique d'admettre l'emploi de ces matériaux pour les fortifications d'Anvers, Liége, etc. Le ministre de la guerre et l'inspecteur général du génie belge ont émis l'un et l'autre une opinion très-favorable sur ce système, après l'examen approfondi auquel ils se sont livrés.

---

[1] Pendant leur séjour à Paris, les princes russes L** et W** se sont occupés avec le soin le plus minutieux de tous les détails relatifs à ce genre de construction.

En Russie, à 800 lieues de notre capitale, la supériorité de cette méthode a été vivement sentie. L'aperçu extrêmement succinct sur l'application des poteries à l'art de bâtir joint par moi à l'envoi de divers échantillons que j'ai été chargé de faire pour ce pays, a trouvé de nombreux approbateurs ; on a saisi avec avidité cette amélioration à introduire dans les constructions, car il est déjà fortement question de substituer ce procédé aux modes employés jusqu'à présent.

Diverses circonstances dérivant de la nature même du climat et des produits végétaux et minéraux doivent nécessairement faire admettre dans ce pays, et dans beaucoup d'autres aussi favorisés sous ce rapport, l'usage des poteries combinées au fer : le danger toujours imminent d'incendie pour des habitations généralement construites en bois, l'absence presque totale de bois de construction (le sapin qui abonde dans ces contrées étant en quelque sorte la seule espèce d'arbre qui puisse y être employée, et chacun sait le peu de résistance qu'il présente), d'un autre côté, la richesse des mines de fer qui s'exploitent sur un grand nombre de points du territoire, et, ce qui est plus important encore, la supériorité de l'argile infi- niment plus maniable et plus ductile que la nôtre sont autant de motifs qui ont dû amener les esprits à adopter avec tant d'empressement le système des constructions en fer et poteries.

L'énumération des circonstances dans lesquelles ce genre de construction devra être pré- féré à tout autre peut s'étendre à l'infini ; les applications en sont innombrables.

Ainsi, pour les casernes, les hôpitaux, les hospices, pour tous les établissements enfin où les mesures d'hygiène et de salubrité sont les conditions indispensables de leur existence, cette méthode devra être adoptée de prime abord : les lavages journaliers pourront s'y effectuer sans qu'on ait à craindre que l'infiltration puisse, comme dans les planchers ordi- naires, compromettre à la longue la solidité des bâtiments.

Les propriétaires d'usines et fabriques, telles que raffineries, brasseries, buanderies, de toutes celles enfin dans lesquelles des matières corrosives ou même simplement des liquides sont mis en ébullition, reconnaîtront aussi l'importance de cette innovation. La buée des chaudières, dans certaines exploitations; dans d'autres, l'évaporation spontanée de l'eau, qui, dans l'état actuel des constructions, entretient d'une manière continue une humidité funeste aux bois avec lesquels elle est en contact immédiat, en quelque sorte, en raison de l'extrême porosité du plâtre, seront, par ce moyen, sans action sur les planchers et les voûtes entièrement composés de matériaux inaltérables.

Dans les fabriques du genre des filatures, par exemple, et généralement de toutes celles où sont mis en mouvement des métiers, où s'engrainent des rouages ; dans les bâtiments dont les différents étages sont simultanément ébranlés par l'action d'un moteur principal, la construction en poteries des planchers donnera à ces bâtiments un degré d'homogénéité qui n'existe pas dans ceux qui n'ont que des planchers en charpente naturellement disposés à se désunir par suite de secousses continuellement renouvelées.

Mais de toutes les considérations que l'on peut invoquer en faveur de ce système, la plus concluante assurément, celle qui parle à tous les yeux, à tous les intérêts, qui s'applique à toutes les conditions de la société, spéculateurs, industriels, artistes, ouvriers, c'est la sécurité qui doit se répandre dans tous les esprits délivrés désormais, à l'aide de ce système, de toutes craintes du terrible fléau qui dévore en quelques instants les entreprises les plus florissantes, et détruit l'espoir du riche et du pauvre.

Combien ne verra-t-on pas de transactions s'opérer, d'industries se former à l'abri de toute chance de désastres? Combien d'entreprises avortées par la crainte d'un sinistre ne verra-t-on pas se réveiller et donner la vie à des milliers de familles inoccupées? On ne saurait donc trop rechercher les moyens de préparer un avenir qui se présente sous des couleurs si favorables.

Le mode de construction dont je viens d'énumérer, en aperçu, les diverses applications m'a paru devoir atteindre ce but.

Au gouvernement appartient d'encourager ce genre d'industrie, en donnant, par son adoption dans la construction des monuments publics, un exemple qui ne peut manquer d'être suivi.

On objectera, sans doute, que ce système entraîne dans des dépenses proportionnellement plus considérables que celles occasionnées par les constructions en charpente : cela est vrai pour les planchers ; mais pour les murs de refend, la construction en poteries coûte moins cher, sans que la solidité des bâtiments en souffre le moins du monde. Mais il ne faut pas, surtout lorsqu'il s'agit de travaux importants et durables, il ne faut pas, dis—je, pour les constructions de détail, non plus que pour celles d'ensemble, s'arrêter à l'intérêt du moment; il faut penser à l'avenir et considérer que l'emploi des poteries présente un résultat diamétralement opposé à celui de la charpente. En effet, les bois renfermés dans une atmosphère concentrée, privés de courants d'air qui puissent leur faire perdre et leur humidité naturelle et celle provenant d'infiltration, s'échauffent par la suite des temps et perdent conséquemment tout principe de résistance, tant dans leurs portées que dans les parties intermédiaires ou isolées. De là, ébranlement et destruction des maisons et édifices.

Les planchers en poteries, au contraire, acquièrent avec le temps un degré de solidité qui va toujours croissant : ces corps forment insensiblement, avec la matière qui sert à les unir, un tout compact et homogène qui peut être comparé à ces débris des monuments antiques dont il est impossible de séparer la pierre du ciment, tant est grande l'adhérence qui unit ces deux corps de nature éminemment différente.

En définitive, on peut résumer ainsi les principaux caractères de la construction en poteries : solidité, légèreté, incombustibilité et imperméabilité. Je crois avoir exposé ces différents caractères de manière à en démontrer toute la vérité.

Je développerai successivement, dans les chapitres qui vont suivre, les diverses applications qui en peuvent être faites, et j'appuierai les démonstrations de dessins représentant les portions d'édifices et constructions particulières dans lesquels ont été faites ces applications.

D'abord, je vais présenter quelques données sur la fabrication des poteries en général, la préparation première de l'argile, sa disposition sous forme de pots creux, et enfin les diverses bases de sa cuisson avant d'arriver à l'état de poteries.

Ce sera l'objet du chapitre deuxième.

La planche première représente l'intérieur d'une fabrique de poteries, carreaux, etc., actuellement en activité dans le faubourg Saint—Germain, et dirigée par MM. Duchemin frères. Cet établissement est en quelque sorte le seul à Paris et en France qui ait quelque importance, et dans lequel on soit spécialement occupé de la fabrication des poteries employées dans les constructions. MM. Duchemin ont différentes fois reçu les éloges les plus flatteurs sur les soins qu'ils ont apportés dans ce nouveau genre d'industrie, de la part de MM. Thénard, Gay-Lussac, Savard et Rouard, qui ont bien voulu examiner cette fabrique dans les plus petits détails.

CHAPITRE II

DE LA FABRICATION DES POTERIES.

EXPLOITATION ET PRÉPARATION DE LA MATIÈRE PREMIÈRE

La matière première employée pour la fabrication des poteries est, comme pour les briques, les carreaux et autres ouvrages en terre cuite, l'argile ou terre glaise ; celle dont on fait usage à Paris, provient des plaines de Gentilly, Vanvres, Vaugirard, Issy, etc.

Aussitôt son extraction des trous de carrières, on la dispose en mottes de 0,50 cent. de longueur et 0,16 cent. de côté, chacune du poids de 30 à 35 kilog. environ, et on la dépose dans les ateliers de fabrication où on la renferme immédiatement dans les caves ou autres lieux humides, afin de la mettre à l'abri des influences atmosphériques et de lui conserver, autant que possible, son humidité première. Sans cette précaution, elle se gercerait, se durcirait, ce qui occasionnerait, pour la ramener à la consistance voulue, pour la mettre en œuvre, une perte de temps considérable. Cela est si vrai, que souvent, surtout dans la forte chaleur, on est obligé de l'arroser, afin de l'entretenir dans un état permanent de moiteur.

Des caves où la terre a été conservée, on la transporte, selon les besoins, dans les marchoirs (voyez D, planche première) ; on appelle ainsi les hangars ou ateliers couverts dans lesquels on piétine la terre, pour la rendre tout-à-fait homogène, et la débarrasser des impuretés qu'elle renferme. On la jette coupée en tranches de 0,01 cent. d'épaisseur, dans des tonnes ¹ remplies d'eau, pour la faire détremper et ramollir. Au bout de douze heures, on la retire ; elle est alors totalement délayée et sous la forme d'une pâte extrêmement molle ; on l'étale sur la surface des marchoirs, on la recouvre d'une légère couche de

¹ Chaque tonne contient ordinairement 25 mottes coupées en tranche, c'est-à-dire de 700 à 800 kilog. de terre.

terre de carrière, afin de lui donner un peu plus de consistance, et on la piétine pendant trois heures, temps nécessaire à peu près pour que le mélange soit parfait.

L'ouvrier, en piétinant, décrit une spirale dont le plus grand diamètre est de 3 mètres, et il marche ainsi en suivant chaque contour ou révolution de la spirale, jusqu'à ce qu'il soit arrivé au centre de cette espèce de plateau.

Pour être certain qu'il n'a omis aucune partie qui n'ait été piétinée, le *marcheur* (c'est ainsi qu'on appelle celui qu'on emploie à ce genre de travail) passe et repasse, toujours en décrivant une spirale, quatorze à quinze fois sur la même terre, jusqu'à ce qu'il l'ait amenée à une consistance entièrement uniforme, et qu'il ait effectué le mélange, ce que l'on reconnaît, quand, en coupant la terre, on n'aperçoit sur les sections aucune marbrure.

Ainsi disposée, la terre est portée à l'atelier du tourneur (BB, planche première), et c'est là qu'elle reçoit la dernière préparation. Après l'avoir coupée en morceaux d'à peu près 0,65 cent. de long, sur 0,33 cent. de large, et 0,16 d'épaisseur, l'aide-tourneur la pétrit avec les mains [1], de la même manière qu'on pétrit la pâte du pain. Cette dernière opération a pour but de ramollir la terre, de la rendre plus maniable, plus apte à se prêter sous les doigts de l'ouvrier, et à subir toutes les formes qu'il juge nécessaire de lui imprimer. Enfin, l'aide-tourneur divise cette terre ainsi préparée en petits cylindres aplatis ou balles, méplates (pour employer le terme du métier), qu'il dispose sur l'établi du tourneur, où celui-ci la prend à mesure qu'il en a besoin.

Un tourneur un peu exercé, ou même son aide, sait, à très-peu près, quel volume il doit donner à la petite masse ou balle, destinée à former une poterie d'une dimension déterminée ; son extrême habitude, qui est pour lui un guide certain, fait qu'il ne se trompe jamais sur la quantité de glaise dont il a besoin. C'est du reste une manœuvre toute de pratique, et il serait difficile d'établir des données précises sur le plus ou moins de matière employée à la confection de telle ou telle poterie.

ŒUVRE DU TOUR.

La disposition du tour qui sert à la fabrication des poteries diffère complétement de celle des tours employés généralement pour les ouvrages qui se moulent avec les mains. Le plus simple (et cependant le plus commode) se compose, ainsi que le représente la fig. I, planche 2 :

1° D'un axe ou arbre vertical en fonte CL, terminé à sa partie supérieure par une tige en fer B traversant librement la table principale L, et à sa partie inférieure, par un pivot F qui roule sur le caillou ou crapaudine G, fixée au sol au moyen du patin en ciment I.

2° D'une table circulaire horizontale en chêne D, de 1 mètre 09 cent. de diamètre et 0,067 millim. d'épaisseur, composée de deux demi-cercles qui se rajustent et s'assemblent carrément avec l'axe en fonte CE, de manière à faire corps avec lui.

---

[1] Cette manipulation est spéciale à la fabrication des poteries, car pour celle des briques, carreaux, etc., la terre est employée aussitôt après l'opération du piétinement.

3° D'une *girelle* ou table ronde, horizontale, en bois de charme A de 0,08 cent. d'épaisseur et 30 à 35 cent. de diamètre, percée à demi-épaisseur d'une mortaise dans laquelle
entre à repos l'extrémité de la tige B.

Comme on le voit, ces trois pièces ainsi réunies devront nécessairement participer du
mouvement de rotation qui pourra être imprimé à l'une d'elles.

Sur la table principale ou établi L repose un vase rempli d'eau N auquel est fixée une
tige verticale O portant un régulateur horizontal P qui se termine par une baleine très-
souple Q.

Le banc incliné K et le marche-pied M aussi incliné complètent l'ensemble de l'établi.

Les ustensiles employés par le tourneur (ou ceux qui mettent la dernière main aux poteries avant le transport aux chambres chaudes ou séchoirs), sont : la *jigadou* R, *l'estec à
dents de scie* T, *le fil de laiton* U, *le couteau* V, *l'équerre ou plateau carré* X, et *la batte* Y,
dont l'usage sera expliqué ci-après.

Placé ainsi que l'explique la fig. I, pl. 2, c'est-à-dire assis sur le banc incliné K et un
pied soutenu en l'air par le marche-pied M, l'ouvrier tourneur imprime avec l'autre pied
un mouvement de rotation horizontal à la table D ; celle-ci assemblée carrément, comme
nous l'avons vu, avec l'axe vertical, l'entraîne dans son mouvement et avec lui la girelle A.
C'est sur cette girelle que l'ouvrier applique avec force les balles de terre, et alors commence l'œuvre du tour.

Après l'avoir disposée, autant que possible, au centre de la girelle, le tourneur serre
légèrement entre ses deux mains la petite masse de terre qui prend ainsi, tout d'abord, une
forme cylindrique ; puis, avec ses deux pouces, il comprime ce cylindre vers le centre, de
manière à le refouler intérieurement, et tandis que d'une main placée verticalement ou de
champ, il maintient la paroi extérieure, de l'autre il presse l'intérieur avec le bout des doigts
en élargissant toujours le cylindre jusqu'à ce qu'il soit parvenu à introduire la main entière ;
alors, en comprimant de nouveau intérieurement, et soutenant extérieurement, il élève par
gradation le vase jusqu'à 4 cent. environ au dessus de la baleine du régulateur.

Amenée à ce point, la poterie ne présente encore que la disposition d'un vase ouvert ; il
s'agit de la fermer. C'est en cela que consiste la plus grande difficulté, et il faut assez de
dextérité pour y arriver ; c'est en comprimant légèrement et petit à petit, du bout des
doigts, en rapprochant du centre la partie supérieure de la poterie, c'est-à-dire celle
qui dépasse le régulateur, que l'ouvrier parvient à former une sorte de couvercle au dessus
de la poterie qui se trouve ainsi complètement fermée.

Comme pendant toute la série des opérations que je viens d'indiquer, le tourneur a eu
soin de tremper ses mains dans l'eau contenue dans le vase, afin de conserver à la terre toute
sa ductilité, et surtout pour empêcher qu'elle ne s'attachât trop à ses doigts, comme, dis-je,
par suite de cette précaution, la poterie est devenue extrêmement lisse sur tous les points
de sa surface extérieure, et qu'il est important, au contraire, qu'elle présente des aspérités
qui facilitent son adhérence avec le plâtre, on emploie alors *l'estec à dents de scie* T. L'estec
ordinaire est tout simplement une petite planchette amincie sur l'un de ses bords et dont le
dos sert à lisser les ouvrages en terre, et à leur donner une sorte de poli. Dans ce cas-ci,
au contraire, elle est armée d'une petite lame de scie enchassée dans son épaisseur. Pendant

5

que la poterie tourne encore, on imprime légèrement sur ses parois extérieures et sur son sommet les dents de l'estec, et on forme de petits sillons dans lesquels le plâtre doit se loger et faire prise. Ici se terminent les opérations du tourneur. Au moyen du fil de laiton U, il rafle la surface de la girelle pour en détacher la poterie qu'il enlève ensuite légèrement pendant que le tour est encore en mouvement.

Avant d'être portée au séchoir, la poterie reçoit, de l'aide—tourneur, le dernier apprêt. Celui—ci y pratique, avec un perçoir ou cheville de bois taillée en pointe (1), trois petits trous d'un centimètre environ de diamètre, l'un au centre de la base, l'autre sur le côté, à peu près à moitié de la hauteur, et le troisième au centre du sommet. Il est tout à fait essentiel de commencer à percer la poterie au sommet, car si l'on pratiquait d'abord l'une des deux autres ouvertures, il arriverait qu'au moment où l'on ferait le trou supérieur, l'air contenu dans la poterie s'échappant aussitôt par l'autre ouverture, et ne faisant plus équilibre à l'air extérieur, le sommet tout entier de la poterie s'affaisserait par l'effet de la pression de ce dernier.

Les poteries ont ordinairement la forme d'un cône tronqué *(voyez* fig. II, pl. 2), mais très—peu marqué, à côtés presque parallèles ; je dis ordinairement, car pour la construction des cloisons, par exemple, on leur donne la forme d'un cylindre extrêmement court (5 à 6 centim. de hauteur sur 13 à 14 centim. de diamètre) *(voyez* A, fig. I, pl. 2l).

Comme on le voit par la fig. I, pl. 2, le régulateur sert à déterminer et la hauteur et le diamètre supérieur de la poterie : quant au diamètre inférieur, un peu plus grand que le supérieur, il se fait en quelque sorte à vue d'œil, et il est rare qu'il varie d'une poterie à l'autre de plus d'une ligne, quand l'ouvrier est tant soit peu expérimenté. S'il était important d'obtenir une dimension exactement identique, on emploierait l'instrument appelé *j iga— dou* R, qui n'est autre chose qu'un morceau de bois échancré, dont l'entaille, appliquée horizontalement sur le champ de la girelle (la main de l'ouvrier demeurant fixe), enlève— rait tout ce qui serait sur son chemin et donnerait par conséquent aux poteries un diamètre inférieur toujours uniforme.

RESSUYAGE.

Au fur et à mesure de la fabrication, les poteries sont placées sur des rayons ou tablettes disposées en étage dans les pièces appelées chambres chaudes, et qui sont entretenues dans une température douce à peu près constante à raison de leur voisinage des fours. Pour profiter autant que possible de la place, on rapproche les poteries les unes des autres, mais on les espace assez cependant pour que l'air puisse librement circuler, et on les laisse se ressuyer et se raffermir avant de les soumettre à l'action du feu.

Dans les temps secs huit à dix jours suffisent, c'est-à-dire que, s'il y a urgence, on peut au bout de ce temps les mettre au four sans inconvénient ; mais, à part cela, on ne risque rien à les laisser bien sécher ; on peut même les conserver indéfiniment dans l'état de sèche- resse : ainsi, on peut les fabriquer pendant l'été et les faire cuire pendant l'hiver ; seulement

---

¹ Le but de cet opération sera expliqué ci-après.

il faut éviter de les exposer au grand air, afin de les préserver des gerçures et des crevasses qui en altéreraient la qualité.

COUPE ET BATTAGE.

Quand les poteries sont suffisamment ressuyées et qu'elles ont acquis une solidité bien
compacte, on donne à la partie inférieure une nouvelle façon qui en change tout à fait la
disposition : on applique sur la base un petit plateau en tôle, carré, à petits pans coupés X,
et l'on coupe avec le couteau ou serpette V toute la partie de la base qui dépasse le plateau ;
ensuite, avec le battoir ou batte Y, espèce de planchette terminée par un manche, et dont
la surface est cannelée, on frappe en le tenant dans la main chacun des pans coupés de la
poterie, afin d'y imprimer de petits sillons comme sur le reste de sa surface. C'est alors que
la poterie présente, ainsi qu'on le voit dans la coupe (fig. II), quatre pans perpendiculaires
à la base et de 3 à 4 cent. de hauteur. Ces pans ont pour objet de faciliter le rapprochement des poteries dans la construction et de diminuer la quantité du plâtre.

CONSTRUCTION ET DISPOSITION DES FOURS.

Les fours les plus convenablement disposés présentent, en plan, la figure d'un trapèze
terminé par un demi-cercle *(voyez* fig. III, pl. 2) et, en coupe, celle d'une voûte elliptique
adossée à une cloison ou languette de cheminée (*voyez* fig. IV). La partie cintrée est occupée par une grille à jour G, sur laquelle on place le combustible, que l'on introduit par une
petite porte R. Au dessous de la grille est un espace vide destiné à augmenter le courant
d'air. L'aire ou âtre du four, réservé au placement des poteries, n'est autre chose qu'un
massif en maçonnerie recouvert d'un carrelage. La cloison du fond, ou languette, est percée
à sa base d'une suite de ventouses VVV. Toute la voûte et les flancs du four sont construits
en petits carreaux très-minces, 2 à 3 cent. au plus d'épaisseur, et 0,16 cent. de côté, posés
de champ. Ces matériaux, de petites dimensions, sont choisis de préférence, étant moins
sujets à être brisés ou réduits par l'intensité d'un feu extrêmement vif et d'assez longue
durée. Le chargement du four s'opère par une porte P, disposée sur l'un de ses flancs et que
l'on rebouche hermétiquement en en remplissant le vide de briques liées avec de la glaise,
qui tient lieu de mortier.

Comme la trop grande proximité du feu pourrait faire casser ou pour le moins fendre les
poteries, si elles étaient en contact immédiat avec le foyer, on commence par élever sur le
bord de la grille G une espèce de mur en briques ordinaires non cuites, qui n'ont rien à
redouter de la trop grande élévation de la température, et l'on dispose ensuite à l'abri de
ce rempart les poteries les unes au dessus des autres, en les entrecoupant comme l'indique
la fig. IV.

D'après la disposition du four, telle qu'elle vient d'être décrite, il est évident que toutes
les poteries sont soumises à un même degré de température, puisque la chaleur chassée par
l'air extérieur de bas en haut, c'est-à-dire vers le sommet de la voûte, est obligée de redes-
cendre et de traverser toutes les rangées de poteries pour s'échapper par les petites ventouses VV et prendre enfin la direction indiquée par les flèches, fig. IV.

Si par hasard la chaleur du four était trop grande, on la tempérerait à l'aide de la soupape S placée sur le sommet de la voûte. Cette soupape est faite aussi pour un autre besoin, elle sert à hâter le refroidissement des poteries en cas de presse.

CUISSON.

Ici va s'expliquer la nécessité des petits trous pratiqués en différents points de la surface des poteries. On conçoit aisément que si elles étaient fermées complétement, l'air contenu dans leur capacité se dilaterait au moindre degré de chaleur, ce qui occasionnerait inévitablement la rupture et par suite l'explosion du four lui-même, tandis qu'au moyen des petites ouvertures l'air extérieur s'échauffe progressivement et sans le moindre danger, comme si les poteries étaient tout à fait ouvertes. D'ailleurs, la fragilité des poteries, avant leur cuisson, oblige de prendre de grandes précautions dans le chauffage du four. Ainsi, le premier jour la chaleur est extrêmement faible, suffisante à peine pour dissiper le reste d'humidité contenue dans la terre (car il y aurait peut-être à craindre, si l'on élevait tout d'abord la température, que toute cette humidité, réduite subitement en vapeur ne donnât lieu à une explosion). Le second jour, l'intensité du feu est plus grande ; le troisième jour un peu plus grande encore. De cette manière, les poteries se sont échauffées graduellement, et ce n'est que le quatrième jour que l'on donne ce qu'on appelle le grand coup de feu et qu'a lieu réellement la cuisson. Dès que le combustible est réduit à l'état de braise, on tourne la clef C de manière à détruire toute communication avec le dehors, et on laisse le four se refroidir petit à petit, et ce n'est que le cinquième jour qu'on peut sans inconvénient démolir la fermeture en briques et retirer les poteries pour les mettre en magasin : elles ont encore une chaleur de 15 à 20 degrés Réaumur.

On désigne les poteries, en terme de fabrique, par les noms de poteries *rosées* et poteries *gras-cuites*, selon qu'elles ont été soumises à une cuisson plus ou moins intense.

On entend par poteries *rosées* celles qui, n'ayant atteint qu'un degré moyen de cuisson, présentent une couleur d'un rose vif ; elles sont extrêmement poreuses ; trempée dans l'eau, elles s'en imprègnent très-aisément, aussi sont-elles très-peu sonores ; elles sont d'ailleurs assez fragiles, mais résistent très-bien à l'action du feu.

On nomme poteries *gras-cuites* celles qui ont acquis un degré de cuisson plus élevé ; elles sont d'un rose très-pâle, presque blanchâtres ; leurs pores sont beaucoup plus resserrés ; elles ont une grande analogie avec le grès de Picardie ; elles absorbent beaucoup moins l'eau que les autres ; au moindre choc, elles rendent un tintement assez aigu. Elles sont, il est vrai, moins fragiles que les poteries rosées, mais aussi elles résistent moins à la chaleur.

Malgré leur fragilité plus grande, il est donc préférable d'employer, en construction, les poteries rosées, puisqu'elles offrent plus de résistance en cas d'incendie.

SOUS-DÉTAILS DE FABRICATION.

Pour compléter les détails relatifs à la fabrication des poteries, je vais exposer en tableaux synoptiques le compte de revient pour Paris [1] des poteries de différentes dimensions. Ces tableaux indiqueront les frais d'achat de matière première, ceux de préparation, de manipulation, de cuisson, et les faux frais divers.

Les calculs ci—dessous sont établis pour un nombre de 150, 200 et 300 poteries, suivant la grandeur, résultant d'une même quantité de terre de 25 mottes [2]

(1)

PREMIÈRE SÉRIE.

FABRICATION DE 150 POTERIES

DE 0,325 MILL. DE HAUTEUR ET 0,136 MILL. DE DIAMÈTRE.

1re MAIN-D'ŒUVRE

Vingt-cinq mottes de terre, ou une demi-voie, transport et droit d'entrée compris à	8 f.	**4 f.**	
Morcellement et marche.		**2**	
Sable		**2**	
Préparation et pétrissage		**2**	50 c.
Transport aux chambres chaudes.		25	
Total de la dépense pour préparation de vingt-cinq mottes de terre prête à être mise en œuvre.		10 f. 75 c., ci	10 f. 75 c.
Œuvre du tour . . . . Pour 100	10	Pour 150 15 f., ci	15

2e MAIN-D'ŒUVRE

Ressuage, coupe, battage, etc . Pour 100	4	Pour 150 6 f.	
Transport au four.		50 c.	
Enfournement . . . . Pour 100	1	Pour 150 1 50	
		8 f., ci	8

A REPORTER. . . . CI. 33 F. 75 C.

---

[1] Ce compte de revient est dressé pour Paris seulement, car les dépenses varient toujours avec les localités.

[2] On se rappellera que le poids d'un tonneau de 25 mottes de terre est évalué à 7 ou 800 kilog.

REPORT. . . : **33** f. **75** c.

**COMBUSTIBLE POUR CHAUFFAGE DU FOUR
CONTENANT 500 POTERIES**

Bois de gravier. 2 voies.   66 fr.
Charb. de terre. ½ voie.   34
                    ——————
         Total . . 100 fr. P. 500 100.   Pour 150 30 f.,   ci **30**
                                                          ——————

CUISSON

Bûchage du four, quatre journées de vingt-
   quatre heures à 5 fr. par jour, 20 fr . .
                       Pour 500   Pour 150   6 f.,   ci **6**
                                                          ——————

3e MAIN D'ŒUVRE

Défournement . . . . Pour 100   1   Pour 150   1 f. 50 c.
Emmagasinage   50
Chargement et empaillage dans la voiture.   2
Transport aux constructions, et décharge-
   ment   2
                                                     ——————
                                               6 f.,   ci **6**
                                                     ——————

      Total du prix de 150 poteries rendues au chantier de construction. . .   75 f. 75 c.

Par conséquent le mille revient à . . . .   505 f. 00 c.

——————

DEUXIÈME SÉRIE.

——————

FABRICATION DE 200 POTERIES

DE 0,275 MILL. DE HAUTEUR ET DE 0,136 MILL. DE DIAMÈTRE.

1re MAIN-D'ŒUVRE

Vingt-cinq mottes de terre prête à être
   mise en œuvre, d'après le tableau pré-
   cédent, reviennent à. . . . .   10 f. 75 c., ci 10 f. 75 c.

Œuvre du tour . . . . Pour 100   7 f. 50 c. Pour 200 15 f.,   ci **15**

2e MAIN-D'ŒUVRE

	Pour 100		Pour 200	
Ressuage, coupe, battage, etc .	Pour 100	3	Pour 200	6
Transport au four.				50
Enfournement	Pour 100	75	Pour 200	1 50

8 f., ci 8

COMBUSTIBLE POUR CHAUFFAGE DU FOUR CONTENANT 665 POTERIES

Même quantité que ci-dessus. . Pour 665 100 — Pour 200 80 f., ci 30

CUISSON

Bûchage du four, quatre journées de vingt-
quatre heures, à 5 fr. par jour, 20 fr.

Pour 665 — Pour 200 6 f., ci 6

3e MAIN-D'ŒUVRE

		Pour 100	Pour 200		
Défournement.		Pour 100	75 c. Pour 200	1 f. 50 c. ci	1 50
Emmagasinage . . ., ...				50 ci	50
Chargement et empaillage dans la voiture				2 ci	2
Transport aux constructions, et décharge-ment.				2 ci	2

Total du prix des 200 poteries rendues au chantier de construction . . . 75 f. 75 c.

Par conséquent, le mille revient à . . . . 378 f. 75 c.

TROISIÈME SÉRIE.

FABRICATION DE 300 POTERIES

DE 0,245 MILL. DE HAUTEUR ET 0,136 MILL. DE DIAMÈTRE.

1re MAIN-D'ŒUVRE

Vingt-cinq mottes de terre prête à être
mise en œuvre, d'après le tableau ci-
dessus, reviennent à . . . . 10 f. 75 c., ci 10 f. 75 c.

REPORT. . . . CI. 10 F. 75 C.

Œuvre du tour . . . . Pour 100   3 f. 50 c.   Pour 300 10 f. 50 c., ci 10 f. 50 c.

2e MAIN-D'ŒUVRE

Ressuage, coupe, battage, etc . Pour 100   2   Pour 300 6 f.
Transport au four. . . . .   50 c.
Enfournement . . . . Pour 100   50   Pour 300 1   50

                           8 f.,   ci 8

COMBUSTIBLE POUR CHAUFFAGE DU FOUR
CONTENANT 1.400 POTERIES

Même quantité que ci-dessus Pour 1,400 100   Pour 300 21 f.,   ci 21

CUISSON

Bûchage du four, quatre journées de vingt-
quatre heures, à 5 fr. par jour, 20 fr.
               Pour 1,400   Pour 300 4 f. 32 c., ci 4   32

3e MAIN-D'ŒUVRE

Défournement . . . . Pour 100   50   Pour 300 1 f. 50 c.
Emmagasinage   50
Chargement et empaillage dans la voiture.   2
Transport aux constructions, et décharge-
ment   2

                         6 f.,   ci 6

Total du prix des 300 poteries rendues au chantier de construction . . . 60 f. 57 c.

Par conséquent, le mille revient à. . . . . 201 f. 90 c.

Je n'ai pas cru nécessaire de m'occuper des détails de compte de revient pour les poteries de dimensions inférieures, c'est-à-dire de 0,22 centimètres de hauteur, sur 0,136 millimètres de diamètre et au-dessous. Comme leur fabrication demande moins de temps, et que, moins fragiles, elles n'exigent pas les mêmes précautions pour le transport aux chambres chaudes et pour le placement dans les fours, elles coûtent infiniment moins.

Au reste, on remarquera que j'ai, à dessein, omis d'ajouter au chiffre total de la dépense, le bénéfice du fabricant, qui doit varier suivant les localités, et en raison de l'emploi plus ou moins fréquent de ces matériaux dans les constructions.

CHAPITRE III.

———

DES VOUTES.

———

On entend par voûte la réunion de plusieurs pierres de taille, moellons, briques ou autres matières dures taillées et disposées de manière à se supporter mutuellement et à se maintenir en l'air en laissant au-dessous d'elles un espace vide.

Les petites voûtes se nomment *portes*, et les grandes se nomment *voûtes* ou *maîtresses voûtes*.

Les différentes espèces de voûtes les plus en usage sont celles : *cylindrique* ou en plein cintre ou en berceau, *annulaire* ou sur plan circulaire, *surbaissée* ou elliptique ou en anse de panier, *surmontée* ou plus haute que le demi-cercle, *conique* ou en trompe, en *embrasure à canon*, *d'arête* ou résultant de la pénétration de deux berceaux qui se croisent, *en arc de cloître* ou celle formée par quatre portions de cercle et dont les arêtes sont rentrantes.

On imagine aisément combien devient coûteuse la taille des pierres nécessaires à la construction des voûtes, et en même temps de quel poids elles surchargent les murs qui les supportent. La construction en poteries, sans diminuer en rien la solidité qu'on peut, au contraire, dire toujours croissante, remédie à ce double inconvénient ; aussi, en est-il fait journellement usage pour les voûtes de toute espèce et de toutes dimensions.

Sous le rapport de la contexture, les voûtes en poteries peuvent se diviser en quatre classes ou catégories.

Dans la première sont : les voûtes cylindriques, les voûtes *annulaires*, les voûtes *sphériques* et les voûtes *surmontées* qui, lorsqu'elles n'excèdent pas certaines proportions, peuvent s'établir sans fer. Ces quatre espèces de voûtes peuvent se construire en poteries hourdées en plâtre, dont la hauteur et le diamètre varient suivant la grandeur de la voûte. On les établit de la même manière que celles en pierres de taille ou en briques. Un écha-

faudage ou cintre recouvert de madriers sert de soutien (*voyez* fig. I, pl. 3). Les poteries [1]
sont placées, ainsi que le représente cette figure, le sommet en bas, c'est-à-dire de manière
à présenter le plus de résistance possible, tout l'effort ayant lieu dans cette disposition, non
pas sur les flancs, mais sur les côtés même de la base. Si les voûtes doivent avoir une grande
épaisseur comme les voûtes de cave, on superpose au premier rang de poteries un second
et même un troisième rang, en ayant soin de recouper les joints pour mieux lier l'ensemble
de la construction, et l'on recouvre l'extrados d'une chappe en plâtre ou mortier.

Néanmoins il est une condition essentielle à laquelle il importe d'avoir égard, c'est de
n'employer les poteries qu'à partir des sommiers qui doivent être en pierre ou en briques
(*voyez* même fig.).

Un autre soin à avoir dans la construction des voûtes en poteries, c'est d'en garnir les
reins, au fur et à mesure, à partir des premières poteries jusqu'à celles qui terminent ou
ferment la voûte; cette précaution est indispensable pour atténuer le gonflement du plâtre.

On doit choisir de préférence à tous autres matériaux, les plâtras de démolition qui, par
leur nature poreuse, absorbent l'humidité du plâtre et font corps avec lui. Ils ont, en outre,
l'avantage de ne surcharger que très-faiblement les voûtes, et rentrent, par cela même, dans
les conditions du système des constructions en poteries qui ont pour caractère spécial la
légèreté jointe à la solidité.

Comme exemple de voûtes plein cintre en poteries, je citerai celles des celliers aux eaux-
de-vie, construites à l'entrepôt général des vins, sous la direction de M. Gauché (*voyez*
fig. I, pl. 4). Ces voûtes, d'une longueur de 30 mètres, et de 4 à 5 mètres de diamètre, ont
été construites, dans toute leur longueur, en poteries de 0,30 centimètres de hauteur, sur
0,08 centimètres de diamètre; les poteries ont été disposées en appareil réglé apparent à
l'intrados, et les points en ont été relevés à la truelle. On a eu soin d'établir les premières
assises formant sommiers, en briques de Bourgogne également apparentes, et de cette
réunion est résultée une solidité telle, qu'on a pratiqué, en différents points du sommet des
voûtes, de larges ouvertures qui servent à les éclairer dans toute leur longueur.

La voûte plein cintre de la salle Louis-Philippe à la Chambre des Députés, établie selon
les dessins de M. de Joly, architecte de ce monument (*voy.* fig. I, pl. 5), est un des essais
les plus hardis de construction en poteries sans fer. Elle se distingue surtout par l'agencement des caissons qui la décorent, et qui sont formés de poteries de diverses dimensions
(*voyez* le détail, fig. II), ainsi que par la difficulté que présentaient à l'exécution les nombreuses pénétrations qui la rachètent.

Enfin, un troisième exemple non moins remarquable pris hors la capitale, c'est la voûte
plein cintre du monument de Quiberon (Morbihan), construit sur les plans de M. Caristie,
membre du conseil des bâtiments civils.

Lorsque les voûtes, sans être en plein cintre, ont pour courbure une portion de cercle et
qu'elles ne sont pas de grande dimension, on peut encore les construire en poteries sans
fer. Telles sont les portions de voûtes qui soutiennent à la Chambre des Députés les ban—

---

[1] L'ouvrier doit plonger dans l'eau les poteries au fur et à mesure de leur emploi.

quettes des séances (*voyez* fig. IV, pl. 16), et celles qui forment les tribunes hautes. A l'église de la Madeleine, il existe plusieurs voûtes ou portions de voûtes en poteries sans fer. Au Panthéon, l'architecte Destouches a également fait usage de poteries sans fer pour la construction de plusieurs voûtes de décharge.

Mais lorsque les voûtes, même plein cintre, sont de grande dimension, comme par exemple celle de la chapelle du Palais-Royal, élevée sous la direction de M. Fontaine (*voyez* fig. I et II, pl. 6), ou encore lorsque la courbure de ces voûtes, bien qu'elle soit une portion de cercle, est peu sensible, la présence du fer devient nécessaire ; seulement, la quantité à employer n'est pas arbitraire, elle doit être calculée d'après la résistance et suivant les proportions de la voûte en carrés ou parallélogrammes plus ou moins grands. Ces carrés sont formés par des arcs ou arbalétriers en fer ancrés sur les murs dans lesquels viennent s'emmancher à fourchette ou se fixer, à l'aide de boulons, des entretoises faisant office de pannes. Au moyen de ces subdivisions ou travées, on atténue sensiblement la poussée et le gonflement du plâtre qui, sans cette précaution, produirait des boursouflures préjudiciables à la solidité du système.

Ces compartiments ainsi établis sont remplis en poteries que l'on dispose de la même manière que les claveaux en pierre ou moellon, et qui, en se contrebuttant réciproquement, forment, par leur réunion, autant de portions d'arcs ou de voûtes indépendantes les unes des autres ; on enduit ensuite l'intrados pour en égaliser la surface.

La seconde catégorie renferme les voûtes coniques et celles en embrasure à canon. Pour celle-ci, le concours du fer est indispensable, et doit aussi être disposé en réseau assez serré qui puisse bien maintenir les poteries, lesquelles doivent, en outre, varier de dimension selon qu'elles occupent telle ou telle partie de la voûte. Ainsi, dans les parties resserrées, elles doivent avoir un diamètre et une longueur moyenne : dans les parties évasées, au contraire, elles doivent être plus allongées.

Pour cette espèce de voûte comme pour les autres, il ne faut pas négliger de garnir les reins en plâtras au fur et à mesure de la construction ; cette précaution est des plus essentielles pour pallier l'effet du plâtre.

Pour les voûtes de la troisième catégorie, c'est-à-dire les voûtes surbaissées, l'emploi du fer est d'une urgence plus grande encore ; les poteries ne pouvant être, comme les pierres, soumises à une coupe ou taille déterminée par les diverses sinuosités de courbes, et ces poteries étant moins resserrées, surtout dans la partie inférieure, la quantité du plâtre qui sert à les unir est infiniment plus grande ; pour cette raison, non-seulement les fers doivent être plus forts afin de présenter plus de résistance que pour les voûtes cintrées, mais encore les travées doivent être divisées en carrés plus nombreux et plus serrés. Les reins de cette espèce de voûte doivent être, avec plus de raison encore, garnis de bons contreforts en plâtre et plâtras ; car la poussée est ici bien plus forte que dans toutes les autres espèces de voûtes.

A l'édifice du quai d'Orsay, l'architecte, M. Lacorné, a fait une heureuse combinaison de la poterie et du fer pour le plafond surbaissé et à voussures du grand salon de réception. La planche 14 représente en plan l'une des neuf travées de cette vaste salle, et en élévation, l'une des fermes accouplées qui supportent un pan de bois armé, et un mur de refend percé de cheminées qui s'élèvent jusqu'aux combles. Ce plafond, d'une élégance extrême, refouillé de caissons, présente une surface de plus de 45 mètres de long sur 10 mètres de large, soit 450 mètres superficiels.

Le plafond, également à voussures, du tribunal de commerce au palais de la Bourse, élevé sous la direction de M. Labarre, est aussi construit de cette manière, et bien qu'il soit très-surbaissé, il n'a pas présenté depuis son achèvement la plus légère fissure sur toute son étendue (voyez fig. II, pl. 35).

Quant aux voûtes d'arêtes et celles en arc de cloître qui composent la quatrième catégorie, il faut évidemment que les armatures en fer qui forment les arêtiers figurent les arêtes saillantes et rentrantes, et soient cependant disposées de manière à disparaître dans l'épaisseur de la contexture en poteries, lors de la construction de la voûte. Comme modèles exécutés, je citerai à l'édifice du quai d'Orsay la voûte d'arêtes du péristyle du grand escalier d'honneur, qui présente une surface de 4 mètres de côté, et le corridor de dégagement de la salle à manger du ministre, dont le plafond est formé d'une suite de petites voûtes d'arêtes de 1ᵐ50 cent. de côté.

Indépendamment des voûtes composant les quatre catégories que je viens d'énumérer, il en est d'autres d'une exécution plus difficile encore et dont il existe des exemples : je veux parler des voûtes panachées ou à pendentifs. Celles qui ont été construites à la nouvelle bibliothèque de la Chambre des Députés (voyez fig. II, pl. 4), sont au nombre de cinq, dont les deux extrêmes sont attenantes à des voûtes en cul de four faites avec des matériaux de même nature.

Les poteries qui forment ces voûtes se soutiennent sans le concours du fer. A voir la hardiesse de cette construction qui ne repose que sur des bases très-peu étendues, et qui ne porte aucune trace de déchirure ou affaissement, bien qu'elle soit achevée depuis quatre années, on se fait idée de la résistance qu'elle présente, et pourtant on n'y a employé que des poteries de 0,16 cent. de hauteur et 0,08 cent. de diamètre, et les voûtes ont près de 6 mètres d'ouverture (voyez fig. III).

Afin d'opposer à l'écartement de ces voûtes une résistance capable de les maintenir invariablement, on a eu soin de contre-buter les reins des pendentifs au fur et à mesure du travail, et l'on a employé des plâtras, comme nous l'avons vu pour la construction des autres voûtes ; ces matériaux ayant l'avantage d'opposer de la résistance sans produire de tassement, on les a disposés de manière à former sur l'extrados de chaque voûte un bassin ou contre-voûte renversée, afin d'alléger d'autant le poids total de ces constructions venant se décharger sur quatre angles ou points d'appui isolés les uns des autres (voyez A A, fig. II et III).

Le mode de construction en poteries des voûtes à pendentifs est d'un immense avantage : il économise la dépense majeure que nécessiterait la taille de pierre, si l'on voulait les établir suivant la méthode employée jusqu'à ce jour, et de plus il n'offre aucun des inconvénients de ce dernier genre de construction qui toujours produit des tassements sur les murs ou piliers qui la supportent. Ainsi, les peintures à fresque, qui ornent ordinairement les voûtes panachées, ne courent aucun risque d'être altérées, quand ces voûtes sont construites en poteries ; c'est ce qui a été reconnu au palais de la Bourse, où toutes les *grisailles* des voussures de la grande salle ont été faites sur des enduits en plâtre qui recouvrent des constructions en Poteries ; c'est aussi pour être assuré d'obtenir un pareil résultat, qu'on a construit en poteries presque toutes les voûtes en cul de four de l'église de la Madeleine.

Nous avons vu que, pour les voûtes de grande dimension, le fer était d'absolue nécessité ; cependant, lorsqu'elles sont de pur ornement, qu'elles ne servent qu'à la décoration, on peut, sans inconvénient, s'en dispenser ; si ces voûtes n'ont à supporter que leur propre poids, elles seront assez solides, construites seulement en poteries. De nombreuses expériences viennent à l'appui de cette assertion : il suffit d'une légère courbure pour qu'elles se maintiennent par la seule adhérence du plâtre et des poteries ; mais toujours il est indispensable que les culées ou reins soient maintenus comme il a été prescrit précédemment.

Tout ce qui a été dit des voûtes en général s'applique aux petites voûtes que nous avons désignées sous le nom de *portes*. Ainsi, on devra avoir recours au fer, selon qu'elles se rapporteront à l'une des catégories où nous avons vu que sa présence était nécessaire, et on l'éliminera, à plus forte raison, dans les autres cas, puisqu'elles seront d'un diamètre infiniment moindre.

Si les portes sont disposées en plate-bande, on pourra les construire sans fer, mais il faudra leur donner tant soit peu de cintre, en observant de placer les poteries toujours la base en haut ; ou bien elles pourront être placées soit sur champ comme dans la fig. I, pl. 23, soit alternativement, l'une la base en haut, l'autre la base en bas, comme on le voit (fig. II et III) ; mais, dans ces deux cas, il faudra qu'elles soient supportées par un linteau en fer, si les portes sont pratiquées dans un mur ; ou par un linteau en bois, si elles sont pratiquées dans un pan de bois.

SOUS-DÉTAILS.

Après avoir établi théoriquement le système de construction des voûtes en poteries, il m'a semblé indispensable de produire les calculs comparatifs qui déterminent le poids et la résistance relatifs de ces voûtes construites en poteries de diverses hauteurs, afin de rendre évidente la puissance de ces constructions et d'en justifier mathématiquement, en quelque sorte, l'adoption ; l'exposé de ces sous-détails est le complément obligé de ce traité ; ils sont les résultats d'expériences faites en présence de plusieurs architectes attachés aux travaux publics.

Ces détails comprendront : 1° la nature et la quantité des matériaux employés ; 2° le poids de chacun d'eux ; 3° le poids total de l'ensemble ; 4° la résistance de la voûte ; mais il faut remarquer que ce n'est pas encore la résistance absolue que le chiffre indique (car les expériences n'ont pas été poussées jusqu'à l'anéantissement des voûtes), mais seulement le poids dont elles ont été chargées, et qui a toujours été quintuple de celui qu'elles étaient destinées à supporter.

Les expériences sur les voûtes en poteries de la plus petite dimension, qui n'ont jamais que des charges très-faibles à soutenir, et qui souvent ne supportent que leur propre poids, ont été négligées. Les tableaux suivants présentent les résultats d'expériences faites, 1° pour une série de voûtes peu cintrées en poteries, depuis 0,16 cent. jusqu'à 0,245 mill. de hauteur sans fer ; 2° pour une voûte plein cintre, de 0,325 mill. aussi sans fer ; 3° enfin, pour une voûte surbaissée en poteries, de 0,325 mill. avec fer. On a pris, pour unité d'opération, une surface développée de 2 mètres de côté ou 4 mètres superficiels, faisant partie d'une surface développée, de 64 mètres ou 8 mètres de côté.

PREMIER EXEMPLE

RELATIF A UNE PORTION DE VOUTE LÉGÈREMENT CINTRÉE EN POTERIES DE 0,16 CENT. DE HAUTEUR ET 0,089 MILLIM. DE DIAMÈTRE

QUATRE MÈTRES SUPERFICIELS DE VOUTE Exigent :	NOMBRE de POTERIES	QUANTITÉ DE CHAQUE MATÉRIAUX		NOMBRE de CARREAUX	POIDS de chacun DES MATÉRIAUX	POIDS TOTAL de LA VOUTE	POIDS dont la voûte a été chargée
		en litres.	en mètres.				
Poteries de 0,16 cent. de hauteur et 0,089 mill. de diamètre	550	—	—	—	335 50		
Plâtre pour construction et jointoiement.	—	602	—	—	420		
Plâtre pour chappe et carrelage.	—	430	—	—	300	2631k50	10680k
Eau faisant corps avec le plâtre.	—	816	—	—	816		
Plâtras pour garnir les reins de la voûte	—	—	1m40	—	630		
Carreaux de 0,16 cent. de diamètre	—	—	—	180	130		

Résumé. — Cette voûte de 4 mètres superficiels, construite en poteries de 0,16 cent. de hauteur, a supporté, indépendamment de son propre poids, une charge de 2,670 kilog. par mètre carré.

SECOND EXEMPLE

RELATIF A UNE PORTION DE VOUTE LÉGÈREMENT CINTRÉE EN POTERIES DE 0,19 CENT. DE HAUTEUR ET 0,105 MILLIM. DE DIAMÈTRE

QUATRE MÈTRES SUPERFICIELS DE VOUTE Exigent :	NOMBRE de POTERIES	QUANTITÉ DE CHAQUE MATÉRIAUX		NOMBRE de CARREAUX	POIDS de chacun DES MATÉRIAUX	POIDS TOTAL de LA VOUTE	POIDS dont la voûte a été chargée
		en litres.	en mètres.				
Poteries de 0,19 cent. de hauteur et 0,105 mil. de diamètre	435	—	—	—	282 75		
Plâtre pour construction et jointoiement	—	688	—	—	480		
Plâtre pour chappe et carrelage.	—	430	—	—	300	2706k75	12060 k
Eau faisant corps avec le plâtre.	—	884	—	—	884		
Plâtras pour garnir les reins de la voûte	—	—	1m40	—	630		
Carreaux de 0,16 cent. de diamètre	—	—	—	180	130		

Résumé. — Cette voûte de 4 mètres superficiels, construite en poteries de 0,19 cent. de hauteur, a supporté, indépendamment de son propre poids, une charge de 3,015 kilog. par mètre carré.

TROISIÈME EXEMPLE

RELATIF A UNE PORTION DE VOUTE LÉGÈREMENT CINTRÉE EN POTERIES DE 0,21 CENT. DE HAUTEUR ET 0,122 MILLIM. DE DIAMÈTRE

QUATRE MÈTRES SUPERFICIELS DE VOUTE Exigent :	NOMBRE de POTERIES	QUANTITÉ DE CHAQUE MATÉRIAUX		NOMBRE de CARREAUX	POIDS de chacun DES MATÉRIAUX	POIDS TOTAL de LA VOUTE	POIDS dont la voûte a été chargée
		en litres	en mètres.				
Poteries de 0,21 cent. de hauteur et 0,122 mill. de diamètre	306	—	—	—	267 75		
Plâtre pour construction et jointoiement	—	774	—	—	540		
Plâtre pour chappe et carrelage.	—	430	—	—	300	2819ᵏ75	14240ᵏ
Eau faisant corps avec le plâtre.	—	952	—	—	952		
Plâtras pour garnir les reins de la voûte	—	—	1ᵐ40	—	630		
Carreaux de 0,16 cent. de diamètre	—	—	—	180	130		

Résumé. — Cette voûte de 4 mètres superficiels, construite en poteries de 0,21 cent. de hauteur, a supporté, indépendamment de son propre poids, une charge de 3,560 kilog. par mètre carré.

QUATRIÈME EXEMPLE

RELATIF A UNE PORTION DE VOUTE LÉGÈREMENT CINTRÉE EN POTERIES DE 0,245 MILLIM. DE HAUTEUR ET 0,136 MILLIM. DE DIAMÈTRE.

QUATRE MÈTRES SUPERFICIELS DE VOUTE Exigent :	NOMBRE de POTERIES	QUANTITÉ DE CHAQUE MATÉRIAUX		NOMBRE de CARREAUX	POIDS de chacun DES MATÉRIAUX	POIDS TOTAL de LA VOUTE	POIDS dont la voûte a été chargée
		en litres	en mètres.				
Poteries de 0,245 mill. de hauteur et 0,136 mill. de diamètre	240	—	—	—	420		
Plâtre pour construction et jointoiement	—	860	—	—	600		
Plâtre pour chappe et carrelage.	—	430	—	—	300	3100ᵏ	16,000ᵏ
Eau faisant corps avec le plâtre.	—	1020	—	180	1020		
Plâtras pour garnir les reins de la voûte	—	—	1ᵐ40	—	630		
Carreaux de 0,16 cent. de diamètre	—	—	—	—	130		

Résumé. — Cette voûte de 4 mètres superficiels, construite en poteries de 0,245 millim. de hauteur, a supporté, indépendamment de son propre poids, une charge de 4,000 kilog. par mètre carré.

CINQUIÈME EXEMPLE

RELATIF A UNE PORTION DE VOUTE PLEIN CINTRE, SANS FER, EN POTERIES DE 0,325 MILLIM. DE HAUTEUR
ET 0,136 MILLIM. DE DIAMÈTRE

QUATRE MÈTRES SUPERFICIELS DE VOUTE Exigent :	NOMBRE de POTERIES	QUANTITÉ DE CHAQUE MATÉRIAUX		NOMBRE de CARREAUX	POIDS de chacun DES MATÉRIAUX	POIDS TOTAL de LA VOUTE	POIDS dont la voûte a été chargée
		en litres.	en mètres.				
Poteries de 0,325 mill. de hauteur et 0,136 mill. de diamètre	240	—	—	—	525		
Plâtre pour construction et jointoiement.	—	1032	—	—	720		
Plâtre pour chappe et carrelage.	—	516	—	—	360	3769k	20800k
Eau faisant corps avec le plâtre.	—	1224	—	—	1224		
Plâtras pour garnir les reins de la voûte	—	—	1m80	—	810		
Carreaux de 0,16 cent. de diamètre	—	—	—	180	130		

RÉSUMÉ. — Cette voûte plein cintre de 4 mètres superficiels, en poteries de 0,325 cent. de hauteur, a supporté, indépendamment de son propre poids, une charge de 5,200 kilog. par mètre carré.

SIXIÈME EXEMPLE

RELATIF A UNE PORTION DE VOUTE SURBAISSÉE AVEC FER ET POTERIES DE 0,325 MILLIM. DE HAUTEUR
ET 0,136 MILLIM. DE DIAMÈTRE.

QUATRE MÈTRES SUPERFICIELS DE VOUTE Exigent :	NOMBRE de POTERIES	QUANTITÉ DE CHAQUE MATÉRIAUX		NOMBRE de CARREAUX	POIDS de chacun DES MATÉRIAUX	POIDS TOTAL de LA VOUTE	POIDS dont la voûte a été chargée
		en litres.	en mètres.				
Poteries de 0,325 mill. de hauteur et 0,136 mill. de diamètre	240	—	—	—	525		
Plâtre pour construction et jointoiement	—	1032	—	—	720		
Plâtre pour chappe et carrelage.	—	516	—	—	360		
Eau faisant corps avec le plâtre.	—	1224	—	—	1224		
Plâtras pour garnir les reins de la voûte	—	—	1m40	—	630	3649k	14,000k
Carreaux de 0,16 cent. de diamètre	—	—	—	180	130		
Fer pour tirants, entretoises, galets de support, etc., à raison de 15 kilog. par mètre carré : pour quatre mètres superficiels	—	—	—	—	60		

RÉSUMÉ. — Cette voûte surbaissée, construite en fer et poteries de 0,325 millim. de hauteur, a supporté, indépendamment de son propre poids, une charge de 3,500 kilog. par mètre carré.

J'ajouterai à ces aperçus de résistance extraordinaire le résultat d'une autre expérience d'essai faite à l'établissement de MM. Duchemin frères. On avait construit en poteries de 0,24 cent. de hauteur et 0,136 mill. de diamètre et sans fer, un ponceau en plein cintre de 2 mètres de diamètre. Il était établi au niveau du sol dont le plein formait les deux culées de la voûte, et l'extrados était recouvert d'une chappe de 0,75 cent. d'épaisseur en terre fortement battue. On fit passer, à diverses reprises, sur cette voûte, des chariots chargés de pierres dont le poids pouvait être de 4 à 5 mille kilogr.; elle n'éprouva aucun ébranlement. Après l'épreuve, on enleva la terre, rien n'avait souffert; l'adhérence du plâtre était la même, aucune des poteries ne se trouva cassée.

Les voûtes en pierres opposeraient, il est vrai, une résistance bien plus grande que celle dont il vient d'être parlé; mais de quelle nécessité, si jamais leur destination ne peut faire supposer qu'elles aient à supporter de plus lourds fardeaux? Et sans nous occuper de la question de dépense qui, dans ce cas, est tout à l'avantage des voûtes en poteries, quels inconvénients graves celles en pierre n'offrent-elles pas? D'une part, l'humidité, si elles sont établies dans des caves, tend continuellement à en déliter la surface intérieure et à en atténuer la solidité par la destruction des joints qui perdent ainsi leur adhérence; de l'autre, leur masse énorme [1] surchargeant toujours les murs outre mesure, les fait souvent dévier de leur aplomb, surtout si les fondations en sont mal assises.

Leur épaisseur qui, même à leur sommet, n'est pas moindre de 0,40 cent., est encore un désavantage; elle diminue d'autant le cube d'air des caves, d'ordinaire trop resserrées.

Les résultats produits par les expériences ci-dessus énoncées sont donc plus que satisfaisants; ils parlent donc bien en faveur du système des poteries.

En effet, si l'on cherche à se rendre compte de la pesanteur qu'ont à subir les voûtes qui sont le plus chargées, telles que celles de caves au dessus desquelles existent des magasins ou entrepôts de matières souvent très-pesantes, on trouvera rarement que le poids qu'elles supportent équivaille à 500 kil. par mètre carré, et nous avons vu quelle puissance ont les voûtes en poteries de la plus petite épaisseur; à plus forte raison, ce poids sera-t-il infiniment moindre dans les maisons d'habitation ou les rez-de-chaussée qui reposent sur des voûtes d'un diamètre d'ailleurs très-restreint, ont une destination semblable à celle des étages supérieurs, et dans lesquels les objets pesants, tels que les meubles, sont placés auprès des murs, précisément sur les points où les voutes ont plus de force. Il est donc évident que la plupart du temps les voûtes, même d'une grande largeur, en poteries sans fer, suffiront aux besoins ordinaires et que celles en poteries et fer répondront aux exigences les plus impérieuses.

Des exemples de résistance extrême dans les voûtes en poteries se sont produits d'eux-mêmes dans les monuments achevés, et peuvent venir à l'appui des expériences que j'ai rapportées.

La voûte de la salle Louis-Philippe, au palais de la chambre des Députés (*voyez* fig. 1, pl. 5), a, pendant la construction du grand porche de cet édifice, résisté à des secousses et à des fardeaux considérables. Les ouvriers ont, à diverses reprises, fait rouler, sur le point

[1] Les matériaux qui composent ces voûtes pèsent quinze à vingt fois plus que les poteries.

le plus élevé de sa courbe, des blocs de pierre d'un poids approximatif de 4 à 500 kilogr. Ils les y ont laissé séjourner pendant plusieurs jours. On a fait également l'essai de battre, sur le sommet, du plâtre à coups redoublés. Ni les secousses, ni la surcharge n'ont ébranlé en rien cette partie de l'édifice, et pourtant cette voûte formée de poteries de différentes hauteurs sans fer est refouillée de 171 caissons aussi en poteries ([1]) sans fer, et elle est rachetée de chaque côté par les pénétrations de 5 baies de croisées en archivoltes, et sa longueur est de 17 mètres et sa largeur de 9 mètres 85 cent.

Dans le même édifice, nous retrouvons encore un exemple prodigieux de résistance ; une partie des banquettes de la salle des séances est supportée par une voûte dont nous avons déjà parlé précédemment. Cette voûte est construite en poteries de 0,19 cent. de hauteur et 0,08 cent. de diamètre (*voyez* fig. IV, pl. 16) ; elle est très-peu cintrée, mais son écartement est maintenu par des tirants ancrés sur les deux murs et espacés entre eux de 3 mètres. Pendant la durée des séances, cette partie de la salle est surchargée d'un poids moyen de 160 kilogr. par mètre carré, y compris le parquet, les banquettes et les pupitres, ce qui donne, pour la surface totale, un poids de 23,500 kilogr. ; bien que très-peu épaisse, cette voûte n'a pas éprouvé le plus léger affaissement depuis sa construction qui remonte à 1831, et cette résistance ne peut qu'augmenter par l'adhérence toujours croissante du plâtre et des poteries.

Un troisième exemple peut-être plus extraordinaire de résistance, se rencontre dans une propriété particulière. On a construit, sur le boulevard du Temple, plusieurs voûtes en poteries de 0,325 millim. de hauteur et 0,122 millim. de diamètre, dont l'extrados formant le sol du rez-de-chaussée a longtemps servi de magasin à voitures. Ces voûtes sont aussi intactes que si elles n'avaient jamais porté que leur propre poids ; cependant celui qu'elles supportaient n'était pas également réparti sur toute la surface, puisque le poids total de chaque voiture ne reposait que sur un très-petit nombre de points qui se trouvaient ainsi surchargés isolément.

([1]) Les poteries qui forment les côtes des caissons ont 0.325 millim. de hauteur et 0,10 cent. de diamètre ; celles formant renfoncement ont seulement 0,19 cent. de hauteur et 0,10 cent. de diamètre.

CHAPITRE IV

—

DES PLANCHERS EN GÉNÉRAL

ET DES PARTIES QUI S'Y RATTACHENT

—

Les planchers, dans l'acception ordinaire du mot, sont des constructions en charpente et maçonnerie qui séparent les étages d'un bâtiment.

M. Quatremère de Quincy donne, sur la fausse appellation des planchers, quelques observations qu'il ne me semble pas hors de propos de reproduire.

« PLANCHER. — Un plancher est un bâtis ou assemblage de solives qui sépare les étages
« d'une maison; cependant, l'usage qui se joue de l'étymologie et de la formation des mots,
« emploie le mot plancher à signifier l'aire d'un rez-de-chaussée, aussi bien que celle d'un
« étage voûté ou porté sur des solives. Il y a plus, on emploie indistinctement aussi le mot
« plancher pour synonyme de plafond. Pour éviter cette confusion, il aurait été convenable
« de se servir du mot *area* (aire) qui désigne tout sol de niveau, soit à rez-de-chaussée, soit
« sur voûte, soit sur solives.

« Le mot plancher nous apprend qu'originairement les aires que l'on appelait ainsi
« étaient formées et recouvertes de planches. Cet usage est encore général dans bien des
« pays où le bois fait seul les frais de cette partie de la construction des maisons.

« Cependant, les étages dont les planchers ne sont formés que de solives et de planches,
« s'ils ont l'avantage de l'économie et de la légèreté, ont aussi l'inconvénient d'être incom—
« modes à ceux qui habitent les logements inférieurs, à cause du bruit que font les habitants
« des étages supérieurs. Aussi, là où est établi l'usage de ces planchers (comme en Angle—
« terre), on est obligé d'étendre des tapis qui amortissent le bruit.

« Les planchers se construisent de différentes manières, selon que les maisons elles—

« mêmes sont destinées à recevoir dans leur hauteur et le nombre de leurs étages, plus ou
« moins de solidité [1]. »

On donne aux planchers différents noms, selon la diversité de leurs formes ou de leur
construction.

On appelle planchers *droits*, ceux dont les plans supérieur et inférieur sont de niveau ;

Planchers *douellés*, ceux dont la surface inférieure présente une portion de courbe très
allongée et de très-peu de flèche ;

Enfin, planchers *cintrés*, ceux dont le plan supérieur est de niveau, et dont le plan inférieur est une partie plane rachetée par deux parties courbes.

Les planchers en poteries, considérés sous le rapport de la résistance et de la complication de leur contexture, se divisent en trois classes, savoir : les planchers *faibles*, les planchers *ordinaires* ou de force *moyenne*, et les planchers *résistants* ou de première force. On
peut y ajouter une quatrième espèce, dont la force ou résistance peut varier à l'infini, et qui
est tout à fait distincte des trois autres, c'est celle des planchers *de terrasse*.

Je vais traiter successivement chacune de ces quatre sortes de planchers, et j'en ferai ressortir les avantages respectifs sur leurs correspondants en charpente.

PREMIÈRE SECTION

DES PLANCHERS FAIBLES

Les planchers *faibles* ou *faux planchers* sont, dans l'état actuel de la construction, établis
en charpente très-mince ou seulement en menuiserie. Ils servent le plus ordinairement à subdiviser un étage en deux parties, souvent à soutenir de petits logements qui sont comme
suspendus, et auxquels on donne le nom de *soupente*. Quelle que soit la destination de ces
habitations, elles sont toujours malsaines, dépourvues de courant d'air ; celui qu'on y res-
pire est promptement vicié, ne s'y renouvelant que difficilement. Sous ce point de vue, ces
subdivisions devraient être rejetées par les constructeurs ; cependant, comme elles sont quelquefois de nécessité absolue, surtout dans les maisons particulières dans lesquelles on veut
profiter du moindre espace, il faut se résigner à subir les inconvénients qui en résultent.
Néanmoins, il en est un extrêmement grave auquel il importe de remédier : ces localités si
resserrées, la plupart du temps manquant de jour, nécessitent la présence d'une lumière
qui, en raison du peu de hauteur de ces pièces, peut facilement communiquer le feu. D'un
autre côté, les poêles que renferment ces logements construits en matières très-inflammables
les exposent chaque jour à des incendies qui peuvent se propager et compromettre la maison
tout entière. La sûreté des habitants et l'intérêt des propriétaires exigent donc que ceux-ci
aient recours à un mode de construction indestructible. Les poteries offrent à cet égard
toute sécurité. Je ne reviendrai pas sur ce qui a été dit au chapitre premier de leur nature
incombustible qui est évidente, non plus que sur l'avantage d'intercepter toute communication d'incendie, précisément à cause de leur cavité ; je m'occuperai uniquement de déter-

---

[1] *Encyclopédie de l'Architecture.* T. II; Initiales P. L.

miner les moyens de les mettre en œuvre et de démontrer qu'elles sont préférables à tous autres matériaux.

Ce que l'on recherche surtout dans la division d'une pièce en deux parties superposées l'une à l'autre, c'est de perdre le moins d'espace possible, et pour cela on donne au plancher faible qui les sépare, et qui d'ailleurs n'est pas destiné à supporter une charge considérable, une épaisseur très-minime. Cette épaisseur établie en poteries peut, dans certains cas, ne pas excéder 0,15 cent., et rarement elle dépasse 0,19 cent. Si la largeur du plancher est restreinte, comme, par exemple, de 2 mètres à 2 mètres 50 cent., les poteries de 0,122 millim. à 0,136 millim. suffisent. Si la surface du plancher présente des dimensions plus grandes, il faudra des poteries de 0,14 cent. à 0,16 cent. de hauteur. De plus, il faudra la diviser par des bandes de fer ou tirants ancrés sur les murs, espacés les uns des autres de 1 mètre à 1 mètre 50 cent., et reliés dans leur milieu par un cours de petites bandes de fer, placées de champ comme les tirants, et qui les croisent à angle droit.

Indépendamment de ce soin, il sera nécessaire de donner au cintre qui servira à la construction une légère courbe, de manière que l'intrados de l'espèce de voûte résultant de l'assemblage des poteries ait environ 0,05 cent. à 0,08 cent. de flèche. Par ce moyen, la poussée et le gonflement du plâtre seront rejetés sur les murs principaux qui, surchargés de toute la hauteur des étages supérieurs, résisteront facilement à cette pression, relativement très-faible.

Il est une observation importante à faire concernant la disposition à donner aux poteries lors de leur placement dans les carrés ou parallélogrammes formés par le croisement des fers; au lieu de procéder comme pour la construction des voûtes, on commence, au contraire, par placer une poterie, autant que possible, au centre de chaque carré, et on forme, à partir de ce centre, deux rangées qui se croisent en diagonale; ensuite on dispose celles qui leur sont contiguës de manière à recouper les joints, et enfin l'on remplit les vides ou interstices qui restent entre les dernières poteries et les fers d'encadrement par des éclats de briques ou de plâtras, qui servent à consolider l'ensemble.

Ce qui vient d'être dit de la construction des planchers faibles, en poteries, comme devant remplacer les faux planchers en bois dans les maisons particulières, recevra son application dans les édifices publics et maisons de luxe, s'il s'agit de diminuer de hauteur des corridors, des péristyles dont le peu de largeur ne comporte pas une élévation aussi grande que celle des pièces adjacentes. Les faux planchers en poteries devront naturellement être employés comme s'harmonisant avec les matériaux incombustibles qui composent le reste de l'édifice.

En résumé, les planchers faibles en poteries ont donc l'avantage de ceux en bois, puisqu'ils n'offrent pas plus d'épaisseur et que souvent ils en ont moins; ils n'en ont pas l'inconvénient, puisqu'ils sont incombustibles; de plus, ils sont infiniment plus résistants.

Ils sont bien supérieurs à ceux en briques (qu'on pourrait peut-être mettre en parallèle comme matière également incombustible); ils leur sont, dis-je, bien supérieurs, puisqu'ils n'ont pas le vingtième de la pesanteur de ces derniers.

Au reste, les deux tableaux ci-après, où seront exposés et le poids et la résistance de ces sortes de planchers, feront voir que cette résistance est plus que suffisante, eu égard à la destination des localités dans lesquelles on les établit. L'expérience a été faite, comme pour les voûtes, sur une surface de 2 mètres de côté, ou 4 mètres superficiels, faisant partie d'une superficie beaucoup plus grande.

PREMIER EXEMPLE

RELATIF A UNE PORTION DE PLANCHER FAIBLE AVEC FER ET POTERIES DE 0,105 MILLIM. DE HAUTEUR ET 0,08 CENT. DE DIAMÈTRE

QUATRE MÈTRES SUPERFICIELS DE PLANCHER FAIBLE Exigent :	NOMBRE de POTERIES	QUANTITÉ en litres	NOMBRE de CARREAUX	POIDS de chacun DES MATÉRIAUX	POIDS TOTAL du PLANCHER	POIDS DONT LE PLANCHER a été chargé
Poteries de 0,105 millim. de hauteur sur 0,08 cent. de diamètre	900	—	—	315ᵏ		
Plâtre pour construction et jointoiement	—	430	—	300		
Plâtre pour chappe de 0,05 et carrelage	—	129	—	90		
Eau faisant corps avec le plâtre.	—	442	—	442	1301ᵏ	4560ᵏ
Fer pour tirants, entretoises, à raison de 6 kilog. par mètre carré ; pour 4 mètres superficiels.	—	—	—	24		
Carreaux de 0,16 cent. de diamètre	—	—	180	130		

RÉSUMÉ. — Ce plancher de 4 mètres superficiels, construit avec fer et poteries de 0,105 millim. de hauteur, a supporté, indépendamment de son propre poids, une charge de 1,140 kilog. par mètre carré.

SECOND EXEMPLE

RELATIF A UNE PORTION DE PLANCHER FAIBLE AVEC FER ET POTERIES DE 0 136 MILLIM. DE HAUTEUR ET 0,08 CENT. DE DIAMÈTRE.

QUATRE MÈTRES SUPERFICIELS DE PLANCHER FAIBLE Exigent :	NOMBRE de POTERIES	QUANTITÉ en litres	NOMBRE de CARREAUX	POIDS de chacun DES MATÉRIAUX	POIDS TOTAL du PLANCHER	POIDS DONT LE PLANCHER a été chargé
Poteries de 0,136 millim. de hauteur et 0,08 cent. de diamètre.	900	—	—	360ᵏ		
Plâtre pour construction et jointoiement	—	559	—	390		
Plâtre pour chappe de 0,05 cent. et carrelage	—	129	—	90		
Eau faisant corps avec le plâtre.	—	544	—	544	1538ᵏ	5200ᵏ
Fer pour tirants, entretoises, à raison de 6 kilog. par mètre carré, pour 4 mètres superficiels.	—	—	—	24		
Carreaux de 0,16 cent. de diamètre.	—	—	180	130		

Résumé. — Ce plancher de 4 mètres superficiels, construit en fer et poteries de 0,136 millim. de hauteur, a supporté, indépendamment de son propre poids, une charge de 1,300 kilog. par mètre carré.

DEUXIÈME SECTION

DES PLANCHERS ORDINAIRES OU DE FORCE MOYENNE.

Les planchers ordinaires ou de force moyenne sont ceux qui font partie de la presque généralité des constructions particulières et des dépendances des monuments et édifices publics. Leur étendue est ordinairement assez restreinte, et c'est pour cela qu'ils n'exigent pas une grande épaisseur.

Les arguments que j'ai déjà fait valoir en faveur de la construction en poteries, dont les principaux avantages sont la légèreté et l'incombustibilité, sont tout aussi applicables dans la question des planchers ordinaires que dans celle des planchers faibles ; la même cause de destruction existant, il y a même nécessité de recourir à un moyen qui présente sécurité et sûreté entières. J'ai déjà exposé au chapitre premier le danger de ces systèmes d'assemblages en bois renfermés entre deux couches de plâtre qui ne leur permettent de perdre ni leur humidité naturelle, ni celle qui leur est transmise par infiltration ; j'ai dit aussi toutes les chances de destruction et de ruine auxquelles ils sont exposés, et je pense avoir démontré la nécessité absolue de renoncer à un mode de construction aussi défectueux et de le remplacer par un autre qui offre toutes les garanties qui manquent au premier, et dont la solidité va toujours en croissant.

Vouloir tout d'abord provoquer le remplacement des planchers existants par des planchers en poteries serait chose folle et vaine ; mais ce qui semble raisonnable, c'est de proposer de substituer aux planchers vieux qui menacent ruine les planchers incombustibles, soit en tout, soit en partie.

La structure même des planchers en charpente se prête naturellement à l'adoption de cette méthode pour les restaurations, soit partielles, soit complètes.

Les planchers en charpente se composent de pièces principales appelées solives d'enchevêtrure, qui reposent sur les murs, et de pièces secondaires appelées chevêtres, qui s'assemblent dans ces dernières et sont destinées elles-mêmes à recevoir les solives de remplissage.

Souvent les différentes pièces surchargées ou détériorées dans leurs assemblages par l'humidité fléchissent et se rompent. Dans ce cas doit s'appliquer avec avantage la construction en poteries. Sans enlever les pièces principales du plancher, qui peuvent supporter des chambranles de cheminées ou sur lesquelles peuvent être assis des trumeaux entiers, on peut les utiliser comme points d'appui et remplir en poteries l'intervalle de l'une à l'autre. Une simple bande de fer, clouée en dessous et dépassant de quelques centimètres la pièce, ou bien encore un tasseau appliqué sur toute la longueur de sa partie intérieure, suffira pour supporter le premier rang de poteries et le reste se continuera à l'aide d'un cintre, comme pour la construction d'une voûte.

Si les pièces principales elles-mêmes étaient altérées ou incapables de supporter la charge des poteries, il faudrait alors, après les avoir enlevées, pratiquer dans l'épaisseur des murs un refouillement incliné qui ferait office de sommier, et sur lequel reposerait le premier rang de poteries, et, au besoin, subdiviser la surface à remplir par des tirants en fer, espacés les uns des autres, comme il sera dit pour l'établissement des planchers neufs. Mais avant de traiter des planchers neufs, je dois parler de l'indispensable nécessité de faire usage de poteries pour la construction, dans les planchers même en charpente, de l'emplacement des âtres de cheminées, connus à Paris sous le nom de *trémies*. D'ordinaire les encaissements dont la place est ménagée entre les solives d'enchevêtrures et le chevêtre d'âtre se composent d'un hourdi en plâtras et plâtre, et ils sont soutenus par des bandes de fer recourbées, lesquelles s'accrochent sur les pièces de bois et sont croisées transversalement par de plus petites bandes de fer. La chaleur ardente, avec laquelle ils sont en contact immédiat, ne tarde pas à décomposer les matériaux dont ils sont formés ; il en résulte que souvent le feu mine sourdement et gagne jusqu'aux solives. C'est pour éviter les accidents de cette nature, que l'autorité impose aux constructeurs l'obligation de laisser un intervalle de 1 mètre au moins entre le chevêtre d'âtre et le mur d'adossement des cheminées. On concevra aisément que toute crainte d'incendie, provenant des âtres de cheminée, se trouve détruite par l'emploi des poteries, qui, loin d'être conductrices du calorique, isolent totalement les matières combustibles du foyer. Avant d'avoir traversé leurs diverses capacités remplies d'air froid, la chaleur a perdu sensiblement de son intensité, et sa puissance est neutralisée quand elle parvient aux plus éloignées.

Cette heureuse application des poteries, dont les premiers essais sont dus à un des architectes recommandables de la capitale, M. Achille Leclerc, est presque généralement adoptée aujourd'hui à Paris, et doit exclure, à l'avenir, tout autre mode.

La planche 18 représente, en plan et en élévation perspective, la disposition des poteries entre les diverses pièces des planchers en charpente, soit comme remplaçant les *bandes de trémies*, soit comme isolant les coffres de cheminées de celles de ces pièces qui en sont le plus voisines.

Quant aux planchers neufs de force ordinaire, en poteries, leur construction exige plus de précautions que celles des planchers faibles. Destinés à supporter des fardeaux plus considérables, leur résistance doit être, en effet, plus grande, et c'est dans la dimension des poteries et la force des armatures qui en subdivisent la surface, que consiste la différence.

Ces armatures, auxquelles on donne le nom de fermettes, se composent d'un arc ou arbalétrier, dont les extrémités sont recourbées en crochet, soit à scellement, soit à patte, selon qu'il doit se rattacher à des murs ou se fixer à des pièces de bois. L'arc est maintenu dans sa forme courbe par deux moises en fer mince, boulonnées à leurs extrémités et reliées dans leur milieu avec l'arbalétrier par une bride ou frette *(voyez* fig. III, pl. 7, élévation et coupe d'une fermette). Un coin en fer, faisant office de poinçon, placé entre les lames verticales de la frette, et traversé lui-même par les boulons d'assemblage, s'oppose à la flexion de l'arbalétrier.

Les fermettes, ainsi disposées, se placent sur les murs, distantes les unes des autres de 4 mètres environ. Chaque intervalle est divisé en deux parties égales par deux tirants en fer de même épaisseur que les fermettes, et qui leur sont parallèles. Ces différentes pièces sont reliées transversalement par de légères bandes de fer qu'on nomme entretoises principales, ou entretoises d'écartement, parce qu'elles maintiennent, en effet, les premières dans une position fixe. (La fig. IV en indique la forme.) Une des extrémités est recourbée doublement et s'accroche sur l'arc de la fermette ; l'autre porte un crochet simple qui s'agrafe sur les tirants. A leur tour, les entretoises sont recoupées à angle droit par d'autres bandes de fer, appelées entretoises secondaires ou de travées, terminées à chaque bout par un crochet (*voyez* fig. V). Tout cet ensemble forme un réseau, dont les intervalles sont remplis en poteries de 0,19 cent. à 0,21 cent. de hauteur sur 0,105 millim. à 0,122 millim. de diamètre.

Lorsque les planchers sont d'une certaine étendue, il devient nécessaire de donner plus de force aux armatures, et, alors, au lieu de fermettes, on emploie des fermes (*voyez* fig. II, pl. 3), qui se composent d'un entrait ou tirant, renforcé à ses extrémités, et d'un arbalétrier plus ou moins courbe, dont les extrémités viennent buter sur les talons ménagés à la partie renforcée de l'entrait. Leur assemblage est maintenu invariablement par un certain nombre de frettes disposées comme il vient d'être dit. Les fermes placées sur les murs ne reposent pas immédiatement sur la pierre, elles sont supportées par un galet ou coussinet en fer de 0,65 cent. de long et 0,21 cent. de large, de manière que le poids de la ferme soit réparti sur une plus grande surface, et on a soin aussi d'éloigner le galet du bord du mur, autrement la pièce risquerait d'éclater. Les extrémités des fermes sont, en outre, percées d'un œil à travers lequel passe une ancre verticale, noyée dans l'épaisseur du mur. Du reste, les diverses autres pièces, composant l'ensemble du système, sont disposées comme dans l'exemple des fermettes. La fig. II, pl. 3, représente, en coupe et en plan, l'arrangement des poteries qui garnissent les carrés ou parallélogrammes formés par le croisement des fers. Le remplissage des carrés s'opère à l'aide d'un cintre formé comme l'indique la coupe de la fig. II. Aussitôt cette opération terminée, on enduit la surface inférieure, comme on ferait pour un plafond ordinaire, et on recouvre la surface supérieure d'une chappe en plâtre de 0,027 millim. à 0,05 cent. d'épaisseur, sur laquelle repose ensuite le parquet ou carrelage.

On pourrait, pour les pièces secondaires des maisons particulières, telles que cuisines, offices, etc., faire fabriquer exprès des poteries dont la base, qui se trouve ordinairement placée en dessus dans la construction, aurait plus d'épaisseur que celle des poteries ordinaires, et serait de forme hexagone comme les carreaux. On économiserait ainsi le plâtre qui forme la chappe et le carrelage qui la recouvre. La fig. III, pl. 3, représente cet arrangement.

Les deux tableaux suivants indiquent la résistance des planchers de force ordinaire, calculée toujours sur une surface de 4 mètres, faisant partie d'une plus grande surface, afin de conserver les mêmes données de comparaison.

PREMIER EXEMPLE

RELATIF A UNE PORTION DE PLANCHER ORDINAIRE, AVEC FER ET POTERIES, DE 0,19 CENT. DE HAUTEUR ET
0,107 MILLIM. DE DIAMÈTRE.

QUATRE MÈTRES SUPERFICIELS DE PLANCHER ORDINAIRE Exigent :	NOMBRE de POTERIES	QUANTITÉ en LITRES	NOMBRE de CARREAUX	POIDS de chacun DES MATÉRIAUX	POIDS TOTAL du PLANCHER	POIDS DONT LE PLANCHER a été chargé
Poteries de 0,19 cent. de hauteur et 0,107 millim. de diamètre	360	—	—	234 k		
Plâtre pour construction et jointoiement	—	688	—	480		
Plâtre pour chappe et carrelage.	—	258	—	180		
Eau faisant corps avec le plâtre.	—	748	—	748	1820 k	7280 k
Fer pour fermettes, entretoises, à raison de 12 kil. par mètre carré, pour 4 mètres superficiels.	—	—	—	48		
Carreaux de 0,16 cent. de diamètre	—	—	180	130		

RÉSUMÉ. — Ce plancher de quatre mètres superficiels, construit avec fer et poteries de 0,19 cent. de hauteur, a supporté, indépendamment de son propre poids, une charge de 1,820 kilog. par mètre carré.

SECOND EXEMPLE

RELATIF A UNE PORTION DE PLANCHER ORDINAIRE, AVEC FER ET POTERIES DE 0,21 CENT. DE HAUTEUR ET 0,122 MILLIM. DE DIAMÈTRE.

QUATRE MÈTRES SUPERFICIELS DE PLANCHER ORDINAIRE Exigent :	NOMBRE de POTERIES	QUANTITÉ en LITRES	NOMBRE de CARREAUX	POIDS de chacun DES MATÉRIAUX	POIDS TOTAL du PLANCHER	POIDS DONT LE PLANCHER a été chargé
Poteries de 0,21 cent. de hauteur et 0,122 millim. de diamètre	288	—	—	252 k		
Plâtre pour construction et jointoiement.	—	774	—	540		
Plâtre pour chappe et carrelage	—	258	—	180		
Eau faisant corps avec le plâtre.	—	816	—	816	1978 k	1720 k
Fer pour fermettes, entretoises, à raison de 15 kil. par mètre carré, pour 4 mètres superficiels	—	—	—	60		
Carreaux de 0,16 cent. de diamètre	—	—	180	130		

Résumé. — Ce plancher de quatre mètres superficiels, construit en fer et poteries de 0,21 cent. de hauteur, a supporté, indépendamment de son propre poids, une charge de 2,430 kilog. par mètre carré.

TROISIÈME SECTION

DES PLANCHERS RÉSISTANTS OU DE PREMIÈRE FORCE.

Les planchers résistants sont ceux qui présentent dans leur contexture une forte épaisseur, et qui, pour cette raison, sont susceptibles de supporter une charge considérable ; tels sont ceux qui sont établis en poteries de 0,325 millim. et même seulement 0,245 millim. de hauteur.

La combinaison des fermes et armatures secondaires qui concourent à l'agencement de cette espèce de planchers doit offrir dans son ensemble et dans la force des fers une solidité proportionnée à l'épaisseur des planchers.

Les plus simples se composent : de fermes principales formées, comme je l'ai dit à la section des planchers ordinaires, de fermettes et d'entretoises. Les fermes sont espacées de 4 mètres environ ; cet intervalle est divisé par une fermette placée parallèlement ; des entretoises d'écartement les maintiennent invariables et sont elles-mêmes croisées par des entretoises de travées, de telle sorte que la surface totale est subdivisée en une infinité de carrés ou parallélogrammes de 1 mètre à 1 mètre 30 cent. de côté, qu'on remplit en poteries. Le dessin perspectif d'une carcasse de plancher en fer et poteries, que j'ai été chargé d'exécuter en remplacement d'un plancher en bois (*voyez* fig. I, pl. 7), peut donner une idée de cette disposition.

Dans cet exemple, une seule ferme de résistance a suffi. De chaque côté, et à environ 2 mètres de la ferme, on a placé une fermette B B, puis une troisième B' distante aussi de 2 mètres à peu près, d'une des deux premières, et enfin ce dernier espace a été subdivisé par une quatrième fermette B", dont la présence était rendue nécessaire en raison de la surcharge que devait supporter cette portion de plancher.

Des entretoises principales ou d'écartement C C C, accrochées d'un côté sur l'arc de chaque fermette et de l'autre sur la corde de la ferme, les relient l'une à l'autre, et sont, à leur tour, croisées par des entretoises secondaires ou de travées D D. Les intervalles sont remplis en Poteries de 0,24 centimètres de hauteur et 0,08 cent. de diamètre.

Comme on le voit dans le plan fig. VI, le plancher repose d'un côté sur de simples cloisons en briques de 0,13 cent. d'épaisseur, et pourtant, telle est la légèreté de cette réunion de fer et de Poteries, que ces points d'appui de si mince épaisseur ne se sont en rien ressentis de ce fardeau. L'appartement a toujours été habité depuis, et l'ébranlement causé par la marche des personnes qui l'occupent n'a pas fait paraître l'ombre d'une fissure sur les cloisons.

Une autre remarque à faire, et qui se rapporte à ce que j'ai dit au chapitre premier sur la propriété des constructions en poteries d'intercepter le son, c'est qu'immédiatement au dessous du plancher dont je viens de parler, est une écurie pour plusieurs chevaux et que depuis sa construction on n'en a jamais entendu les piaffements ni les hennissements dans la pièce supérieure.

Pour des planchers d'une grande étendue, comme par exemple le plancher à voussure de la grande salle, dite des 27, 28 et 29 Juillet, exécutée en 1834 au palais de Versailles, sous la direction de M. Frédéric Nepveu, de simples fermettes, combinées avec les fermes, ne suffisent pas. Le nombre des fermes doit être augmenté ainsi que leur force, et leur structure doit s'approprier aux divers détails d'architecture.

Le plancher en poteries de cette immense salle (elle a 20 mètres de long sur 10 mètres de large, *voyez* planche 8) est soutenu par des fermes de diverses formes et de diverses dimensions, agissant en différents sens. Deux fermes accouplées B B ont été placées transversalement à 5 mètres 50 cent. environ de chaque extrémité ; elles se composent chacune d'un entrait et d'un arbalétrier relié à l'entrait par un certain nombre de frettes, et soulagé par un arc de décharge, retenu lui-même par un lien. L'entrait est renforcé à un mètre 50 cent. de ses extrémités ; il est percé en ce point d'une mortaise inclinée, au travers de laquelle passe l'arc de décharge, dont la partie supérieure va buter contre un talon ménagé au dessous de l'arbalétrier. A 3 mètres 50 cent. des murs extrêmes et à deux mètres environ des fermes accouplées, on a mis une ferme simple A, construite à peu près de la même manière que les premières. Enfin, à une distance de 2 mètres 30 cent. des fermes accouplées, et du côté opposé, on a posé les deux fermes CC, dont la construction est toute différente. Elles sont formées d'un entrait ou corde, d'un arbalétrier et d'une tangente posée au dessus de celui-ci ; ces trois pièces sont reliées par des frettes et soutenues par un arc dit de support, dont l'extrémité haute est divisée en deux branches, entre lesquelles s'enclave l'entrait, et qui butent contre l'arbalétrier. Ces deux dernières fermes occupant la partie la plus centrale du plancher, il a semblé nécessaire, pour prévenir la flexion à laquelle elles auraient pu être exposées, de les armer d'un crochet chantourné, qui va se rattacher aux armatures du comble.

Les fermes transversales sont reliées entre elles dans leur partie supérieure par des tirants T T T, qui s'opposent à leur devers, et dans leur partie inférieure par une suite de petites fermes longitudinales H H H, qui forment avec les fermes jumelées B B les arêtes du grand caisson. Quatre autres fermes F F F F, qui sont placées diagonalement et qui sont isolées de la voussure, tiennent suspendues les fermes A A et servent en même temps à relier les quatre murs de cette partie de l'édifice.

Les extrémités inférieures des arcs de décharge des fermes A et B, ainsi que les extrémités inférieures des arétiers, s'engagent profondément dans les murs et ne peuvent dévier de leur position.

Une série d'entretoises G G G, dont les différentes courbures participent du profil des caissons, viennent s'accrocher aux fermes longitudinales, tandis que la partie inférieure est noyée à scellement dans l'épaisseur des murs. Les arétiers D D D D reçoivent les entretoises des parties d'angles. Enfin, d'autres entretoises horizontales P P P se rattachent aux fermes transversales et divisent en parallélogrammes l'espace qu'elles laissent entre elles. Ces intervalles sont remplis en poteries de 0,21 cent. de hauteur et 0,11 cent. de diamètre, qu'on a recouvertes d'une forte couche de plâtre, et on a refouillé dans son épaisseur les moulures et ornements des voussures.

Mais lorsque les planchers, indépendamment de leur propre poids, ont aussi à supporter celui d'une charge considérable qu'augmente encore l'ébranlement produit par la circulation, il faut rapprocher davantage les armatures en fer. C'est ce qui a été fait pour le plancher d'une des pièces principales du Palais-Royal, dont le plan est reproduit fig. III, pl. 6. La longueur du plancher est divisée en trois parties par des fermes accouplées, espacées de 6 mètres environ les unes des autres. Ces fermes, réunies deux à deux par des freins hauts et bas, font office de solives d'enchevêtrure et servent de point d'appui aux fermettes longitudinales qui sont traversées par des entretoises parallèles aux fermes.

Les frettes des fermes sont une espèce d'embrasse dont les deux branches sont percées d'un œil traversé par un boulon. La réunion de toutes ces pièces, dont les intervalles sont bandés en poteries de 0,21 cent. de hauteur et 0,08 cent. de diamètre, produit une surface extrêmement résistante. Les fermes accouplées devant faire saillie au dessous des planchers et former sophite, le vide qu'elles laissaient entre elles a été rempli en poteries de petite dimension, 0,16 cent. de hauteur sur 0,08 de diamètre.

Si les pièces au dessus desquelles sont construits les planchers sont tout à fait secondaires, et que par conséquent, il n'y ait pas inconvénient à laisser paraître les parties saillantes des armatures, on leur donne un grand accroissement de force en ajoutant aux fermes, comme nous l'avons vu dans l'exemple du plancher à voussure qui précède, une portion d'arc de décharge. Ce système a été employé avec succès par M. Fontaine, pour le plancher du petit salon des Maréchaux au palais des Tuileries (voyez fig. I et II, pl. 11) ; les entraits des fermes sont traversés par un arc qui boute contre l'arbalétrier, et dont le pied repose sur un patin en fer noyé dans le mur ; une frette, disposée au droit de l'assemblage de l'arc de décharge, avec les deux autres pièces, et un lien qui maintient le pied de l'arbalétrier et l'arc de décharge, donnent à ces fermes une solidité extrême. Elles n'ont entre elles d'autres liens que des entretoises qui forment réseau pour le placement des poteries. Celles qui y ont été employées ont 0,24 cent. de hauteur et 0,11 cent. de diamètre.

Pour des planchers de plus grande dimension, la combinaison des fermes doit être calculée de manière à ce qu'on en obtienne encore plus de résistance, c'est ce qui est résulté de la disposition adoptée par M. Fontaine pour la galerie Louis-Philippe au palais des Tuileries. Les principales pièces du plancher de cette galerie sont des fermes très-solidement établies, représentées en élévation planche 12 ; elles consistent en un entrait, un arbalétrier, une tangente et deux arcs de décharge posés sur patins. Comme dans les fermes de l'exemple précédent, un lien embrasse l'arc de décharge ; mais ici, au lieu d'être arrêté sur l'arbalétrier, il est fixé sur la tangente. La frette la plus rapprochée du point d'assemblage de l'arc de décharge avec l'arbalétrier est renforcée d'une bride verticale qui, au moyen d'un coin placé entre l'entrait et l'arbalétrier, rattache fortement les quatre pièces principales.

Les grandes fermes sont au nombre de six (voyez A A A au plan de la galerie, pl. 12). Elles sont placées transversalement et deux à deux sur chaque trumeau, de telle sorte que les intervalles qu'elles laissent entre elles forment alternativement de grandes et de petites travées. Les grandes travées sont divisées par de petites fermes longitudinales C C C qui s'accrochent sur les grandes fermes A A par leurs deux extrémités, si elles occupent les travées du milieu, ou d'un côté seulement sur les fermes A A, tandis que l'autre extrémité est engagée à scellement dans le mur, si elles occupent les travées extrêmes.

Les fermes secondaires B B parallèles aux fermes A A et s'accrochant sur les petites fermes CC, partagent en deux chacun des parallélogrammes formés par la réunion des autres fermes ; enfin, des entretoises subdivisent toutes les travées en petits compartiments qui ont été remplis en poteries de 0,24 cent. de hauteur sur 0,13 cent. de diamètre.

L'agencement des petites fermes CC offre cette particularité, que l'arbalétrier s'arc-boutant sur le talon de l'entrait est, de plus, terminé par un coude qui se divise en deux branches entre lesquelles l'entrait est tenu suspendu au moyen d'un boulon de traverse.

Ce nouveau système de plancher en fer et poteries présente cette heureuse combinaison, que les petites fermes CC, retenues d'ailleurs dans leur flexion par les fermes secondaires BB, résistent à la poussée de la contexture en poteries et plâtre, et que dès lors cette poussée ne peut s'exercer sur les points faibles, c'est-à-dire sur les parties de murs moins résistantes, qui surmontent les ouvertures de la galerie.

Un autre système de plancher en fer et poteries non moins résistant, et cependant d'une combinaison assez simple, a été conçu et exécuté par M. Roussel ; c'est celui qui existe dans ses ateliers de serrurerie (voyez fig. 1, pl. 13)

La longueur du plancher est divisée en sept travées par six fermes engagées d'un côté à scellement dans un gros mur et reposent de l'autre sur un pan de bois.

Chaque ferme consiste en un entrait, une tangente et un arbalétrier maintenus par des frettes. L'arbalétrier est soutenu par de petites décharges en fer, dont le pied s'arrête sur les coins des frettes.

L'entrait et la tangente sont l'un et l'autre terminés, du côté du mur, par une boucle dans laquelle passe une ancre verticale noyée dans la maçonnerie. L'extrémité opposée de l'entrait est supportée par un poteau secondaire intérieur C (voyez fig. II) adossé au poteau montant D ; elle est à double patte, à œil recevant les deux bouts d'un étrier taraudé qui embrasse le poteau D, et est fortement serrée à l'intérieur à l'aide d'écrous.

Les travées sont divisées par des entretoises d'écartement en petits parallélogrammes construits en poteries de 0,24 cent. de hauteur et 0,11 cent. de diamètre, et toute la surface est recouverte en planches de sapin. Aussi légèrement établi, ce plancher a toute la solidité nécessaire pour supporter le poids d'une grande quantité de fer qui s'y trouve souvent déposée, et pour résister à l'ébranlement causé par le travail des ouvriers.

Quant au plancher supérieur, qui n'est en quelque sorte qu'accessoire, et qui cependant sert de magasin et est chargé d'un poids assez considérable, il se compose seulement de madriers de sapins arrêtés sur les entraits des fermes du comble, que soutiennent des aiguilles pendantes.

Le plancher, dont une partie est représentée pl. 14, et qui a été exécuté au nouvel édifice du quai d'Orsay, sous les ordres de M. Lacorné, est un des plus résistants qui aient été construits jusqu'à ce jour. Ce plancher devant former voussure et supporter, en différents points de sa longueur, des murs de refend qui s'élèveraient jusqu'au faîte de l'édifice, il a fallu nécessairement donner aux fermes une grande puissance ; c'est ce qui en a motivé la complication : elles sont au nombre de seize, accouplées deux à deux par des croisillons d'é-cartement (*voyez* la fermette A), et divisent le plancher en neuf travées. Chacune d'elles se compose, comme pièces principales, d'un entrait, d'une tangente et d'un arbalétrier très-cintré, dont chaque extrémité ne s'arrête pas, comme dans les fermes ordinaires, sur l'en-trait, mais le traverse et va buter en C sur la branche horizontale d'un sabot de forme à peu près triangulaire et à pans coupés, qui fait, en ce point, office de blochet. L'entrait est soutenu par un éperon ou jambe de force, qui traverse en D l'un des pans coupés du sabot, et repose sur un patin scellé dans le mur ; enfin, la tangente, reliée à l'entrait et à l'arba-létrier par des frettes et des liens, traverse, à son tour, le sabot à sa partie supérieure E. La partie verticale de cette dernière pièce est évidée pour recevoir une ancre verticale à repos, qui passe également dans un œil pratiqué à l'extrémité de la partie horizontale for-mant blochet, et en arrière du point de butée de l'arbalétrier. Cette ancre remplit le double but d'arrêter la poussée de l'arbalétrier et d'assujettir la ferme sur le mur.

Les fermes accouplées sont rattachées les unes aux autres par des fermettes AA et BB. On a donné moins de hauteur à celles-ci afin de réserver la profondeur des caissons, et on a donné, au contraire, plus de hauteur aux premières pour qu'elles pussent former les saillies longitudinales des soffites, et, en même temps, plus de force, afin qu'elles résistassent à l'effort des nervures qui viennent s'y rattacher pour dessiner les arêtes formées par la ren-contre des pénétrations dans la voussure.

La coupe indique la position occupée par les quatre fermettes ci-dessus, ainsi que le ren-foncement des caissons construits en poteries, de même que les voussures.

La planche 15 donne la variante du plancher que je viens de décrire. Ses combinaisons présentaient une solidité qui semblait plus en harmonie avec l'importance de l'édifice. Le raccordement des grandes fermes, accouplées avec celles qui s'y rattachent à angle droit, ainsi qu'avec celles des nervures, enfin, ses grands arcs doubleaux, composaient un sys-tème parfaitement entendu. Néanmoins, comme son exécution aurait entraîné dans des dé-penses qui n'avaient pas été prévues dans les devis, ce projet n'a pu être adopté ; force a été de s'en tenir au premier système, moins dispendieux, mais qui n'en remplit pas moins le but proposé.

La construction des planchers sur plans irréguliers demande un arrangement tout diffé-rent de celui des planchers à côtés parallèles. Les fermes principales au lieu d'être placées, comme dans les planchers rectangulaires, suivant la direction des murs de refend, sont dis-posées de manière à partager la surface du plancher en portions irrégulières à peu près égales. Le plancher de la bibliothèque de la Chambre des Députés, dont une partie est sur plan irrégulier (*voyez* fig. Iʳᵉ, pl. 16), peut servir d'exemple à cet égard. Les deux seules fermes qui la soutiennent en divisent la surface en trois triangles : elles se réunissent en un même point sur l'un des trumeaux de la façade, et vont, en diver-geant, s'asseoir sur deux points d'un mur opposé. Bien qu'à la première inspection on soit porté à croire que ces deux fermes reposent sur un vide ou une partie faible, cependant il n'y a pas réellement porte-à-faux, en ce sens, que les deux baies de portes au dessus des-quelles elles sont immédiatement placées sont couronnées par des arceaux d'une résistance plus que suffisante, eu égard à la pesanteur du plancher. Le devers des fermettes est maintenu par des entretoises d'écartement scellées dans les murs, et rattachées par de petites entretoises de travées. Les poteries qui remplissent les travées ont 0,21 cent. de hauteur sur 0,08 cent. de diamètre.

Les différents systèmes de construction en fer et poteries, que j'ai énumérés jusqu'à présent, ont été exécutés sous la direction d'architectes. Il serait injuste de ne pas signaler à la reconnaissance des amis des arts les belles innovations apportées dans cette partie importante de l'art de bâtir, par un officier d'un mérite reconnu, qui appartient à l'arme du génie. M. le capitaine Gréban, auteur du projet d'après lequel ont été exécutés les grands travaux du nouvel établissement destiné à la manutention des vivres de la guerre, situé quai de Billy, s'est beaucoup occupé de l'emploi des poteries et de l'application qui pourrait en être faite à tous les bâtiments militaires. Il a présenté au comité des fortifications différents projets de perfectionnements à introduire dans les divers systèmes de charpente en fer, ainsi que de leur combinaison avec les poteries.

Le bel établissement de la manutention des vivres, remarquable surtout par le soin qui a présidé à tous les détails de la construction, se compose de plusieurs corps de bâtiments, dont deux entre autres, ceux qui renferment les fours et boulangeries, sont entièrement construits en matériaux inattaquables par le feu ; murs, fours, planchers, combles, escaliers, tout est en pierres, briques, poteries, fer ou fonte. Ces deux corps de bâtiment, joignant immédiatement le chantier de bois fendu, il a fallu d'abord détruire toute chance de communication du feu à ces matières combustibles. En conséquence, on a dû mettre les bâtiments eux-mêmes à l'abri de l'incendie ; à cet effet, on a construit, comme je viens de le dire, en fer et poteries ou en fer et fonte, ce qui d'ordinaire se construit en bois, c'est-à-dire, les escaliers, les combles et les planchers. Ces derniers (*voyez* fig. I, pl. 17) d'une largeur de 8 mètres, destinés à supporter la charge énorme des approvisionnements de farine, demandaient une construction qui présentât la plus grande solidité, et qui empêchât surtout la chaleur des boulangeries de pénétrer dans les combles.

Voici le système qui a été imaginé par M. Gréban : Le plancher est construit en fer et poteries ; des fermes retenues par des entretoises d'écartement sont placées à 2 mètres l'une de l'autre : elles se composent d'un entrait, d'un arbalétrier et d'une tangente, reliés par des frettes. Chacune des extrémités de l'entrait est renforcée et refendue en moise (*voyez* fig. A), pour recevoir, sur un talon ou plan incliné, le pied de l'arbalétrier, maintenu à demeure par un coin boulonné entre les deux lames verticales d'une frette.

Une chaîne ou tirant continu en fer, qui règne selon toute la longueur des murs, et qui est noyée dans la maçonnerie, forme comme une ceinture intérieure qui relie entre elles toutes les parties du bâtiment (*voyez* le plan, fig. I) ; cette chaîne est percée, à chacun des points de portée des fermes, d'un œil correspondant à une boucle ménagée à l'entrait ainsi qu'à la tangente de chaque ferme et dans lesquels passe une ancre verticale (*voyez* la coupe, pl. 17) Nous verrons plus loin que la même ancre sert de point de rattache à l'arbalétrier de l'appentis des fours, de même que la ferme du plancher sert d'entrait à la ferme du comble ; et nous verrons aussi qu'une aiguille pendante, servant de poinçon au comble, soutient dans leur milieu les fermes du plancher. Cette disposition, si simple et en même temps si ingénieuse, donne à cette construction un caractère de solidité et d'ensemble dont la durée doit être infinie. La contexture du plancher est formée de poteries de 0,21 cent. de hauteur sur 0,136 millim. de diamètre, recouvertes d'une chappe en plâtre sur laquelle repose un parquet en sapin.

La construction de ce plancher a inspiré à M. Gréban l'idée de diminuer de beaucoup la quantité de fer qui est entrée jusqu'à présent dans les divers systèmes de ferronnerie. Il a pensé qu'au lieu de supporter toute la charge, le fer pourrait être employé principalement comme tirant, et qu'ainsi il agirait dans le sens de sa plus grande résistance. D'après cette donnée, il a disposé un nouveau système de plancher en fer et poteries, dont il propose l'adoption pour les bâtiments militaires, en général, et, en particulier, pour les hôpitaux dont les planchers en bois sont exposés à des causes de détérioration qui n'existent pas dans les autres établissements.

Voici en quoi consiste ce système applicable et aux constructions neuves et aux bâtiments déjà existants, pour le renouvellement des planchers que leur mauvais état mettrait dans la nécessité de remplacer. A droite et à gauche de chaque trumeau sont placés deux tirants en fer espacés l'un de l'autre d'une épaisseur de brique seulement (*voyez* fig. II, pl. 17), et traversant de part et d'autre les murs. D'un côté, l'un se termine par un taraud, l'autre par une boucle ; de l'autre côté, l'extrémité opposée de celui qui portait une boucle se termine par un taraud et *vice versa*. Une ancre horizontale, affleurant chacun des murs, passe dans la boucle d'un des tirants jumelés, et est elle-même traversée par le taraud de l'autre tirant ; l'on serre les écrous et les deux faces opposées se trouvent parfaitement reliées. Pour que la traction s'exerce sur une plus grande surface du mur, en arrière de l'ancre horizontale, est noyée dans son épaisseur une autre ancre qui croise la première à angle droit. L'écartement indiqué plus haut entre les deux tirants jumelés est maintenu par deux *masselottes* en fer placées à peu près à l'aplomb de la face intérieure du mur ; c'est en effet en ce point que doit s'exercer la plus grande pression, comme on va le voir par ce qui suit : l'espace compris entre les différents couples de tirants donne des travées grandes et petites ; les dernières sont remplies en poteries, selon là méthode ordinaire ; dans les grandes travées elles affectent une disposition toute particulière. D'un tirant à l'autre elles sont d'abord établies sur un cintre assez surbaissé (la flèche est environ le vingtième de la portée (*voyez* la coupe, fig. II), ensuite, et pour reporter tout l'effort au point le plus résistant, on fixe, à hauteur des tirants, aux deux côtés opposés de la travée, un arbalétrier ou arc de décharge horizontal, en fer, dont les deux extrémités vont s'arc-bouter sur les tirants (*voyez* le plan, fig. II). Selon la courbe de l'arc, on place la première rangée de poteries, contre la première une seconde, et ainsi de suite jusqu'à la ligne milieu où ces rangées ou arcs concentriques rencontrent les rangées opposées qui leur font équilibre.

Les unes et les autres se contre-butant réciproquement, produisent une surface extrêmement résistante.

Quant à l'espace vide laissé entre l'arc de décharge et la partie du mur qui surmonte les baies de croisées, il se remplit après coup en poteries, mais seulement quand le plâtre a totalement fait son effet. La surface supérieure se recouvre d'une chappe en mortier hydraulique bien lissée, qui doit s'opposer aux infiltrations des lavages.

Le poids des poteries et du fer qui entre dans ce nouveau système de plancher est infiniment moindre que celui d'un plancher en charpente de même dimension. Cette différence tient à ce que la quantité de fer est très-minime relativement à la surface du plancher.

Le tableau suivant indique la résistance d'un plancher de première force, calculée sur une surface de 4 mètres, faisant partie d'une surface beaucoup plus grande.

EXEMPLE

RELATIF A UNE PORTION DE PLANCHER RÉSISTANT AVEC FER ET POTERIES DE 0,245 MILLIM. DE HAUTEUR ET 0,136 MILLIM. DE DIAMÈTRE.

QUATRE MÈTRES SUPERFICIELS DE PLANCHER RÉSISTANT Exigent :	NOMBRE de POTERIES	QUANTITÉ en litres	NOMBRE de CARREAUX	POIDS de chacun DES MATÉRIAUX	POIDS TOTAL du PLANCHER	POIDS DONT LE PLANCHER a été chargé
Poteries de 0,245 mil. de hauteur et 0,136 millim. de diamètre	224	—	—	392 ᵏ		
Plâtre pour construction et jointoiement	—	860	—	600		
Plâtre pour chappe et carrelage.	—	430	—	300		
Eau faisant corps avec le plâtre.	—	1020	—	1020	2562ᵏ	11600 ᵏ
Fer pour fermes, entretoises, à raison de 30 kil. par mètre carré ; pour quatre mètres superficiels	—	—	—	120		
Carreaux de 0,16 cent. de diamètre	—	—	180	130		

RÉSUMÉ. — Ce plancher de 4 mètres superficiels, construit avec fer et poteries de 0,245 millim. de hauteur, a supporté, indépendamment de son propre poids, une charge de 2,900 kilog. par mètre carré.

A l'appui des expériences sur la résistance des planchers en fer et poteries, dont je viens d'indiquer les résultats, je dois rapporter l'exemple bien remarquable de résistance d'un plancher de cette nature au palais de la Chambre des Députés. M. de Joly, architecte de ce monument, a fait placer dans l'étage supérieur du bâtiment de la bibliothèque, pour le service des eaux, un réservoir qui est porté par un plancher en fer et poteries (*voyez* fig. III, pl. 16). Ce plancher est sur plan irrégulier, c'est-à-dire, qu'un des angles est arrondi, et la partie du mur qui correspond à cet angle est percée de plusieurs baies de croisées très-peu distantes l'une de l'autre. Les points de portée d'un mur à l'autre ne pouvant se correspondre directement, on a eu recours à une disposition analogue à celle de la fig. Iʳᵉ, et dont j'ai parlé. Les fermes, au nombre de quatre, sont placées en zig-zag ancrées sur les murs. Elles sont formées d'un entrait, d'une tangente et d'un arbalétrier assez fortement cintré (*voyez* fig. V.), ce qui donne à la ferme une grande hauteur et nécessite un double rang d'entretoises dont les unes, très-résistantes, s'accrochent sur la tangente, et les autres, de force moyenne, s'accrochent sur l'entrait. Les intervalles compris entre les entretoises supérieures, sont construits en poteries de 0,21 cent. de hauteur sur 0,08 cent. de diamètre, parce que c'est la surface supérieure du plancher qui supporte tout le fardeau. Quant aux intervalles inférieurs, ils sont remplis en poteries de très-petite dimension, 0,15 cent. de hauteur sur 0,08 cent. de diamètre, qui complètent l'ensemble du plancher sans être elles-mêmes en contact direct avec le poids du réservoir.

Toute la partie de l'édifice qui supporte les fermes, et par conséquent le réservoir, est très-fortement reliée par une chaîne ou tirant en fer intérieur fixé de distance en distance dans les murs par des ancres verticales.

Qu'on juge maintenant de la résistance du plancher :

Le réservoir seul pèse. . . . . 3,210 kilog.
L'eau qu'il contient 42,000
Les parpaings en pierre sur lesquels il est placé 4,700
Le carrelage 420

TOTAL. . . . . 50,330 kilog.

La superficie totale du plancher est de 41 à 42 mètres carrés. C'est donc un poids de 1,200 kilog. environ par mètre carré, à quoi il faut ajouter encore les secousses produites par le renouvellement journalier de l'eau, et qui peuvent être considérées comme équivalant au poids lui-même.

QUATRIÈME SECTION.

PLANCHERS DE TERRASSE.

La construction des planchers de terrasse qui, par leur position, sont exposés à toutes les influences de l'atmosphère, réclame plus encore que les trois autres espèces de planchers, une modification complète.

Les différents modes en usage depuis longtemps consistent à recouvrir, soit en dalles, soit en plomb ou autre métal, soit en bitume, les planchers en bois qui surmontent les édifices ou maisons particulières. Chacun de ces procédés entraîne avec lui des inconvénients plus ou moins graves, auxquels il importe de remédier.

Les *dalles*, par suite du travail des bois de charpente, tendent à se désunir et à livrer passage aux infiltrations ; le *plomb*, en raison de son peu d'épaisseur, n'oppose aucun obstacle à l'ardeur du soleil, ce qui rend inhabitables les parties supérieures des bâtiments qu'il abrite. Le *bitume*, loin de conserver le bois qu'il semble en effet préserver de tous les éléments de détérioration, tels que l'humidité et la chaleur, et surtout le passage subit de l'une à l'autre, le bitume en active la destruction, soit qu'il s'opère, par l'absence de courants d'air, une décomposition chimique du bois qui en désorganise les fibres, soit par tout autre motif.

Je citerai à l'appui de cette assertion ce que j'ai été appelé moi-même à vérifier. On avait construit à Paris, dans un établissement de bains, situé passage Brady, au faubourg Saint–Denis, un plancher de terrasse en charpente ; il avait été recouvert d'une couche de bitume. Deux ans après, le propriétaire voulant faire exécuter des travaux d'agrandissement, la suppression du plancher de terrasse fut jugée nécessaire : on travailla à le démolir, et ce ne fut pas sans un étonnement extrême, qu'on trouva toutes les solives entièrement pourries et tout à fait hors de service. Ainsi, en deux ans, des bois parfaitement sains, mis en contact avec le bitume, et sans courant d'air, avaient été amenés à un état complet de destruction.

Qu'au lieu de bois, on fasse usage, pour la construction des planchers de terrasse, non pas de pierres, qui chargeraient sans nécessité les édifices, mais de poteries, et, dès lors, tous les matériaux en usage jusqu'à présent, comme couvertures, et qui sont plutôt nuisibles qu'utiles, quand ils sont employés avec le bois, deviendront les accessoires indispensables des planchers de terrasse.

Ainsi, les dalles assises sur une surface inerte, jointoyées avec soin, seront un véritable abri pour les terrasses.

Le plomb, appliqué sur une contexture en poteries, que la chaleur ne pénètre que difficilement, pourra être employé comme tout autre métal.

Enfin, le bitume, désormais en rapport avec des corps indécomposables ou du moins pour lesquels la présence de l'air n'est pas une condition de durée, remplira véritablement l'office qu'on doit attendre d'une matière essentiellement imperméable.

En thèse générale, les planchers de terrasse, qui n'ont d'ordinaire à supporter que des fardeaux peu considérables, et souvent le poids seul de lames de plomb ou d'un enduit en bitume, ne comportent pas une grande épaisseur. Les poteries qu'on y emploie sont de dimension moyenne ; les armatures en fer y sont également compliquées. Néanmoins, il est important que ces armatures soient combinées de telle sorte que la poussée de la contexture en poteries soit maintenue par les fers. Ainsi, bien que pour cette espèce de plancher il faille leur donner moins de force que pour les autres, cependant il faut avoir soin de renforcer davantage les entretoises ou fermettes qui avoisinent les murs. Car ici manque, sur les points de portée du plancher, la surcharge qui se trouve dans les étages inférieurs, et qui fait plus qu'équilibre à la butée des poteries.

Dans les terrasses qui entourent la seconde cour du Palais-Royal, dite cour des Proues, et qui ont été construites sur les dessins de M. Fontaine, le fer semble avoir été prodigué, si l'on en juge par le plan (fig. II, pl. 16) ; mais il fallait, pour les unes, se relier à des bâtiments existants, et conserver l'unité de force et de résistance, et, pour les autres, obtenir une solidité d'ensemble parfaite pour des surfaces d'une grande étendue, qui ne reposaient que sur des points isolés, tels que des piliers ou des colonnes.

Un cours de tirants règne sur toute la longueur des galeries, noyé dans l'épaisseur des plates–bandes, qui réunissent les colonnes entre elles. Une petite ferme, aussi incrustée dans l'épaisseur des soffites (voyez la coupe, fig. III), y est rattachée, à angle droit, par une ancre verticale, tandis que l'autre extrémité est reliée, sur le mur ou pilier opposé, à deux autres petites fermes placées en diagonale. Une ancre oblique, passant dans une bride qui embrasse les trois fermes, les assujtetit invariablement.

Des entretoises F et G, les premières s'accrochant seulement à fourchette, et les secondes s'accrochant aussi à fourchette, mais de plus boulonnées, subdivisent en petites travées les triangles formés par les fermes. Les poteries qui les garnissent ont 0,24 cent. de hauteur et 0,08 cent. de diamètre. Elles sont recouvertes par des dalles en pierre de *Liais* de 0,08 cent. d'épaisseur, jointoyées en mastic de Dhil.

Au bâtiment d'administration de la manutention des vivres de la guerre, M. le capitaine Gréban a fait exécuter le plancher de terrasse qui surmonte toute cette partie de l'établissement, d'après une méthode qui se rapporte beaucoup à celle qu'il propose pour les planchers des hôpitaux ou hospices. Il a préalablement fait relier les murs (*voyez* fig. I, pl. 19) par une chaîne ou tirant continu en fer qui en suit tout le contour. Parallèlement aux murs de refend, il a fait placer, de 2 mètres en 2 mètres, des tirants accouplés (*voyez* les détails; fig. II) terminés à chaque extrémité par une boucle à laquelle correspond un œil pratiqué dans la chaîne, et que traverse une ancre verticale. L'écartement des murs se trouve ainsi fortement maintenu de distance en distance, et précisément dans les parties sur lesquelles s'exerce tout l'effort du plancher. De même que dans le système proposé pour les planchers d'hôpitaux et hospices, les poteries sont placées sur un cintre légèrement courbé (*voyez* la coupe, fig. III), et disposées également par rangées concentriques (*voyez* le plan, fig. IV), avec cette différence, que la première rangée, formant arceau de décharge, et qui vient buter sur les extrémités des tirants, n'est point encadrée par un arc en fer ; elle se maintient d'elle-même ; seulement, vers le point de rencontre des arceaux de décharge et du mur, on a placé un contrefort en brique B, destiné à présenter un point d'appui plus large à la poussée des poteries. L'espace vide A n'a été rempli qu'après le gonflement du plâtre.

Quant à la partie milieu de la terrasse, et qui correspond à la porte d'entrée principale, elle est traversée par des tirants simples retenus par des ancres à la grande chaîne d'embrasse; les intervalles de l'un à l'autre sont bandés en poteries, mais sans arceaux de décharge ; et cependant cette partie du plancher est la plus chargée proportionnellement, car elle supporte tout le poids de la barraque de l'horloge, et, de plus, elle est recouverte d'une couche de béton plus épaisse que celle qui garnit le reste du plancher, puisque c'est le point culminant de la terrasse disposée en dos d'âne pour l'écoulement des eaux.

Cette terrasse étant le premier essai exécuté en ce genre, M. Gréban a voulu la soumettre à une épreuve qui en assurât toute la résistance ; en conséquence, il a fait charger l'une des parties du plancher (celle marquée R au plan), dont la surface est de 14 à 15 mètres, d'une masse de pierre de 6,000 kilog. Aucun affaissement ou désunion n'est résulté de cette épreuve, bien qu'alors le temps fût très-pluvieux, et par conséquent peu favorable à la consolidation du plancher.

Après cette expérience, on a recouvert les poteries d'une chappe en béton et d'un enduit de mortier hydraulique qui a servi de lit à une couche d'asphalte de Seyssel mêlée de silex. Cette matière, dont l'emploi est chaque jour plus répandu pour différents usages, est destinée à devenir le complément des constructions en poteries pour tous les planchers de terrasse.

La quantité de fer employé à la construction de ce plancher était assez restreinte relativement à sa grande surface.

Les chaines et tirants ont 0,055 millim. de largeur et 0,015 millim. d'épaisseur ; les ancres sont en fer carré de 0,04 cent.

Quant aux poids, les détails suivants les feront connaître :

1° 12 tirants doubles. . . . . 1,666 kilog.
2° 5 tirants simples. 164
3° 24 ancres pour tirants doubles. 224
4° 10 ancres pour tirants simples. 64
5° Chaines des murs de face et de refend et leurs ancres. 1,015
6° Cercle d'arrivée de l'escalier 54

TOTAL pour la surface de 232 mètres. 3,187 kilog. ou 13 kilog. 73 cent. par mètre carré.

Si l'on déduit le poids du cercle d'arrivée et celui de la chaîne, qui sont évalués 1,069 kilog., il ne restera pour les tirants et les ancres que 2,118 kilog. ou 9 kilog. 12 cent. par mètre carré.

La partie milieu, qui se trouve entre les murs de refend, occupant un espace plus circonscrit, n'a nécessité que des tirants simples ; aussi, pour cette partie, le poids du fer, par mètre carré, se réduit à 8 kilog. 72 cent.

Voici un exemple de résistance de planchers de terrasse, pour lesquels cependant on n'a pas eu recours à une grande complication d'armatures. Ces planchers existent au palais de la Chambre des Députés, au-dessus du salon du Roi et de la salle des conférences : ils sont l'un et l'autre carrés, et ont 10 mètres de côté (voyez fig. III et IV, pl. 5). L'emplacement des trumeaux a déterminé la position des fermes, qui, pour la surface entière de chaque plancher, sont au nombre de six. Sur chacun des trumeaux milieu on a placé deux fermes, espacées l'une de l'autre de 0,65 cent., et engagées, par leur extrémité opposée, dans un mur. Les deux autres reposent sur les écoinsons. La surface totale se trouve ainsi divisée en trois travées principales, subdivisées, par des entretoises, en petits compartiments qui sont garnis en poteries de petite dimension 0,21 cent. de hauteur sur 0,08 cent. de diamètre. La superficie de cette espèce de plateau est chargée d'un massif en plâtre et plâtras à deux pentes, qui, au point de rencontre, n'a pas moins de 0,40 cent. d'épaisseur.

En contre-bas, les planchers résistent au poids des soffites, aussi en poteries, qui encadrent les caissons, et qui y sont suspendues par des étriers en fer. D'un autre côté l'unité de contexture qui leur serait nécessaire est grandement affaiblie par le vide que laisse une lanterne de 2 mètres de diamètre pratiquée dans leur milieu. Malgré toutes ces causes qui tendaient à en diminuer la solidité, ils ont résisté à la surcharge extraordinaire à laquelle ils se sont trouvés soumis accidentellement ; voici à quelle occasion :

Pendant le cours des réparations de la salle, diverses circonstances obligèrent l'architecte à ériger les deux grands murs d'encaissement que l'on voit actuellement de la cour d'honneur, à droite et à gauche du grand porche. Il fallut, de toute nécessité, s'établir sur les terrasses mêmes, non encore recouvertes des feuilles de cuivre qui les abritent aujourd'hui pour construire ces deux grands murs. Le travail dura deux mois environ, pendant une saison très-pluvieuse. Plus de 700 mètres cubes de pierres de différente nature furent employés à la construction des deux murs, et chargèrent successivement les planchers pendant toute la durée du travail. Pour les trois premières assises de chaque mur, on employa environ 76 mètres cubes de pierre dure de grande dimension, qui furent déposées et roulées à pied d'œuvre, et immédiatement sur la surface de chaque terrasse; de sorte qu'on peut dire que cette quantité de pierre, représentant un poids de 155,664 kil., a chargé par portions successives, pendant douze jours (temps nécessaire à la construction des premières assises), une surface de 10 mètres de longueur sur 1 mètre de largeur.

Cette épreuve, tout accidentelle, ne dénota aucun affaissement ni ébranlement dans le plancher ; les soffites du plafond, les moulures n'avaient en rien souffert de cette surcharge.

Ces résultats suffiront à prouver la puissance des planchers de terrasse, sans qu'il soit nécessaire d'en exposer les détails sous forme de tableau, ainsi que je l'ai fait pour les autres espèces de plancher ; et d'ailleurs, leur contexture se rapportant à celle des planchers ordinaires, c'est aux sous-détails qui les concernent qu'on devra se référer.

CHAPITRE V

DES PLANCHERS DITS MODERNES

EN CHARPENTE DE FER DOUBLE T LAMINÉ

A l'époque où la première édition de ce Traité de construction a parù [1], le mode d'établissement des planchers en fer soit T simple, soit double T laminé, s'il n'était pas encore absolument ignoré, n'en existait pas moins qu'à l'état d'essais et de rares expériences, tant la routine qui, depuis un temps immémorial, présidait à la construction des planchers en charpente de bois, restait profondément enracinée dans les esprits de tous les hommes de *Bâtiment*, en général.

Mais, aujourd'hui, grâce à une initiative qui, à la longue, a pris enfin sa place dans cette branche toute spéciale de l'art de bâtir, cette nouvelle méthode de planchers, appropriée, soit aux monuments et édifices publics, soit aux bâtisses privées mêmes les plus secondaires, occupe la principale place lorsqu'il s'agit d'établissements de planchers sous telle ou telle forme quelconque, commandés, qu'ils sont généralement, par des dispositions qui en indiquent les conditions d'assemblage et de résistance assurée.

Et, dans ce cas, il faut bien le dire, le progrès s'est de plus en plus fait sentir, par cela même que, depuis un certain temps déjà, le moyen d'établir des escaliers incombustibles étant trouvé et mis en usage, les planchers de tout bâtiment quelconque devaient par suite naturellement présenter le même principe préservatif de tout incendie, en vue d'éventualités de ce genre de sinistre dont les conséquences malheureusement immédiates sont toujours de la plus extrême gravité.

---

[1] Carillon Pœury et V⸱ Dalmont éditeurs. — Année 1841.

Cependant, ayons à l'observer : si depuis un siècle et plus, et d'après les conseils des *Hssenfrats*, des *Soufflot*, des *Bullet*, des *Lecamus de Mezières* et de tant d'autres dont les avis avaient toujours servi de règle, la méthode d'établissement des planchers n'avait jamais varié quant à l'espèce des éléments qui en expliquaient les combinaisons, on ne peut se dissimuler qu'elle a, aujourd'hui, totalement disparu, et fait place à un autre ordre d'idées sur lesquelles il me semble nécessaire d'appeler l'attention de mes lecteurs.

En effet, pour certaines raisons de premier ordre que nous allons très-succinctement expliquer, nos anciens *maîtres* ont toujours conseillé d'isoler la façade de toute bâtisse en bordure sur la voie publique, du *plein* ou *ensemble* de sa construction proprement dite de manière à annihiler entre ces deux divisions principales tout contact de solidarité quelconque.

C'est pourquoi toutes les extrémités ou abouts de planchers en charpente de bois venaient s'emboîter à l'aide de tenons et mortaises dans des maîtresses lambourdes composées elles-mêmes d'une longrine flanquée de chaque côté d'un fort *brin* taillé en bizeau, le tout fortement relié par des boulons à écroux.

Cette force principale, posée à une distance moxenne de $0^{m}.16^{c}$ du nud intérieur de la façade recevait ainsi les *paumes* des solives, autrement dites portées, sans rendre en rien tributaire de leur poids le mur de face, lequel, par le fait de son isolement du côté de la voie publique, était naturellement sujet à *tirer au vide*.

C'était donc principalement pour ce motif qu'entre les joints montants des jambes étrières et boutisses de ces façades, existait toujours dans la hauteur des murs pignons formant ailes, un interstice ou vide continu de $0,05$ à $0,08^{e}$ de largeur dont le ravalement faisait ensuite justice en le faisant disparaître de la surface, à ravaler seulement.

Nombre de cas, cependant, arrivaient, où certaines maîtresses poutres disposées dans un sens transversal prenaient pied dans le plein ou cœur de la façade elle-même mais ne pouvaient la fatiguer, en ce sens, que les maîtresses lambourdes auxquelles elles servaient de loges d'assemblage portaient à elles seules tout le système de plancher en renvoyant, naturellement au cœur de l'édifice en vertu des lois de décomposition de forces vives, la majeure partie du poids de ce même plancher.

Mais, de nos jours, tout est changé dans ce système de construction, car une innovation radicale s'est produite, dont il est réservé au temps, notre grand maître à tous, de donner aux générations qui nous suivent, d'avoir à apprécier les effets et les causes.

Ainsi, aujourd'hui contrairement aux anciens usages, les façades sont, depuis le rez de chaussée jusqu'au faîte de l'édifice, en tout solidaires de l'ensemble de la *construction* dont elles constituent un des principaux points de support, par le fait, d'abord, de la suppression des maîtresses lambourdes précitées, et, ensuite, par celui de l'engagement à mi-mur des portées des solives en fer dans le cœur des façades.

Qu'arrive-t-il de là ? que ces mêmes façades en bordure sur la voie publique continuellement assujettie à mille éventualités d'ébranlement, qui ne sont autres que les conséquences immédiates des effets de locomotions de toutes sortes et sans cesse répétées, peuvent, en raison même de leur position relativement anormale, obéir à la loi voulue *d'attraction au vide* dans des proportions plus ou moins accentuées, et y faire forcément participer l'ensemble des constructions dont elles sont les spécimens plus ou moins attrayants. (De ces cas, il faut le dire, on en a déjà vu, du reste, certains exemples qui, en justifiant ces tristes réflexions, sont par cela même ni flatteurs ni encourageants à l'endroit de ce nouveau système.)

Mais, dès lors, pour concilier l'une avec l'autre les deux méthodes en présence, pourquoi ne pas suivre, comme mode d'exécution, celui qui, depuis le temps de nos ancêtres, a exclusivement présidé aux constructions de nos planchers en charpente de bois, et, disposer ainsi les assemblages des planchers en fer dits modernes, de manière à les isoler absolument comme les anciens, des façades en bordure sur les rues ?

Répondons que cette innovation apportée dans le système actuel, marque sans doute très-sensible de progrès, me parait d'ailleurs facile en ce sens : que les *paumes* des solives des anciens planchers sont, dans une infinité de cas, remplacées par des pattes saillantes en fer remplissant le même office que leurs devancières, en reliant, à l'aide de boulons à écroux, les extrémités ou abouts des barres solives avec celles boiteuses ou d'enchevètrure.

En tant que cette idée pourrait être admise, on reconnaitrait tout d'abord que tout système de plancher en fer serait infiniment supérieur à son similaire en charpente de bois, tant sous le rapport de sa résistance assurée que sous celui d'une incombustibilité à toute épreuve.

Néanmoins, puisque, dans leurs dispositions actuelles, les planchers en fer ont acquis exclusivement aujourd'hui une vogue que l'usage a sanctionnée sous les principaux rapports, la description de l'emploi des fers double T, laminés, le plus généralement admis, doit naturellement, comme variante de l'ancien système, faire l'objet du présent chapitre V.

Toutefois, sans crainte d'être désapprouvé, j'ai cru devoir choisir mes exemples parmi les produits métalliques les plus dignes de remarque, d'une des principales fonderies de notre pays, celle de Montataire (Oise), réputée entre toutes pour le choix de son minerai et sa bonne fabrication dans cette spécialité de *fers laminés*.

Ainsi *dans la planche 8°...*

Le *type n° 1er* donne la coupe d'une bande ou solive double T comportant la hauteur *maxima* à raison des *largeurs extrêmes* des planchers que l'application de résistance assurée de ce système de construction peut admettre (7 *mètres*) non compris portées.

Le *type n° 2* sans être, en tout, assimilé à *celui n° 1er* en est une analogie très-approximative comme application de résistance assurée du même système en tant, cependant, que les extrêmes largeurs des planchers sont de 6 mètres 50 au plus (non compris portées).

Le *type n° 3*, bien qu'il ait une hauteur inférieure à celle du précédent, possède, à son tour, une résistance beaucoup plus compacte, en ce sens que : une fois *accouplé* et rendu solidaire de son similaire par des croisillons distants les uns des autres de 1 mètre environ avec remplissages intervallaires formant plate-bandes en briques de Bourgogne, comme, principalement aussi, par le fait même de sa notable épaisseur, il est exclusivement destiné de préférence au *type n° 2*, à l'application de toutes combinaisons de *poitrails, linteaux* et autres supports quelconques dans l'intérieur des bâtiments.

Quant à leurs longueurs de portées, il est inutile, ici, d'en faire mention, puisque, selon les largeurs plus ou moins grandes des baies, la résistance de *compression* augmente en raison directe du nombre des colonnes en fonte, points d'appui intervallaires divisant en autant de travées les ouvertures de ces baies.

Dans le *type n° 4* nous trouvons matière à la même application que celles des *types n°°* 1ᵉʳ et 2, en ce qui concerne, à la rigueur, les planchers, seulement, en tant toutefois que les extrêmes largeurs de ces derniers ne dépassent pas 5 m. 50 c. (non compris portées).

Le *type n° 5* se rapporte dans son ensemble à celui du *n° 3*, mais dans des limites de résistance assurée à une compression relativement inférieure à celle du *type n° 3*.

Ainsi dans la planche 9.

Le *type n° 6* rentre ici dans la catégorie des fers double T dont l'usage doit être approprié à l'établissement de planchers supérieurs de *premier ordre*, devant, c'est-à-dire comporter des surfaces très-grandes selon leurs différents carrés ; c'est pourquoi, en espaçant les unes des autres ces barres ou solives comme pour les *types* 1, 2 et 4, de 0,70 à 0,75 d'axe en axe, on obtiendra indubitablement la somme voulue de résistance assurée, à cette condition, seulement, que les extrêmes largeurs des planchers seront de 5 m. 25 à 5 m. 50 au plus (non compris portées).

Le *type n° 7* représente en coupe une bande ou solive en fer double T, destinée à recevoir la contexture en maçonnerie d'un plancher de moindre épaisseur que les précédents ainsi qu'à supporter des fardeaux, quels qu'ils soient, moins considérables que ceux que pourrait recevoir le *type n° 9* ; mais disons ici que, à la rigueur, ces deux *types* peuvent figurer dans la même catégorie.

C'est pourquoi, en les espaçant les unes des autres comme celles du *type n° 6*, on obtiendra, sans nul doute, une somme à peu près analogue de résistance assurée, en tant que les extrêmes largeurs des planchers seront de 5 m. 25 à 5 m. 50 (non compris portées).

Quant au *type n° 8*, il peut être, en quelque sorte, assimilé à celui *n° 6*, bien que sa cubature présente une certaine différence en moins, mais qui, selon moi, ne peut être très-sensible.

Le *type n° 10* traite de l'application du fer double T à l'établissement des planchers secondaires de *premier ordre*, pour ce qui constitue les étages supérieurs d'un bâtiment quelconque, c'est-à-dire à partir du troisième plancher.

Distantes les unes des autres de 0 m. 50 c. d'axe en axe, ces solives mutuellement reliées par des chevêtres en petit fer *carillon* impriment à la contexture du plancher proprement dit un ensemble de résistance assurée, bien que son épaisseur soit relativement minime.

L'on conseille ici de ne pas dépasser la limite *maxima* de 4 m. à 4 m. 25 de côté pour les surfaces de ces sortes de planchers (non compris portées).

Le *type n° 11* donne la coupe d'une bande de fer double T, devant, avec un certain nombre de ses similaires, constituer l'ensemble d'un plancher secondaire de *deuxième ordre*, dont les conditions de résistance assurée sont certainement inférieures, il est vrai, à celles du *type n° 10*, mais qui, néanmoins, présentent encore toute la sécurité désirable ; pourvu, toutefois, que l'on borne leurs largeurs dans la limite *maxima* de 3 m. 25 à 3 m. 50 (non compris portées).

Enfin le *type n° 12* trouve son application exceptionnelle dans l'établissement des planchers secondaires de troisième classe, dits vulgairement *faux planchers*.

C'est à l'occasion de ces sortes de textures qu'il peut y avoir latitude d'espacer les bandes ou solives de remplissage de 0,50 c. à 60 c. d'axe en axe, et de leur donner une largeur *maxima* de 3 m. 10 à 3 m. 30 (non compris portées).

Et pour ne rien omettre, au sujet de cette toute intéressante méthode, n'oublions pas de faire remarquer que, dans l'application, l'usage de ces bandes de fer double T peut varier et, même, se multiplier à l'infini, pour tous ces motifs, qu'elles sont propres à être employées, tant comme *poteaux* montants ou d'huisserie quelconques, *arcs* de décharge, *linteaux* simples ou doubles de certaines longueurs, que comme pièces de chassis d'encadrement pour lanternes d'escaliers, au-dessus des combles, comme aussi de poteaux et plates-bandes, destinés à servir de points d'appui et à supporter perrons, balcons et autres parties de construction, n'importe lesquelles, pourvu qu'elles soient légères, en tant qu'elles sont disposées en saillie des façades intérieures des maisons, voire même d'édifices de rang secondaire, sans appréhension aucune d'éventualités de sinistres quelconques.

Nous ne terminerons cependant pas ce nouveau chapitre sans le faire suivre de certains documents qui, pour être assez brefs, sans doute, n'en seront pas moins utiles comme matière une et principale à consulter dans l'espèce dont il s'agit.

Suivent ces documents.

NOMENCLATURE DES FERS DOUBLES T, LAMINÉS SELON LEURS DIVERSES DIMENSIONS ET PRIX [1]

TYPES	LONGUEUR	HAUTEUR	ÉPAISSEUR PRISE AU MILIEU	POIDS	PRIX, ETC.
N° 1	1 mètre	0,22 ᶜ	0,08 ᵐ	24 ᵏ 30 ᵉ	Le *Prix* unique et tarifé du mètre linéaire de chacun de ces douze types, quelques soient, d'ailleurs, leurs diverses dimensions, comme hauteur et épaisseur réduites, est de 24 fr. les 100 kil., droits d'octroi compris.
N° 2	1 mètre	0,20 ᶜ	0,07 1/2 ᵐ	22 ᵏ » »	
N° 3	1 mètre	0,18 ᶜ	0,15 ᵐ	30 ᵏ » »	
N° 4	1 mètre	0,18 ᶜ	0,08 ᵐ	20 ᵏ » »	
N° 5	1 mètre	0,16 ᶜ	0,14 ᵐ	25 ᵏ » »	
N° 6	1 mètre	0,16 ᶜ	0,07 ᵐ	16 ᵏ 50	
N° 7	1 mètre	0,14 ᶜ	0,10 ᵐ	18 ᵏ 50	
N° 8	1 mètre	0,14 ᶜ	0,06 ᵐ	14 ᵏ » »	
N° 9	1 mètre	0,14 ᶜ	0,11 ᵐ	15 ᵏ » »	
N° 10	1 mètre	0,14 ᶜ	0,06 ᵐ	14 ᵏ » »	
N° 11	1 mètre	0,12 ᶜ	0,05 ᵐ	11 ᵏ 10	
N° 12	1 mètre	0,10 ᶜ	0,05 ᵐ	8 ᵏ 06	

Tel est, d'après tous les détails descriptifs contenus dans ce cinquième chapitre, le compte-rendu aussi clairement qu'il était en moi, de toutes mes observations sur la mé-

[1] *(Note de l'auteur).* Renseignements fournis par l'administration des usines de *Montataire* (Oise) et de *Outreau* (Pas-de-Calais) dont M. A. de la Martellière est le directeur gérant,

thode aujourd'hui de plus en plus usitée des planchers en fer double T, laminé, observations qui devront nécessairement combler une lacune qui m'était naturellement commandée
à l'époque déjà ancienne de l'apparition de la première édition de ce Traité, par le fait seul
de la création postérieure et encore relativement nouvelle de ce système de planchers métalliques que j'appellerai, avec juste raison, modernes.

CHAPITRE VI

DES POUTRES ARMÉES OU MAITRESSES POUTRES

ET DES POITRAILS

PREMIÈRE SECTION

DES POUTRES ARMÉES

Les poutres armées ou maîtresses poutres, qui font l'objet de cette section, appartiennent plutôt au système des planchers en charpente qu'à celui des planchers incombustibles ; néanmoins, je vais leur consacrer quelques lignes, afin de signaler les améliorations qui se sont progressivement introduites dans cette partie intéressante de la construction.

Depuis longtemps les constructeurs ont recherché différents moyens d'augmenter la force des maîtresses poutres qui, dans les planchers en bois de grande dimension, devaient supporter les solives, et qui, par leur rapprochement, devaient diminuer la longueur de ces pièces secondaires. C'étaient d'abord d'énormes pièces de bois légèrement cintrées ; puis on accoupla des pièces droites à des pièces courbes (celles—ci superposées aux autres), qu'on reliait par des bandes de fer ou brides ; plus tard, on remplaça la pièce courbe par deux pièces inclinées, butant l'une contre l'autre en forme d'arbalétrier, et dont le pied reposait sur un embrévement refouillé dans la pièce principale : tout l'ensemble était également relié par des brides. Mais cette combinaison, tout ingénieuse qu'elle était, avait l'inconvénient de donner trop de hauteur aux poutres principales. Ce fut alors qu'on imagina de noyer, entre deux pièces accouplées, une espèce de ferme composée de deux arbalétriers en bois, incrustés, chacun de la moitié de son épaisseur, dans les deux pièces principales, et on réunissait le tout au moyen de boulons. Cette dernière combinaison donnait assurément une grande force aux poutres ; cependant, pour de longues portées, cela n'était pas encore suffisant, surtout lorsque les planchers devaient supporter de grands fardeaux. L'usage du fer devenant de plus en plus fréquent, il était naturel qu'il trouvât son emploi pour les poutres, et qu'il vînt remplacer les fermes en bois ; alors s'est trouvée justifiée la dénomination de poutres armées donnée à celles qui renferment ces sortes d'armatures.

La fig. I, pl. 21, représente une poutre armée exécutée par M. Travers, entrepreneur de serrurerie ; elle se compose de deux pièces de bois accouplées, qui renferment entre elles une ferme en fer formée d'un entrait et d'un arbalétrier soutenu par des coins, l'un et l'autre reliés par des frettes. De grands étriers embrassant toute la pièce soutiennent les chanlattes qui reçoivent les solives. Enfin, des boulons placés de distance en distance maintiennent, fortement serrées, et les chanlattes et les pièces principales.

Dès qu'on avait admis l'emploi du fer dans les poutres armées, la substitution complète du fer au bois devait en être la conséquence inévitable. Une poutre armée, établie entièrement en fer, a été exécutée dans les ateliers et sous la direction de M. Travers (voyez fig. II, pl. 21). Elle consiste en deux fermes accouplées, très-solidement réunies par des freins hauts et bas qui en préviennent l'écartement ; elles sont formées chacune d'un entrait, d'un arbalétrier et d'une tangente, reliés par des frettes. Quatre ancres verticales, passant dans les boucles qui terminent les entraits et les tangentes, assujettissent les fermes dans les murs de support. De plus, de longues poteries, faites exprès, et soutenues par de petits étriers qui s'accrochent sur les freins inférieurs (voyez le détail d'ensemble), donnent à ce système une solidité extraordinaire, proportionnée d'ailleurs aux dimensions du plancher pour lequel il a été combiné, et qui n'a pas moins de 10 mètres de largeur. Cette poutre supporte, comme dans l'exemple précédent, le poids des chanlattes et des solives qui s'y assemblent, et, en outre, un second rang de petites solives qui croisent à angle droit les premières (voyez la coupe G)

SECONDE SECTION

DES POITRAILS

Plus que toute autre partie des édifices, les poitrails doivent éveiller l'attention de ceux qui se livrent à la construction. De leur résistance dépend souvent la solidité des maisons entières ; on ne saurait donc trop s'attacher à en calculer la force en raison des fardeaux qu'ils doivent supporter.

Les poitrails en bois sont subordonnés à de certaines proportions qu'ils ne peuvent dépasser : trop faibles, ils fléchissent sous le poids qui les surcharge ; trop forts, ils sont entraînés par leur propre poids. Leur grosseur ne doit donc pas être relative à la pesanteur à laquelle ils peuvent être soumis, mais proportionnée à leur propre longueur. Et d'ailleurs la position horizontale des pièces formant poitrails est toute contraire au principe de résis‑

tance du bois dont la principale force est de traction, selon la direction de ses fibres et non d'effort en sens opposé.

Qu'il faille embrasser un long trajet et résister à une forte pression, les poitrails en bois sont tout-à-fait impuissants.

Il devenait donc indispensable de reculer en quelque sorte les bornes posées par la nature et les lois de la pondération ; l'industrie et la science du constructeur ont résolu ce problème.

La construction en fer des poitrails remplit toutes les conditions désirables. Par la combinaison raisonnée des pièces qui les composent et la force de ces pièces, on peut obtenir une somme de résistance incalculable et pour ainsi dire infinie, et par leur propriété incombustible, des bases véritablement inaltérables pour les parties des édifices qui surmontent de grandes ouvertures.

M. Roussel, entrepreneur de serrurerie, a combiné et exécuté un système de poitrail en fer qui supporte tout un mur de refend de 20 mètres de hauteur, dont le poids est évalué à 66,200 kilog. (*voyez* fig. I, pl. 22). Ce poitrail, d'une envergure de 6 mètres 40 cent., et à la vérité supporté en deux points de son trajet par des piliers en fonte, se compose de deux fermes accouplées : chaque ferme est formée d'une tangente et d'un entrait renforcé en talon simple à ses deux extrémités et en talon double aux deux points correspondant aux deux piliers de support, pour recevoir la butée de trois petits arcs ou arbalétriers.

Deux grandes embrasures relient, au droit de chaque pilier, la ferme entière maintenue, en outre, dans la partie milieu de chacune des trois travées, par une forte frette. De distance en distance, des brides ou freins s'accrochant, les uns sur les tangentes des deux fermes, les autres sur les entraits, en préviennent l'écartement, et trois croisillons en fer XXX, placés en direction des frettes (*voyez* le plan de la figure I), s'opposent au contraire au rapprochement des fermes. Les extrémités des tangentes et des entraits sont traversées par des ancres verticales qui les rattachent aux murs de support ; enfin, le fouettement des fermes, qui pourrait en diminuer la résistance, sinon en déterminer la rupture, est paralysé par une contexture intermédiaire. D'ordinaire elle se fait en poteries ; dans cet exemple elle est en briques hourdées en plâtre.

Un autre genre de poitrail en fer a été exécuté par M. Leture, sous les ordres de M. Callet, architecte (*voyez* fig. II, pl. 22). Il est formé aussi de fermes accouplées, mais différant en ceci des premières, que chacune d'elles a un arbalétrier unique qui occupe toute la largeur de la baie. Les fermes accouplées sont comme dans l'exemple précédent réunies par des freins et un croisillon Y. Une seule des fermes porte à ses extrémités une boucle qui reçoit une ancre verticale.

L'intervalle compris entre les deux fermes est bandé en poteries de diverses dimensions (*voyez* la fig. II).

Ce poitrail, qui n'est pas, à beaucoup près, chargé d'un poids aussi considérable que celui de M. Roussel, est cependant d'une grande hardiesse, car il traverse un espace de six mètres sans point d'appui intermédiaire.

La figure II, pl. 37, offre l'exemple d'un poitrail en fer dont la résistance n'est pas assurément plus grande que celle des deux précédents, mais qui se trouve chargé d'une masse cependant bien supérieure. Il a été construit par M. Casset, sous la direction de M. Bartau—mieux. Il est aussi formé de deux fermes accouplées dont l'intervalle est bandé en briques. La force des différentes pièces qui le composent n'est pas plus considérable que dans les deux autres; ses entraits, ses arbalétriers, ses tangentes sont de dimensions à peu près analogues. Il a 5 mètres, d'un point de portée à l'autre, et il supporte un mur de refend de 104,430 kil. Quel poitrail en bois, de 5 mètres de longueur, pourrait résister à un semblable fardeau ?

CHAPITRE VII

———

DES MURS DE REFEND ET DES CLOISONS

EN POTERIES.

———

PREMIÈRE SECTION

DES MURS DE REFEND

La destination respective des différents étages d'un édifice ou même d'une maison particulière oblige souvent de donner aux étages supérieurs des dispositions que toutes les règles de l'art semblent proscrire, et qu'on est cependant contraint d'admettre. Ainsi, quelquefois existent à rez-de-chaussée de vastes pièces dont la répétition serait tout-à-fait inutile à l'étage supérieur, tandis qu'il est important, au contraire, que cet étage soit subdivisé en parties secondaires, dont les divisions soient plus restreintes; de là naissent ce qu'on appelle des porte-à-faux. Si ces combinaisons sont vicieuses, au moins faut-il, quand on ne peut les éviter, en diminuer autant que possible les inconvénients. C'est d'abord en donnant une grande force aux parties des planchers qui doivent supporter les murs de séparation qu'on y parvient, puis en employant à la formation de ces murs des matériaux qui ne surchargent que faiblement les planchers. Il n'en est pas qui puissent mieux atteindre ce but que les poteries, et donner, en même temps, un ensemble de construction résistant et inaltérable. La première condition sera donc de bien établir le point d'appui. Deux fermes accouplées, espacées l'une de l'autre selon l'épaisseur qu'on voudra donner au mur de refend, seront une base suffisamment résistante (*voyez* fig. III, pl. 23). On remplira, soit en briques, soit en poteries, l'intervalle compris entre les deux fermes, puis on formera, par une suite d'assises qui s'élèveront au niveau des arbalétriers, un lit ou plateau sur lequel s'appuieront alternativement trois rangs de briques et trois rangs de poteries. Cette précaution d'alterner les briques et les poteries ne sera nécessaire qu'autant que le mur, comme dans l'exemple de la fig. III, sera destiné à porter plancher ; car s'il ne doit supporter que son propre poids, on pourra, sans crainte, l'élever tout entier en poteries L'expérience a démontré qu'elles pouvaient résister à une pression beaucoup plus considérable ; mais, dans l'un comme dans l'autre cas, on ne devra pas négliger de relier ces murs à ceux de face par des tirants en fer disposés à chaque hauteur d'étage. Quant aux baies de portes et de croisées, on pourra en monter les murs dosserets, soit en briques, soit en poteries et briques alternées, comme dans l'exemple de la fig. III. Pour les coffres de cheminées, ainsi que pour les languettes de séparation, on emploiera des poteries, dites de cloisons, de 0,05 cent. d'épaisseur (voyez fig. A, même planche), et l'on n'aura point à redouter les longues crevasses qui se manifestent d'ordinaire dans ces parties établies seulement en plâtre.

Diverses applications des poteries à la construction des murs de refend ont été faites dans plusieurs édifices publics. M. Lacorné, au monument du quai d'Orsay (voyez pl. 14), a fait construire, au-dessus du grand salon de réception, un mur de refend, compris entre deux parties de pan de bois armé, qui s'appuie sur l'une des fermes accouplées du plancher et s'élève jusqu'aux combles. Il est percé de cheminées, dont les tuyaux seulement sont en briques ; le reste du mur est construit, dans toute sa hauteur (13 mètres), en poteries superposées immédiatement les unes au-dessus des autres sans briques intermédiaires, et l'on ne s'est pas aperçu que les poteries inférieures aient en rien souffert depuis l'établissement du mur ; la solidité du plafond n'en a pas non plus été altérée. Aurait-on pu obtenir un semblable résultat si le mur eût été construit en pierre ou même en brique ? Quelle puissance n'eût-il pas fallu donner aux fermes pour qu'elles résistassent à un pareil fardeau ?

Dans la restauration du Palais-Royal, on a aussi fait usage de poteries pour la construction des murs de refend. L'un de ces murs existe au-dessus du péristyle de Chartres, par conséquent, en dehors de points d'appui immédiats (voyez le détail indiqué fig. II, pl. 28). Une première division d'étage très-peu élevé avait été pratiquée au moyen d'une série de fermes B. Ces fermes, devant former le plancher d'une pièce de grande dimension, il a fallu leur donner une grande résistance ; c'est ce qui a motivé la multiplicité des frettes qui les relient. Les dispositions intérieures nécessitaient un mur de séparation qui ne répondait pas à ceux de fondation ; pour ne pas surcharger la ferme B qui supportait déjà tout le poids d'un plancher, on a imaginé de la surmonter de deux fermes accouplées A, soutenues par des arcs de décharge qui s'engagent dans la ferme B, et dont le pied est incrusté dans les murs de l'édifice ; c'est donc sur la ferme A qu'est construit le mur en poteries. De cette manière, tout l'effort est supporté par les murs principaux sans que le plancher inférieur en soit en rien fatigué.

Ce n'est pas seulement lorsqu'il y aura absence de base directe qu'on devra faire usage de poteries pour la construction des murs de refend, mais encore lorsqu'on aura à surélever des murs déjà existants, mais trop faibles pour supporter une charge considérable ou même ordinaire. J'ai déjà dit, au chapitre premier, le parti qu'avait tiré M. Guerchy de ces matériaux pour l'exhaussement du mur qui sépare le théâtre du Palais—Royal des propriétés voisines. Cet exemple a été suivi en nombre d'occasions, et les constructeurs qui ont eu recours aux poteries ont reconnu la supériorité de ces matériaux dont la légèreté n'exclut pas la solidité.

Les indications qui suivent donnent le rapport de pesanteur d'une portion de mur construit en moëllons, ou en briques et poteries ou en poteries seulement ; on verra, par la comparaison de ces différents résultats, combien les murs en poteries l'emportent en légèreté sur tous les autres :

$$\text{4 mètres superficiels de mur}\begin{cases}\text{En moëllons} \dots\dots \text{de 0,325 mil. d'épaisseur,}\\ \text{En briques et poteries de 0,24 cent.} \quad - \\ \text{En poteries seulement de 0,24 cent.} \quad - \end{cases}\text{enduit compris, pèsent :}\begin{cases}3070\ \text{k}\ 00\\ 1170\quad 75\\ 940\quad 00\end{cases}$$

DEUXIÈME SECTION

DES CLOISONS

Les cloisons sont aux murs de refend ce que sont les planchers faibles ou faux planchers aux planchers ordinaires. Les planchers et les murs forment les divisions principales, les faux planchers et les cloisons établissent les subdivisions secondaires. Si la construction en bois des faux planchers est rejetée comme exposant les habitations à des chances de désastres en cas d'incendie, par la même raison on devra renoncer aux cloisons telles qu'elles sont construites généralement.

Les matériaux dont on se sert d'ordinaire sont de nature essentiellement combustible ; les montants, les traverses, les coulisseaux qui en sont les pièces principales, les éclats de bois de sapin, les lattes qui en sont les accessoires, créent autant d'aliments pour le feu.

Le plâtre qu'on emploie à réunir toutes ces parties n'a sur elles aucune prise. Loin qu'ils forment ensemble un tout homogène, il y a tendance continuelle de désunion augmentée encore par l'humidité du plâtre qui gauchit les bois et les fait désassembler. Aussi voit-on toutes ces séparations sillonnées d'interstices qui donnent passage à l'air et au bruit, et rendent incommode le séjour des appartements. Longtemps on a signalé ces inconvénients sans les combattre. On y a remédié en partie, à la vérité, par l'emploi de la brique, mais on n'évite pas le désavantage bien plus grand dans ce genre de cloisons que dans celles en bois et plâtre de charger considérablement les planchers.

Les poteries devront donc encore entrer dans la composition des cloisons, comme elles l'ont fait pour les murs de refend. Le feu sera sans action sur elles ; on pourra même y adosser des cheminées. Par leur adhérence avec le plâtre, elles donneront des surfaces unies et non interrompues ; quelques montants et traverses suffiront pour les retenir et les diviser en compartiments (*voyez* fig. 1 et II, pl. 23), et l'on pourra même les supprimer en élevant les huisseries en briques ou en poteries et briques alternées ; enfin elles intercepteront complétement le son.

Les fig. I et II, pl. 23, représentent la pose différente des poteries, suivant qu'elles forment cloison légère ou cloison ordinaire. Dans le premier cas, les poteries sont placées de champ ; elles ont 0,16 cent. de diamètre et 0,05 cent. d'épaisseur ; dans le second, elles sont placées debout alternativement, l'une la base en haut, l'autre la base en bas. Dans l'exemple de la fig. II, on n'a eu intention que de figurer la position des poteries, sans tenir compte de leur forme précise en exécution ; la différence de diamètre du sommet et de la base n'est pas à beaucoup près aussi sensible : ainsi, pour une poterie de 0,19 cent. de hauteur, par exemple, la base a 0,10 cent. et le sommet 0,09 cent. de diamètre. La poterie B, pl. 23, est vue en plan par dessus. Les sillons concentriques qui y sont tracés sont gravés sur le sommet, comme il a été expliqué au chapitre de la fabrication, et non sur la base.

M. le capitaine Greban a fait construire d'après ce procédé toutes les cloisons de distribution des bâtiments d'administration à la manutention des vivres de la guerre. Les poteries dont il a fait usage sont posées de champ, comme dans la fig. I précitée, de sorte que les cloisons, recouvertes des deux côtés d'un enduit en plâtre, n'ont pas plus de 0,08 cent. d'épaisseur.

J'ai moi-même fait établir des cloisons de séparation dans plusieurs maisons particulières, et partout j'ai remarqué la propriété des poteries d'absorber les sons, de s'opposer à leur transmission d'une pièce à l'autre.

Les galeries qui conduisent de la salle des conférences et du salon de la Paix à la salle des séances de la Chambre des Députés sont éclairées par des ouvertures ménagées en différents points du plafond, et qui projettent une lumière très-vive sur toute l'étendue des galeries (voyez fig. II, pl. 16). Le plafond n'étant pas en contact immédiat avec la terrasse formant comble, on a dû établir des espèces de lanternes à quatre pans verticaux qui servissent à recueillir le jour, mais il fallait en même temps ne pas surcharger le plafond ; c'est encore à l'aide de poteries, érigées entre quatre montants en fer, qu'on a construit ces petites cloisons. De petits châssis mobiles, qui surmontent les cloisons, servent de ventilateurs et supportent les châssis inclinés qui abritent les galeries.

Le rapprochement suivant expose les différentes pesanteurs des cloisons en briques, de celles en bois et plâtre et de celles en poteries ; on reconnaîtra de combien les dernières l'emportent en légèreté sur les deux autres, et combien moins elles surchargent les planchers sur lesquelles elles sont établies.

	En briques. . . . . de 0,13 cent épaisseur		948 k 00
4 mètres superfic. de cloisons	En bois et plâtre. . . . . de 0,08 cent. —	enduit compris, pèsent :	522 75
	En poteries . . . . de 0,08 cent. —		299 04

CHAPITRE VIII

DES COMBLES

On désigne sous le nom de *comble* la partie qui surmonte les maisons et édifices et les abrite contre les intempéries.

De toutes les parties qui composent un bâtiment, aucune, assurément, ne réclame à un plus haut degré l'attention des constructeurs. Destiné à servir d'abri aux habitations, le comble doit être lui-même inaccessible à la pluie, au froid, à la chaleur ; incessamment exposé à toutes les variations atmosphériques, il faut non-seulement qu'il en préserve les bâtiments, mais encore qu'il ne se laisse pas pénétrer par elles et n'en subisse pas les influences.

Les combles en bois remplissent-ils ces conditions, je ne dis pas d'une manière absolue, mais même partiellement ? Sont-ils impénétrables à la chaleur ? Ne souffrent-ils en rien de l'état humide de l'atmosphère ? Au contraire, de tous les matériaux employés dans la construction, aucun ne possède une propriété hygrométrique plus grande que le bois, aucun ne se ressent davantage de l'action de la chaleur. Qu'en résulte-t-il ? Par cette disposition de mobilité naturelle, les bois tantôt se gonflent, tantôt se resserrent ; leurs assemblages se séparent, ce qui se manifeste par des craquements souvent très-marqués. Les combles, ainsi formés, sont dans une alternative continuelle de tension et de relâchement qui produisent des oscillations préjudiciables à la solidité des constructions.

Ce n'est donc pas sans raison qu'un grand nombre de constructeurs ont été conduits à faire usage, pour les combles, comme pour les autres parties des bâtiments, de matériaux qui ne se ressentent pas autant des influences extérieures, et qui ne peuvent devenir une cause de détérioration pour les édifices. Aussi voyons-nous chaque jour se propager de plus en plus l'emploi du fer, soit seul, soit combiné avec les poteries.

Ce n'est pas que le fer soit entièrement insensible, si l'on peut s'exprimer ainsi, à l'action de la chaleur, mais cette sensibilité ne peut être comparée à celle du bois, et les inconvénients qu'elle produit ne sont pas, à beaucoup près, aussi graves.

Les avaries et les dommages occasionnés par les combles en bois n'ont pas été les seules causes déterminantes de la substitution des autres matériaux. Les nombreux incendies qui se sont succédé à Paris, la destruction de plusieurs bazars, théâtres et propriétés particulières, ont fait sentir la nécessité de diminuer le plus possible les chances de ruine que cet horrible fléau fait continuellement craindre

Les combles en fer et poteries, ou en fer seulement, selon la destination des bâtiments qu'ils abritent, sont donc en harmonie avec les autres parties incombustibles des maisons et édifices qu'ils m ttent encore hors d'atteinte de la foudre. Ils peuvent être établis selon les dimensions les plus étendues, ce qu'on ne peut faire pour les combles en bois qu'en surchargeant considérablement les murs.

L'humidité n'altère nullement le fer si l'on a soin de le revêtir d'une couche de minium.

Si le fer est conducteur de la chaleur (admettons qu'ils soient l'un et l'autre en contac direct), il ne la conserve pas. Ainsi, en supposant qu'il ait été traversé par elle, il y aura déperdition de cette chaleur presque immédiatement ; elle ne se concentrera pas dans les parties recouvertes par le fer. Dès que les rayons du soleil auront cessé de frapper les surfaces métalliques, il y aura transmission au−dehors de la chaleur renfermée.

Nous voici donc amenés à spécifier dans quel cas il faudra faire usage du fer seul, dans quel cas il devra être combiné avec les poteries.

On pourra construire en fer, sans poteries, les abris des hangars, des magasins, de certaines usines ou fabriques qui n'ont rien à redouter de la chaleur, les toitures des maisons dont les étages supérieurs ne sont pas habités, les combles des marchés qui d'ordinaire sont disposés avec courants d'air, ceux des édifices publics dont les parties hautes sont sans emploi, ou qui ne recèlent que des objets inaltérables par la chaleur, les combles des églises, etc., etc.

Quant aux combles des maisons habitées jusqu'aux étages les plus élevés, aussi bien que ceux des édifices dont les parties hautes servent de dépôt à des objets que la chaleur peut détériorer, tels que les théâtres qui renferment les décorations, les machines formées de bois mince et léger très-disposé à se voiler, il est de toute nécessité que l'intervalle entre les fers soit rempli en poteries. Au moyen de cette réunion, toute introduction de chaleur est impossible ; les fers eux-mêmes n'en ressentent aucunement les atteintes.

La force et la multiplicité des armatures en fer, ainsi que la grosseur des poteries, varieront toujours selon les dimensions des combles: il ne peut y avoir de règles à cet égard.

Que les combles soient en fer seul ou en fer et poteries, on préférera pour couverure les surfaces métalliques, soit de cuivre, soit de zinc, soit de plomb, comme plus légères, et l'on évitera les couvertures en tuiles ou en ardoises comme trop sujettes à réparations.

Sous le point de vue de leur forme, les combles se divisent en deux classes ou sections distinctes, savoir: les combles à surfaces *planes* et les combles à surfaces *courbes*.

PREMIÈRE SECTION.

DES COMBLES A SURFACES PLANES.

Les combles à surfaces planes se distinguent par le nombre des égouts ou pentes : ceux à un seul égout se nomment *appentis* ; ceux à *deux égouts simples* sont formés de deux pentes ou versants opposés au sommet et compris entre deux murs triangulaires appelés pignons ; si ces pentes forment à leur rencontre un angle droit, le comble est dit *en équerre* ; si l'angle est plus ouvert, il est dit *surbaissé ;* s'il est plus fermé ou aigu, le comble porte le nom de *surélevé* ou *pointu* ; si les pentes, au lieu d'être continues, sont brisées, le comble prend le nom de comble *brisé* ou à la *Mansard*. Lorsque les surfaces inclinées, au lieu de présenter deux parallélogrammes, ont la forme de deux trapèzes et qu'elles se raccordent à deux autres pentes triangulaires dont la rencontre avec les premières donne des arêtes saillantes, le comble s'appelle alors comble *à croupe* et est à quatre égouts.

COMBLE A UN SEUL ÉGOUT.

Les *appentis* ou combles à un seul égout servent le plus habituellement à recouvrir des hangars, des magasins adossés à des murs ; mais quelquefois aussi ils abritent des annexes de bâtiments importants ou d'édifices publics.

Celui qui est élevé au dessus des fours, en arrière des grands bâtiments de la boulangerie à la manutention des vivres de la guerre, est d'une extrême simplicité et légèreté. Il se compose d'une succession de demi—fermes (*voyez* fig. III, pl. 17), formées chacune d'un arbalétrier dont la flexion est retenue par une contrefiche, et d'un entrait soulagé également par une aiguille pendante ou poinçon. L'extrémité supérieure de l'arbalétrier est reliée dans le mur par l'ancre des fermes du bâtiment principal, et l'entrait est arrêté par deux petites ancres verticales, qui s'opposent à l'écartement des murs. Toutes les fermes sont réunies par des entretoises et recouvertes en feuilles de zinc.

Un autre appentis en fer, également recouvert en zinc, a été construit, mais sur une plus grande échelle, au Gros—Caillou, dans un chantier de bois à brûler (*voyez* fig. II, pl, 24) ; il est aussi composé de demi—fermes ancrées d'un côté dans un mur et s'enfourchant de l'autre sur des fermes transversales supportées par des piliers. En raison de son long trajet (9 mètres 50 cent.), l'entrait est soutenu, en trois points, par des aiguilles pendantes, accrochées à l'arbalétrier, et dont l'effort de traction est tempéré par une décharge et deux contrefiches inclinées en sens opposé. Les arbalétriers sont réunis les uns aux autres par des entretoises faisant office de pannes que croisent à angle droit des tringles de *fanton*. C'est sur le treillis formé par leur croisure que sont appliquées les feuilles de zinc.

Le comble de la chapelle du Palais-Royal est dans la même catégorie ; il est à un seul égout, dont chaque ferme est reliée par des brides aux grands arbalétriers en plein cintre de la voûte (*voyez* fig. V, pl. 6). Il a très-peu de pente, eu égard à sa largeur qui est de 13 à 14 mètres; aussi a-t-on fortifié, en plusieurs points de leur trajet, chaque arbalétrier à l'aide de différentes pièces qui en partagent la longueur en quatre parties à peu près égales. Une première contrefiche A divise cette longueur en deux parties, dont l'une, la partie supérieure, est subdivisée à son tour en deux autres portions par une seconde contrefiche B ; ces contrefiches vont l'une et l'autre buter sur le talon renforcé de l'entrait auquel les relie une double frette, et elles s'assemblent en fourchette, à leur extrémité opposée, avec l'arbalétrier. La partie inférieure de l'arbalétrier est soutenue dans son milieu par un faux entrait C, qui prévient en même temps la flexion de la contrefiche A ; enfin, pour augmenter encore la solidité du système, on a rattaché l'entrait à l'arbalétrier par une forte frette D bandée par un coin.

Toutes les demi-fermes sont maintenues entre elles par des pannes fixées à boulons sur leur côté; les parallélogrammes formés par le croisement des fers sont remplis en poteries de 0,11 cent. de hauteur et 0,08 cent. de diamètre, sur lesquelles est étendue une chappe en plâtre qui reçoit la couverture en ardoise. Cet ensemble de ferronnerie supporte les grands châssis vitrés qui répandent le jour dans la nef de la chapelle. Ces châssis sont représentés par les intervalles indiqués en A au plan de la chapelle, fig. II, pl. 6.

COMBLES A DEUX ÉGOUTS.

Après les combles en appentis viennent ceux à *deux égouts* qui ont le plus grand rapport avec les précédents. Ils sont formés d'une suite de fermes complètes réunies par des faîtages et des pannes ou entretoises, et enfermées d'ordinaire entre deux murs dont la forme triangulaire se rapporte à celle des fermes.

Cette disposition, à deux égouts, a été adoptée par M. Lecointe, architecte, pour la toiture du foyer public du théâtre de l'Ambigu-Comique; chacune des fermes consiste en un entrait, deux arbalétriers et un arc de décharge ou sous-arbalétrier courbe (*voyez* fig. II, pl. 25). Les extrémités de l'entrait retenu sur les deux murs de support par une ancre verticale sont très-fortement renforcées, afin de présenter un double talon, dont l'un reçoit la butée des arbalétriers droits, et l'autre celle de l'arc de décharge, solidement embrassé, en ce point, par une frette, entre le pied de l'arbalétrier et l'entrait. Trois aiguilles pendantes, dont une sert de poinçon, réunissent les trois armatures principales; deux autres petites et deux frettes rattachent, dans les points intermédiaires, les arbalétriers et l'arc de décharge. Cette dernière pièce est d'une heureuse combinaison; elle remplit le double but de prévenir la flexion des arbalétriers, puisque c'est sur elle que s'appuient les aiguilles pendantes qui les embrassent, et de maintenir en même temps l'entrait dans une tension continuelle.

Les fermes sont reliées par des entretoises qui forment avec elles des parallélogrammes qu'on a recouverts d'un treillis en fil de fer; sur celui-ci a été jetée une aire en plâtre sur laquelle on a cloué des feuilles de zinc agrafées de distance en distance, ainsi que cela se pratique généralement, et non soudées tout d'une pièce.

La figure I (même pl. 25) donne l'arrangement du comble des boutiques qui font partie du même théâtre. Bien que formé de surfaces *planes* et *courbes*, néanmoins il se rapproche tellement dans son ensemble de ceux de la première espèce, qu'il peut être considéré comme appartenant à cette catégorie. L'espace à franchir n'était que de 4 mètres; aussi n'a-t-on pas eu besoin de donner aux fermes une aussi grande résistance. Un arbalétrier courbe, butant sur les talons ménagés aux deux extrémités d'un entrait, et trois aiguilles pendantes ont suffi. Pour faciliter l'écoulement des eaux, deux petits arbalétriers opposés l'un à l'autre ont été ajustés au dessus de l'arc renforcé en deux points de sa surface supérieure pour arrêter le pied des arbalétriers. Des trois aiguilles pendantes qui soutiennent l'entrait, celle du milieu s'élève jusqu'au point de rencontre des deux petits arbalétriers. L'agencement de la couverture est le même que pour la partie qui abrite le foyer.

Le comble à deux égouts du théâtre des Variétés, passage des Panoramas, est formé d'une charpente en fer composée de fermes moisées qui soutiennent une voûte en poteries; il est recouvert d'une aire en plâtre sur laquelle est fixée la toiture en ardoises.

Celui du théâtre du Palais-Royal, restauré par M. Guerchy, est construit aussi en fer et poteries, ainsi que je l'ai dit au chap. Ier, avec cette différence que les poteries de 0, 108 millim. sur 0,06 cent., qui en forment la contexture, sont enclavées entre les armatures principales et les entretoises, ainsi que cela se pratique ordinairement, et ne sont pas isolées de la charpente en fer, comme dans le comble précédent.

La rencontre ou intersection des combles peut déterminer des combinaisons diverses selon qu'ils sont à un ou deux égouts, et selon qu'ils forment entre eux un angle rentrant ou sortant.

L'intersection de deux combles à deux égouts produit deux angles opposés : l'un, saillant, se nomme *arêtier*; l'autre, rentrant, s'appelle *noue*.

La rencontre de deux appentis peut donner lieu à l'un ou l'autre de ces deux résultats, suivant que les murs auxquels ils sont adossés forment un angle sortant ou un angle rentrant. Dans le premier cas, l'intersection des combles donne un arêtier, dans le second une noue.

Une noue n'offre pas, dans sa construction, plus de difficultés qu'un arêtier; mais elle exige un point d'appui plus solide, et doit présenter une résistance plus grande; en voici la raison :

L'arêtier ne fait que supporter la butée des empanons qui, souvent, se font réciproquement équilibre ou qui reposent de tout leur poids sur les murs. La noue, au contraire, à moins que les empanons ne soient retenus sur les murs par des ancres, à leur extrémité haute, en supporte tout le faix. Il faut donc, ou qu'elle soit de force à résister à toute cette pression, ou qu'elle soit allégée d'une partie du poids des autres armatures du comble.

Cette condition a été observée pour l'une des parties du comble du Palais-Royal, dont la restauration a été confiée à M. Fontaine (*voyez* pl. 27). La noue (L fig. I) est arrêtée, à sa partie haute, sur un mur O O par une ancre verticale (*voyez* aussi fig. VI); elle est terminée, à sa partie inférieure, par un coude vertical qui repose en enfourchement sur une petite ferme horizontale; elle supporte le poids de quatre empanons seulement marqués F I J R, dont l'extrémité coudée est fixée par des boulons sur le champ ou côté de la noue.

Ces empanons n'appuient que très-légèrement sur la noue; ainsi, les trois premiers, qui participent du rempant des deux égouts opposés (*voyez* fig. V), et qui, bien que d'une seule pièce, simulent deux arbalétriers se contre-butant et reliés par un faux entrait, sont suppor-tés, dans le cours de leur trajet, sur l'un des versants par la ferme horizontale A, et sur l'autre par la ferme B (*voyez* fig. I et V). L'empanon J, plus long que les autres, s'appuie de plus, en un autre point, sur la ferme horizontale C.

Les trois fermes horizontales A B C, qui font office de pannes, dépendent du dernier plan-cher. La ferme A (*voyez* fig. II) consiste dans une sablière ou entrait, sur lequel boutent deux arcs de décharge qui maintiennent la flexion d'une autre pièce horizontale parallèle à l'en-trait. Dans la ferme B et la ferme C, l'entrait est remplacé par des fermes qui relient diffé-rents murs de refend aux murs principaux (*voyez* fig. III et IV). L'arbalétrier double H K (*voyez* fig. I et V), également soulagé par les fermes horizontales A et B, suit le rempant d'un mur de refend, sur le sommet duquel il est relié à une petite ferme P, et s'enfourche du pied sur une ferme N qui, dans le même plan vertical, réunit l'un des murs de refend au mur de face. C'est sur cet arbalétrier H K que s'accrochent, à angle droit, les fermettes horizon-tales Q et D (*voyez* le plan fig. I), dont l'objet est de supporter le dernier arbalétrier dou-ble E.

Quant au versant S R G, il se compose de deux arbalétriers et un empanon. La ferme C sert de point d'appui au premier S (*voyez* fig. III); le second R, comme il a été dit plus haut, se fixe à boulon sur le champ de la noue; le troisième G, qui a une portée beaucoup plus grande, demande aussi une disposition particulière, dont voici la description (*voyez* fig. II) : une ferme T, ancrée dans le mur O O, et se rattachant au mur opposé, sert de support à l'arbalétrier G, coudé en fourchette à son extrémité inférieure, et ancré du haut sur le mur O O. Cet arbalétrier, au lieu d'être droit dans toute sa longueur et de s'élever jusqu'au som-met du mur, se retourne brusquement, à sa partie supérieure, en coude horizontal ancré dans le mur OO; il est soutenu, au dessous du coude, par un lien qui bute sur un sabot encastré dans le mur; la frette qui retient ce lien sert également à relier une autre pièce coudée qui forme le prolongement de l'arbalétrier. Cette solution de continuité de l'arbalétrier G a été nécessitée par la prise de jour ménagée dans cette partie des combles.

Des entretoises de travées, qui, sur l'un et l'autre versant, réunissent les arbalétriers et empanons, forment avec eux des carrés ou parallélogrammes de 1 mètre à 1 mètre 30 cent. de côté, entre lesquels sont logées des poteries de 0,11 cent. de hauteur sur 0,08 cent. de diamètre, enduites d'une chappe en plâtre qui reçoit une couverture en ardoise.

COMBLES BRISÉS.

Les combles *brisés* ou à la Mansard sont d'un usage assez peu fréquent; ils avaient été ima-ginés pour rendre plus habitables les parties hautes des bâtiments; aujourd'hui ils ne sont guère employés que comme raccordement à d'autres combles auxquels ils se rattachent : tels sont ceux du Palais-Royal, récemment construits sur le prolongement des anciens bâti-ments.

En général, les combles à deux égouts brisés diffèrent peu de ceux à deux égouts simples ; ils varient de structure suivant la destination, la forme et les dimensions des bâtiments. Le pavillon Montpensier, au Palais—Royal, compris entre deux murs de face, l'un sur la cour, l'autre sur la rue, et distants l'un de l'autre de plus de vingt mètres, est abrité par un comble brisé à deux égouts, dont le sommet est arrondi. Si je cite cette forme de comble assez peu usitée, c'est moins pour chercher à le propager que pour signaler l'heureuse combinaison qui a présidé à sa construction et qui pourrait être avantageusement appliquée en d'autres cas. Deux murs de refend (*voyez* fig. I, pl 18), parallèles aux murs de face, et séparés l'un de l'autre de 2 mètres 50 cent., servent de supports aux extrémités supérieures des demi-fermes de chaque versant. Deux fermes A et B, s'appuyant sur les murs de face et sur les murs de refend et réunies par une petite ferme intermédiaire C, reçoivent le pied des arbalétriers du comble, qui butent, comme sur un entrait unique, sur les talons réservés aux extrémités des fermes ; ils y sont comprimés avec force par deux frettes formant éperons et scellées à fleur du parement intérieur des murs. Ces mêmes éperons, qui portent un talon, reçoivent la butée de deux jambes de force courbes, dont l'office est de raidir la branche inférieure des arbalétriers. Aux points de brisure du comble, deux longues contrefiches ou décharges, qui prennent leur point d'appui sur les deux grandes fermes, à l'aplomb du parement des murs de refend, maintiennent le pli des arbalétriers.

Si l'on fait abstraction de la partie haute du comble, on voit que ces contrefiches forment avec les branches inférieures des arbalétriers deux fermes complètes, d'autant plus que de chaque côté une aiguille pendante, partant du point de jonction des arbalétriers et faisant office de poinçon, soutient dans son milieu la ferme plate et achève la figure.

La construction de la partie haute se réduit à fort peu de chose : parallèlement aux fermes A et B, et dans le même plan vertical, on a disposé trois tirants bout à bout qui sont ancrés sur les murs de refend et qui embrassent les arbalétriers en dessous de la brisure. A leur point de portée sur les murs, on a fait buter deux petites contrefiches retenues par de petites frettes ; elles s'opposent à la flexion des branches supérieures des arbalétriers ; enfin, comme rattache des deux murs de refend, on a fixé sur leur sommet une petite ferme qui est reliée aux arbalétriers par deux ancres verticales.

Toutes les différentes fermes qui composent ce comble sont réunies par des entretoises bandées en poteries de 0,11 cent. de hauteur et 0,08 cent. de diamètre ; celles-ci sont recouvertes d'une chappe en plâtre sur laquelle sont clouées les ardoises.

Les fermes de comble sont ordinairement formées d'armatures forgées pièce à pièce, puis réunies après coup ; cet usage est généralement adopté ; néanmoins il y aurait avantage à les établir, du moins certaines parties, en fonte coulée, ainsi que cela se pratique fréquemment en Angleterre. Il n'a été tenté en France que bien peu d'essais en ce genre, et il serait à désirer que les constructeurs adoptassent dans certains cas ce procédé qui présente une économie réelle. L'une des plus remarquables constructions en fonte est celle du comble du magasin de machines de MM. Maudsley, à Londres, représenté perspectivement, pl. 29.

Cette charpente est une des belles conceptions de cette espèce, et par l'élégance et par la hardiesse ; les murs qui la supportent ont 6 mètres 50 cent. de hauteur ; ils sont percés de croisées cintrées, disséminées sur une longueur de 40 mètres.

Les fermes qui composent ce comble ont une envergure de près de 18 mètres ; chacune d'elles n'est, à proprement parler, formée que de trois pièces principales, dont les deux ex-

trèmes, qui donnent le rempant, ont la forme d'un triangle à jour, et celle du milieu
la forme d'un parallélogramme rectangulaire également à jour. Aussi le comble résultant de
leur réunion peut-il être rangé dans la catégorie des combles brisés. Ces trois pièces se
rajustent par des boulons et des écrous qui sont comme autant d'ornements accessoires.
Toutes ces fermes évidées en anneaux disposés côte à côte, et réunies par des entretoises
donnent à l'ensemble du comble une apparence de légèreté que semble exclure la nature
même de la matière dont il est formé et qui rappelle un des beaux ponts de la capitale, celui
du Carrousel, que nous devons au talent et à l'expérience de l'un de nos plus savants ingénieurs, M. Polonceau.

Le comble est surmonté, aux points d'assemblage des fermes, de deux balustrades ou
grilles à jour, qui servent à éclairer latéralement les magasins et à augmenter la quantité de
lumière qui pénètre par les petites croisées cintrées; elles sont réunies transversalement par
de petites fermes surbaissées, évidées comme les grandes fermes de comble, et disposées à
plomb de celles-ci: elles sont destinées à supporter les feuilles de tôle qui abritent cette
partie ainsi que les deux versants.

COMBLES A QUATRE ÉGOUTS.

Les combles *à croupe* ne sont qu'une modification de ceux à deux égouts. L'ajustement
des arètiers dépend de la force et de l'inclinaison des fermes de long pan ; quelquefois ils
sont soutenus sur leur longueur par une ferme dépendant du plancher; mais le plus ordinairement ils butent sur les fermes de combles, surtout quand celles-ci sont fortement établies,
sans point d'appui intermédiaire.

Le comble qui va nous servir d'exemple est construit au Palais-Royal, au dessus d'une
des grandes salles de réception (*voyez* fig. I, pl. 28). Le plan représente partie du comble
et partie du plancher sur lequel s'appuient les fermes du comble. Une série de fermes très-
peu exhaussées (*voyez* à l'élévation) reçoivent, en enfourchement, le pied des arbalétriers
qui font le rempant du comble.

La croupe n'est en quelque sorte qu'un raccordement au comble principal ; dans cet
exemple, il est exécuté fort simplement: deux arbalétriers partant des deux angles du bâtiment se recourbent, à leur extrémité supérieure, suivant la direction de la ferme A (*voyez*
au plan) pour se fixer à plat joint par des boulons sur le côté ou champ de cette ferme. Le
chevron de croupe, ancré dans le mur et supporté du pied par une petite ferme CC (*voyez*
le détail C) qui dépend du dernier plancher, se rattache également à la ferme A entre les
deux arètiers. Quant aux empanons de croupe et de long pan, ils sont, à leur partie inférieure, fixés à scellement dans le mur et coudés, à leur extrémité supérieure, selon l'inclinaison des arètiers auxquels ils sont boulonnés; ils sont espacés, les uns des autres, de 1
mètre à 1 mètre 50 cent., et recoupés par des entretoises de manière à donner des parallélogrammes assez peu étendus; ceux-ci sont remplis en poteries de 0,11 cent. de hauteur
sur 0,08 cent. de diamètre recouvertes d'une chappe en plâtre sur laquelle est clouée
l'ardoise.

Le comble de l'attique du palais des Beaux—Arts, élevé sur les dessins de M. Félix Duban, et dont la planche 26 donne plusieurs détails, appartient aux combles à croupe; il est interrompu sur sa longueur par une partie saillante surmontée d'une portion de comble également à croupe qui pénètre le premier.

Il se compose de 12 fermes principales espacées de 4 mètres dans les parties extrêmes et de 3 mètres seulement dans la partie milieu; la fig. II représente l'une de ces fermes ainsi construites: deux arbalétriers, butant sur le faitage qui règne sur toute la longueur de l'attique, reposent du pied sur les murs de face sur lesquels ils sont arrêtés par des ancres verticales. Leur flexion est retenue par un entrait qui les enclave en enfourchement vers le milieu de leur trajet et qui est lui—même relié, dans sa partie milieu, aux arbalétriers, par deux liens. Pour en renforcer encore la réunion, on a fixé, en dessous des pièces principales au moyen de petites brides à boulons, une plate—bande ou doublure qui suit tous les contours de leur assemblage; elle est recourbée, à chaque extrémité, en double coude, et terminée par un œil dans lequel passe l'ancre qui rattache chaque arbalétrier aux murs de face. C'est la partie de cette doublure appliquée au dessous de l'entrait que traversent les extrémités taraudées des embrasures qui tiennent celui-ci suspendu aux arbalétriers : deux écrous qui se vissent en dessous de la plate—bande assujettissent invariablement toutes les parties de la ferme.

L'intervalle d'une ferme à l'autre est divisé en deux parties égales par une ferme légère (*voyez* fig. I), composée de deux empanons, dont les liens se rattachent à un sous—faitage fixé à pate aux entraits des grandes fermes (*voyez* le détail, fig. II). En dessus du sous-faitage, et de chaque côté de l'entrait, est boulonnée une décharge qui bute, de son extrémité supérieure, au point de rencontre du faitage et des empanons. Cette succession de pièces, inclinées en sens contraire, établit le lien commun de toutes les fermes entre elles.

Sur chaque versant existe un cours de pannes, terminées par une double pate, qui est fixée, de même que les sous—faitages, à boulons et écrous sur le côté des entraits, et comme on le voit, fig. II, à la coupe et au détail ; elles préviennent le fouettement des chevrons, assez rapprochés les uns des autres pour former, avec les entretoises qui s'y accrochent à angle droit, des carrés de 60 à 65 cent. de côté.

Chaque extrémité du comble, faisant croupe, est formée de deux arbalétriers R (*voyez* fig. IV), partant des angles du bâtiment, où ils sont retenus par des ancres verticales, et venant se fixer à boulons au point de jonction du faitage et des arbalétriers de la dernière ferme. Au milieu de la longueur de l'arêtier et de l'arbalétrier S, et sur leur côté ou champ, est boulonnée une panne P qui fait suite à celles de long-pan et de croupe, et qui supporte l'empanon N, de même que la panne de long—pan supporte l'empanon O et tous ceux du même versant.

Quant à la partie saillante de l'attique, dont la fig. III donne la coupe, elle est comprise entre quatre fermes. Les mêmes ancres, qui retiennent sur les murs de long-pan les deux fermes extrêmes, arrêtent aussi le pied de deux pièces inclinées, qui vont, comme les arêtiers de la croupe, se réunir à droite et à gauche du faitage F au point où celui-ci vient joindre le faitage de long—pan marqué A à la coupe ; ce sont les deux noues (non indiquées à la coupe). Deux arêtiers, qui ont leurs points d'appui aux deux angles du mur X, se réunissent également à l'autre extrémité B du faîtage F, au point où ce faîtage s'assemble avec l'empanon de croupe C placé au milieu du bâtiment, dans le même plan vertical que l'empanon E et l'empanon G. Aux noues et aux arbalétriers sont boulonnées des pannes qui remplissent le même office que celles du comble principal ; les empanons et les chevrons y sont espacés de même, et de même croisés par des entretoises et recouverts par des feuilles de zinc.

Différents autres combles à surfaces planes, qui ne sont que des modifications de ceux que je viens de décrire, sont construits par des procédés analogues, et varient, dans leur exécution, selon l'inclinaison des pentes et la forme des édifices. Tels sont les combles en *pavillon* pyramidaux ou tronqués, les combles en *terrasse,* en *trapèze*, etc., etc.

DEUXIÈME SECTION.

COMBLES A SURFACES COURBES.

Les combles à surfaces *courbes* peuvent se prêter à beaucoup plus de combinaisons que ceux à surfaces planes, puisque leur courbure peut être plus ou moins prononcée et peut varier, en quelque sorte, à l'infini. Cependant, on peut les réduire à trois divisions principales, savoir : les combles *ogiviques* ou surélevés, les combles *plein cintre* ou à portion de cercle, et les combles *surbaissés.* Chacune de ces divisions est susceptible de variétés qui dépendent de la figure ou plan de l'édifice ; ainsi, ils peuvent être à un ou deux égouts, à quatre égouts sur plan carré, tels que les dômes, avec ou sans jour, à quatre égouts sur plan rectangulaire allongé, avec ou sans jour, enfin, sur plan circulaire, avec ou sans jour, ce sont les coupoles.

Nous retrouvons dans les maisons particulières, ainsi que dans les édifices publics, des exemples exécutés en fer ou en fer et poteries, de presque toutes ces espèces de combles.

COMBLES OGIVIQUES.

De tous les combles à surfaces courbes, les combles ogiviques sont ceux qui offrent le plus de résistance ; ils sont beaucoup plus usités dans les climats froids, comme facilitant davantage l'écoulement des eaux, et, dans l'usage, ils sont plus avantageux, parce qu'ils laissent plus d'espace libre dans les parties hautes des maisons et édifices.

Les ateliers de M. Roussel, dont il a déjà été parlé (*voyez* fig. I, pl. 13), sont surmontés d'un comble ogivique. Les fermes sont formées d'un tirant simple sur lequel s'emmanchent, à fourchette, deux arbalétriers cintrés, réunis à leur sommet par deux plates-bandes boulonnées. Au point de jonction est suspendue une aiguille pendante qui soutient la flexion de l'entrait ; dans son trajet, elle est traversée par un faux entrait butant sur les deux arbalétriers, et des extrémités duquel descendent deux autres tiges de suspension qui soulagent encore l'entrait destiné à supporter une charge assez considérable. En effet, c'est sur les différents entraits du comble qu'est établi un second plancher en madriers de sapin qui sert de dépôt de fers.

Les six fermes qui composent ce comble sont réunies par des entretoises noyées dans l'épaisseur d'un renformi en plâtre, et recouvertes de feuilles de zinc.

J'ai déjà eu occasion de parler du plancher des boulangeries de la manutention des vivres de la guerre, construit en fer et poteries sous les ordres de M. Gréban, et j'ai donné la description de ce système; le comble ogivique qui recouvre ces bâtiments se rattache tout entier aux fermes du plancher; l'un a été combiné pour l'autre, et l'un fait la résistance de l'autre. Ainsi, c'est sur ces fermes si solidement construites, que s'enfourchent les arbalétriers du comble, dont l'écartement est arrêté par les boucles des tirants et des tangentes, et c'est du sommet du comble que part l'aiguille pendante qui soutient, dans son milieu, chacune des fermes du plancher; puis la grande portée des arbalétriers est encore soulagée par un faux entrait traversant l'aiguille pendante, et qui s'oppose à la flexion de l'un et de l'autre.

Six cours d'entretoises horizontales règnent sur toute la longueur du bâtiment, et reçoivent de petites tringles de fanton placées à 0,50 cent. l'une de l'autre parallèlement aux fermes. Des poteries de 0,11 cent. de hauteur sur 0,08 cent. de diamètre en remplissent les intervalles et sont enduites d'une couche de plâtre sur laquelle est placé le plomb qui recouvre tout l'édifice.

Les combles ogiviques sont d'un usage très—fréquent pour les théâtres : ils offrent une capacité beaucoup plus avantageuse que les combles à surfaces planes les plus élevés, aux développements et à la manœuvre des machines et des décors, ainsi qu'au placement de tous les accessoires, échelles, ponts de service, magasins, réservoirs, etc. Le grand comble du théâtre de l'Ambigu comique, reconstruit de toutes pièces, en 1828, par les soins de M. Lecointe, présente cette disposition. Il est formé de dix—huit fermes semblables à celle figurée pl. 28, ainsi construites :

Une ferme, dite plate, par opposition à celle du comble qui est cintrée, et consistant en un entrait, une corde et une tangente frettés ensemble, sert d'entrait aux deux grands arbalétriers MM. Un grand arc de décharge S, assemblé du haut à tête de compas, comme on le voit fig. III, pl. 25, renforce chaque arbalétrier; il traverse, de même que celui—ci, la tangente de la ferme plate, mais il embrasse, au contraire, l'entrait et l'arbalétrier réunis de cette ferme dans une moise à trait de Jupiter, indiquée fig. VIII, pl. 25.

Le raide de la ferme plate est maintenu par cinq aiguilles pendantes; les deux extrêmes KK s'assemblent aux arbalétriers courbes, suivant le mode représenté fig. IV, pl. 25 ; les deux intermédiaires GG sont traversées, dans l'une de leurs parties renforcées, par le faux entrait LL qui boute sur les arbalétriers aux points d'assemblage des deux premières ; enfin, celle du milieu P, qui correspond au sommet du comble, est encore traversée par un second faux entrait HH, qui retient la flexion des cintres à leur réunion avec les aiguilles GG.

L'écartement des arbalétriers et des grands arcs, reliés les uns aux autres par des frettes, est retenu par de petites décharges qui les contre—boutent diagonalement en maintenant les frettes à demeure.

La combinaison de l'armature sur laquelle s'appuie l'arc de décharge S, est des plus ingé-

nieuse. Au moyen de la réunion de ces pièces accessoires, les pièces principales du comble, au lieu d'être noyées dans le mur, trouvent leur point d'appui sur un assemblage qui consolide le mur, loin d'en atténuer la force. La semelle inférieure B est seule enfermée dans la contexture du mur, ne laissant dépasser que les extrémités des deux branches EF, qui sont chacune percées d'un œil. On conçoit que si l'extrémité R de la tige verticale C de la semelle à crochet vient pénétrer dans l'œil E qui désaffleure le parement intérieur du mur, et qu'en même temps une ancre verticale I, après avoir traversé l'extrémité de l'entrait de la ferme plate et l'œil O de la semelle à crochet, passe dans l'œil F de la semelle inférieure, on conçoit, dis-je, que l'arc, la ferme plate et l'armature ne feront plus qu'une seule pièce inébranlable. Les deux semelles, ainsi réunies, établissent toute la force du système ; mais elles n'ont pas été imaginées dans ce seul but, elles ont encore pour objet de servir de chaîne à l'édifice, et c'est pour cela qu'ont été faites les branches P et Q de la semelle inférieure, et les branches X et Y de la semelle à crochet. Si l'on rapproche de l'extrémité de la branche Y, par exemple *(voyez* fig. II, pl. 30), soit la branche correspondante d'une autre semelle, soit l'extrémité Z d'un tirant renforcé comme elle en talon, si on les recouvre d'un chapeau T bien serré contre ces deux talons par deux coins, et qu'enfin ces trois pièces assemblées soient traversées par une âme V scellée dans le mur et terminée par un taraud, on les réunira invariablement à l'aide d'un écrou.

Ce mode de chaînage doit attirer l'attention des constructeurs qui trouveront assurément l'occasion, dans une infinité de circonstances, d'en faire l'application.

Au nombre des particularités de détail sont encore à remarquer l'ajustement à trait de Jupiter des arbalétriers (fig. V, pl. 25), la réunion bout à bout des deux parties de l'entrait L, compris entre deux brides boulonnées (fig. VI) ; enfin, l'assemblage de l'aiguille pendante P avec la ferme plate (fig. IX).

Les dix-huit fermes de ce comble sont réunies par des entretoises faisant pannes et croisées de fanton, sur lequel est fixé un treillis garni d'une chappe en plâtre de 0,10 cent. d'épaisseur qui reçoit une couverture en ardoise.

La forme ogivique a été aussi adoptée par MM. Huvé et Guerchy, architectes, pour le comble du théâtre Ventadour *(voyez* pl. 31). Les deux murs, entre lesquels se trouve compris le comble, sont espacés de 25 mètres 30 cent.

Les deux extrémités de l'entrait B de chacune des fermes qui composent ce comble s'appuient sur les deux murs latéraux, puis à 2 mètres 75 cent. en dedans de ces murs, sur deux colonnes en fonte ; de telle sorte que l'entrait parcourt l'immense trajet intermédiaire, qui est encore de 19 mètres 80 cent., sans autres points d'appui que les aiguilles pendantes qui le rattachent aux parties supérieures du comble.

Les deux grands arbalétriers cintrés AA, qui déterminent la forme extérieure du comble, reposent en enfourchement sur l'entrait, à l'aplomb du parement intérieur des murs ; ils sont renforcés par des arbalétriers intérieurs MM qui s'assemblent du haut dans l'aiguille pendante principale, à 1 mètre environ au dessous du point de jonction des arbalétriers extérieurs et butent du pied sur le sommet des deux colonnes en fonte, contre le coude des décharges LL : ces décharges, qui s'élèvent verticalement de l'entrait aux arbalétriers, diminuent ainsi la longue portée de ces derniers.

Pour prévenir la flexion inévitable de l'entrait B, on a imaginé un moyen de tension tout particulier : on l'a fait traverser par cinq aiguillles pendantes qui s'accrochent en dessous des arcs intérieurs reliés aux arbalétriers par des frettes correspondantes aux points de suspension ; l'extrémité inférieure de ces tiges, qui se terminent en taraud, est assez longue pour passer en outre dans une espèce d'étui à repos R, maintenu par un écrou S ; les arcs II, qui sont liés à l'entrait B par les brides KK, et qui boutent sur les repos des étuis RR, sont autant de ressorts qui tendent l'entrait, ou plutôt l'entrait ainsi bridé en une infinité de points, est comme une longue tangente fortement comprimée sur le dos d'une succession d'arbalétriers.

Le même système de tension est employé pour le faux entrait D, mais l'étui R est remplacé par un repos ou renfort forgé sur la tige de suspension même et qui supporte le faux entrait ; un second repos inférieur sert de point de butée aux arcs II frettés de la même manière que ceux de l'entrait principal. Le faux entrait supérieur E, beaucoup moins long que les deux autres, est simplement soutenu dans son milieu par un repos ménagé à l'aiguille pendante principale qui le traverse.

Dans cette ferme comme dans la précédente, les frettes qui réunissent les arbalétriers intérieurs à ceux extérieurs sont contre-boutées diagonalement par de petites écharpes qui maintiennent toujours ces arbalétriers dans leur état normal.

Toutes les fermes du comble, disposées comme il vient d'être dit, sont réunies entre elles de la même manière que celles des autres combles, et recouvertes de feuilles de cuivre.

La construction en fer et poteries du comble de la Bourse (*voyez* pl. 35 et 36) a été le premier pas vers le retour à l'emploi exclusif de matériaux incombustibles pour les édifices publics. Depuis longtemps on avait, en quelque sorte, abandonné l'usage du fer pour les combles, quand, en 1823, M. Labarre, architecte de cet édifice, voulant que toutes les parties du monument fussent en harmonie de durée et de résistance et dignes de son importance, adopta cette heureuse substitution qui depuis a trouvé de nombreux imitateurs.

Son profil intérieur et son profil extérieur sont le résultat de la combinaison d'un comble à surface plane et d'un comble cintré ; ainsi, sur chacun des côtés, c'est un appentis qui donne écoulement aux eaux à l'extérieur, et auquel se rattache une partie cintrée ; à l'intérieur ce sont deux voutes ogiviques qui se pénètrent, interrompues par une lanterne qui déverse le jour dans la grande salle et les bas-côtés.

Si la conception de cette partie de l'édifice a appelé l'attention des constructeurs qui se sont plu à rendre hommage au talent de l'architecte, on doit également payer un juste tribut d'éloges à l'entrepreneur de serrurerie, M. Albouy, chargé de son exécution, et qui est depuis longtemps au nombre de nos plus habiles praticiens.

Sur trois des faces du comble, c'est-à-dire sur le devant et sur les côtés, l'agencement des fermes est identique ; sur la quatrième ou celle de derrière, leur combinaison est différente : elles ont de ce côté un bien plus grand développement, puisqu'elles surmontent la vaste salle du tribunal de commerce. La disposition des premières fermes est représentée pl. 36, celle des secondes est reproduite pl. 35.

Considérant chacune des fermes comme formée de deux parties, voyons séparément chacune d'elles, et d'abord la partie en appentis, celle indiquée pl. 36.

Elle a trois points d'appui principaux, l'un sur le mur de face extérieur, l'autre sur le mur intérieur et le troisième sur le mur de refend intermédiaire et parallèle aux deux autres. Le grand arbalétrier droit R est supporté par les barres verticales ou poteaux B et C profondément engravés dans les murs ; du pied, il repose sur le mur extérieur et est relié par une frette à la ferme du plancher P ; l'aiguille pendante, qui s'y accroche en D, et qui soulage dans son milieu la ferme du plancher, fait, à son égard, office de poinçon, puisqu'elle est elle-même tenue suspendue par les deux décharges I et J, qui tendent la ferme P ; l'arbalétrier est encore contre-bouté par la contrefiche L engagée dans le pied de la barre verticale B (*voyez* le détail E). Les trois branches verticales sont réunies et rendues inflexibles par une longue entretoise inclinée, formée de trois pièces s'ajustant en moise et qui les embrasse toutes trois ainsi que la contrefiche L.

Telle est la construction de la première partie ; quant à la partie cintrée, elle se compose, comme pièces principales, de deux grands arcs parallèles jumelés qui s'assemblent du pied sur le mur intérieur dans un sommier ancré sur le mur par l'arbre vertical B (*voyez* le détail E) ; à leur sommet, ces arcs se terminent par une tête ou chapeau dans lequel s'emmanchent deux branches verticales aussi jumelées ; à celles-ci correspond une espèce de demi-ferme horizontale qui se raccorde à l'extrémité prolongée du grand arbalétrier R, suivant le mode indiqué au détail A, et qui sert de lien aux deux parties du comble. Comme pièces accessoires sont disposées de distance en distance des frettes de retenue qui tiennent accouplés les deux arcs parallèles et les rattachent aux armatures de la partie en appentis. Elles sont de plus entrelacées par deux contrefiches, l'une droite, l'autre cintrée, qui soutiennent l'arbalétrier au point d'assemblage avec la demi-ferme horizontale.

Les fermes qui composent la partie en arrière du comble (*voyez* pl. 35) ont une plus grande étendue et sont un peu plus compliquées.

Comme les précédentes, chacune d'elles s'appuie sur les trois murs en retour. Au lieu d'une aiguille pendante s'accrochant à l'arbalétrier d'appentis, il y en a deux qui soutiennent une longue ferme plate dépendant du plancher de comble et de plus les doubles arcs formant la voussure de la salle du tribunal de commerce. Les deux grands arcs qui donnent le cintre à la voûte ogivique sont ajustés de la même manière que ceux des fermes de long-pan ; deux branches verticales semblables s'assemblent à leur sommet ; seulement les branches horizontales formant demi-ferme, qui les relient au grand arbalétrier, sont infiniment plus fortes et plus longues que dans les autres fermes, parce qu'elles supportent les empanons de croupe de la lanterne ; du reste les autres pièces accessoires ont la plus grande analogie avec celles de long-pan : ce sont des décharges, des contrefiches, des entretoises qui réunissent les pièces principales et complètent le système.

Les quatre fermes d'arêtiers sont construites suivant les mêmes données, et leur résistance est proportionnée à l'effort qu'elles supportent.

Les fermes espacées de 1 mètre 90 cent. sont, dans les parties en appentis ou extérieures, croisées par des entretoises sur lesquelles sont appliquées des feuilles de cuivre ; dans les parties cintrées ou intérieures elles sont également croisées par des entretoises, mais qui sont beaucoup plus multipliées, afin de recevoir les poteries qui forment le plein de la voûte : à l'époque où elle fut établie, on n'avait hasardé que bien peu d'expériences sur la résistance des constructions en poteries ; voici de quelle manière M. Labarre les a fait disposer : d'abord, quant à la forme, elles diffèrent des poteries en usage aujourd'hui ; elles portent une espèce d'entaille ou d'échancrure dans laquelle s'emmanchent les barres ou traverses, placées de distance en distance, et qui leur servent de point d'appui ; elles sont en outre bandées intermédiairement par d'autres poteries non échancrées ; ainsi elles ne se soutiennent pas d'elles-mêmes en quelque sorte comme dans les constructions actuelles et par la seule adhérence du plâtre qui les unit, elles sont soutenues en dessous, du moins à des intervalles assez rapprochés. Depuis longtemps on a remédié à cette complication de fers accessoires et de poteries de formes diverses, parce qu'on a reconnu que par l'adhérence extrême du plâtre et des poteries disposées selon la méthode indiquée précédemment, on peut obtenir des surfaces tout aussi résistantes, sans employer à beaucoup près une aussi grande quantité de fer.

Quoiqu'il en soit, on ne saurait se plaindre de la solidité apportée à la confection de cette partie du monument ; puisque l'on doit y trouver la garantie certaine de voir se conserver indéfiniment sans altération, et dans toute la pureté et la fraîcheur qui les caractérisent, les belles peintures de MM. Meinier et Abel de Pujol, qui ornent l'intrados de la voûte.

De petites fermes inclinées, qui s'appuient sur d'autres fermes horizontales (*voyez* fig. II, pl. 36) et qui sont également recouvertes de feuilles de cuivre, servent d'abri au portique en avant de l'édifice ; les eaux qui s'écoulent de ce petit appentis sont recueillies dans un chaîneau en plomb correspondant à ceux qui règnent au dessus de la corniche des bas-côtés (*voyez* la coupe fig. I).

Les fermes horizontales inférieures, qui reposent et sur le mur de face et sur les colonnes, sont réunies par des entretoises assez serrées sur lesquelles s'appuient les poteries alternées qui forment le plafond de la colonnade.

COMBLES EN PLEIN CINTRE.

Il n'existe que peu d'exemples de combles en plein cintre pour les théâtres. On semble préférer actuellement la forme ogivique ; cependant je reproduis les détails d'un comble ainsi disposé, parce qu'il se fait remarquer par une entente de construction bien raisonnée, c'est le comble du théâtre des Nouveautés, actuellement Opéra Comique, élevé sous la direction de M. Debret. La pl. 32 donne l'une des quinze fermes qui le composent ; le grand arc du comble a pour base une ferme plate formée d'un entrait, un arbalétrier et une tangente frettés ; elle est retenue par deux ancres verticales placées en dehors des murs d'enceinte ; la tangente est traversée par les branches de l'arbalétrier du comble, qui s'emboîtent au contraire en enfourchemént sur l'entrait.

Trois faux entraits de différentes longueurs, placés l'un au dessus de l'autre, retiennent l'arc dans sa courbure ; ils sont eux-mêmes maintenus à demeure par des aiguilles pendantes qui soutiennent la ferme d'entrait. Une seule aiguille pendante, celle du milieu, réunit les trois faux entraits au sommet de l'arc et s'arrête au faux entrait inférieur.

Ces différentes pièces sont reliées par deux longues écharpes qui les embrassent toutes et qui rendent tout écartement impossible; elles sont chacune formées de deux branches taraudées en sens contraire, qui s'ajustent en direction l'une de l'autre dans une chappe à double pas de vis. Il suffit de tourner cette espèce d'écrou avec une clef pour faire tendre cette longue tige et augmenter ainsi la tension de la ferme.

Au sommet du comble on a pratiqué une large ouverture qui, en établissant le courant d'air, remplit l'office de ventilateur ; elle est surmontée d'un pont de service avec balustrade s'appuyant sur des branches horizontales à double coude qui s'enfourchent sur les grands arcs des fermes.

Celles-ci sont croisées par des entretoises bandées en poteries de 0,11 cent. de hauteur sur 0,08 cent. de diamètre. La chappe en plâtre qui les recouvre reçoit une couverture en ardoise.

Le comble cintré à quatre égoûts du Théâtre Français (voyez pl. 33), qui domine toutes les constructions avoisinantes et qui se voit surtout dans la seconde cour du Palais-Royal, est un des exemples les plus anciens de constructions en fer et poteries. Il a été élevée en 1786 par M. Louis, architecte, qui, une année avant, avait déjà fait construire, d'après la même méthode, celui du Grand Théâtre de Bordeaux.

Si, depuis la belle œuvre de M. Louis, la mécanique et le talent perfectionné des praticiens ont appris à obtenir les mêmes résultats à moins de frais et sans autant de complication, nous n'en devons pas moins honorer le mérite de l'artiste et du constructeur resté ignoré, qui ont mis sur la voie des innovations en ce genre, ceux qui les ont suivis.

Ce qui doit principalement être remarqué dans ce comble, c'est le peu d'épaisseur des murs sur lesquels il s'appuie, le soin avec lequel on a réparti sur une plus grande surface de ces murs l'effort des différentes armatures du comble au moyen de longs éperons verticaux à repos enchâssés à fleur de leur parement intérieur, et enfin le mode ingénieux des contreforts appliqués aux points affaiblis de l'édifice à l'aide des voûtes extérieures en fer et poteries qui recouvrent les corridors de dégagement et qui boutent sur les murs principaux pour en augmenter la résistance.

Le profil de ce comble est une portion de cercle ; l'arc qui la décrit est sous-tendu par une corde ou tirant simple à talons, placé sur le sommet des murs ; à 3 mètres 30 cent. en contrebas, existe une ferme composée d'un entrait et d'un arbalétrier, à laquelle sont fixées trois aiguilles pendantes qui tendent l'arc extérieur ; cette ferme est soulagée par deux arcs de décharge qui boutent du pied sur les repos des éperons verticaux. Un second arc, plus fermé que le premier, boutant également sur deux autres repos des mêmes éperons, se rattache à lui par une infinité de frettes et le maintient dans sa courbure.

Enfin, deux décharges ou jambes de force, qui ont également pour points d'appui les parties saillantes des éperons, contre-boutent l'arc extérieur aux points de suspension de deux des aiguilles pendantes en se reliant, dans leur trajet, par des frettes et des brides de diverses longueurs aux différentes pièces qui composent l'ensemble de la ferme ; elles sont soutenues, dans un des points de leur portée, par deux contrefiches inclinées de manière à former avec elles deux croix de Saint-André, et à leur point de butée contre le grand arc par deux autres contrefiches à peu près parallèles aux premières. Ces quatre dernières pièces sont frettées à leur partie supérieure avec les deux grands arcs, et à leur extrémité inférieure sur le tirant simple.

Les entretoises qui réunissent les fermes sont croisées à leur tour par de petites tringles ; elles forment des encadrements qui sont remplis en poteries enduites d'une couche de plâtre sur laquelle sont clouées les ardoises. Quant à la partie milieu, elle est recouverte de feuilles de cuivre et entourée d'une balustrade: vers le milieu de cette espèce de terrasse, dont la forme est arrondie puisqu'elle participe du cintre des fermes, s'élève une tourelle à laquelle on arrive par un escalier extérieur et qui sert de ventilateur.

Quelques années avant la construction du Théâtre Français, en 1779, M. Brébillon avait établi en fer et en poteries le comble brisé à quatre égouts du grand salon carré du Musée, qui, à l'intérieur, a la forme de deux voûtes ogiviques qui se pénètrent, percées à leur sommet d'un jour carré. C'est l'exemple le plus ancien de construction en fer et poteries qui soit on arrive encore existant à Paris.

Le comble des archives de la Cour des Comptes (représenté pl. 34) aurait pu trouver sa place parmi ceux à surface plane ; car, à l'extérieur, son ensemble présente la forme d'un comble en pavillon dont la partie tronquée est surmontée, à chacune de ses extrémités, d'un pavillon ou lanterne joignant la croupe, et au milieu, d'un petit comble à deux égouts qui déversent leurs eaux sur les longs-pans auxquels ils sont parallèles ; mais dans sa structure intérieure, il se rapproche des combles cintrés, puisqu'il se compose principalement d'armatures courbes, disposées à la vérité de manière à donner, par leur assemblage avec des pièces droites, des surfaces planes extérieurement.

L'agencement de la charpente de ce comble, dû au talent de M. Lucien Van—Cléemputte, est une innovation toute récente dans l'art de la construction en fer, et qui n'a aucun point de ressemblance avec tout ce qui a été exécuté jusqu'à présent.

L'architecte, dans la combinaison de la fonte avec le fer pour les assemblages, a trouvé moyen d'en faire un objet de décoration, en en calculant d'ailleurs l'emploi suivant les données de résistance qui lui sont propres.

On lui devra cet immense service d'avoir, pour ainsi dire, acclimaté dans notre pays l'usage de la fonte généralement trop peu adopté, et dont on se sert journellement avec tant d'avantage en Angleterre pour les constructions en tout genre.

Le projet de M. L. Van—Cléemputte, soumis avant son exécution aux lumières et à l'approbation du conseil des bâtiments civils, est destiné à produire les résultats les plus avantageux ; il signale le parti qu'on peut tirer de l'emploi des boîtes, sabots et supports en fonte, comme moyens de raccordement dans les assemblages; il constate en même temps l'économie que son adoption doit apporter dans la main—d'œuvre et par conséquent dans la dépense.

Une part d'éloges doit aussi revenir à M. Fauconnier, entrepreneur de serrurerie, chargé de l'exécution de ce comble : la précision d'ajustement des pièces qui le composent fait honneur à ce praticien et met au grand jour les perfectionnements qui se sont introduits dans cette branche importante de l'art de bâtir. Ainsi, toutes les armatures principales, arbalétriers, tringles d'écartement, aiguilles de suspension, toutes celles enfin qui sont soumises à un effort de traction sont en fer ; les pièces accessoires, telles que supports, sabots, boîtes, etc., sont en fonte.

Le plan du comble est un parallélogramme rectangulaire de 21 mètres environ de longueur sur 11 mètres de largeur. Il se compose de quatre grands arbalétriers en plein cintre A, retenus par une tringle d'écartement M que soutiennent deux aiguilles pendantes O (*voyez* fig. I); ces arbalétriers sont placés transversalement dans le plan des aiguilles pendantes BB' (fig. II) et sont encastrés dans les murs de long-pan, soutenus par des tiges qui sont elles-mêmes fixées à écrou sur des supports enchâssés aussi dans les murs. Une première boîte ou rosace F (fig. I), composée de deux parties appliquées de chaque côté de l'arbalétrier et réunies par des boulons à écrous, reçoit la butée d'un arc ou arbalétrier de croupe G (fig. II) et qui se voit en coupe fig. I ; à cet arbalétrier est opposé un arc surbaissé H, puis à celui-ci un autre arc surbaissé I, placé de l'autre côté du grand arbalétrier B'. On conçoit que si la fig. II, qui ne donne que la moitié de la coupe longitudinale, était complète, un troisième arc surbaissé serait représenté, auquel viendrait faire équilibre un arbalétrier en tout conforme à celui de croupe G.

La même disposition se reproduit sur le versant opposé, de telle sorte que chaque croupe soit formée de deux arbalétriers semblables à l'arbalétrier G.

Quatre autres arbalétriers courbes reposant sur les quatre angles du bâtiment et s'engageant en enfourchement à leur extrémité supérieure, dans une partie saillante ménagée à la face extérieure de la rosace F, forment les arêtiers du comble.

Jusqu'à présent rien n'indique comment les versants présentent extérieurement des surfaces planes ; en voici le mécanisme ; commençons par un des longs-pans : Parallèlement à l'arc H, mais plus en arrière et plus bas, est un second arc S boutant sur la seconde rosace J (fig. I) ; plus en arrière encore et plus bas, un troisième arc T s'enfourchant sur la troisième rosace K ; chacun de ces trois arcs, sous-tendu par une corde VVV, est également surmonté de tangentes NNN qui se prolongent, sur toute la longueur du long-pan, jusqu'à la rencontre des arêtiers et font naturellement pannes sur lesquelles s'appuient les chevrons Y (fig. I) ; au-dessus de ceux-ci sont posées transversalement des pannes en bois, indiquées en coupe, et sur lesquelles s'applique la couverture en zinc disposée en cannelures, comme on le voit partiellement en arrière du grand arbalétrier A, fig. I ; le même système d'arcs surbaissés et de tangentes est pratiqué, en retour, sur les croupes et sert de point d'appui aux chevrons et empanons Z.

Les deux lanternes sous forme de pavillons carrés, qui dominent le comble principal, sont elles-mêmes surmontées d'un petit comble vitré à 4 égouts faisant saillie sur les pans verticaux qu'on a eu soin de munir de châssis mobiles également à jour : de cette manière ce vaste dépôt, qui se trouve parfaitement éclairé dans toutes ses parties, peut en même temps être aéré à volonté au moyen des espèces de ventilateurs placés à la partie supérieure.

Dans la coupe longitudinale figurent de grands arcs reliés par des frettes aux arbalétriers principaux, et dont il n'est nullement question dans l'explication qui précède ; c'est qu'en effet ils n'existent pas en exécution ; ils devaient concourir à l'ensemble du système et servir à relier entre eux les grands arbalétriers, en s'appuyant sur des aiguilles pendantes qui s'accrochaient à ces arbalétriers ; de plus, ils étaient maintenus par des tringles d'écartement PPP, faisant retour d'équerre sur les deux tringles horizontales M. Mais M. Vau-

Cléemputte, jugeant que la solidité n'avait rien à perdre de l'absence de ces arcs, a préféré diminuer d'autant la dépense en supprimant ces pièces qui étaient le complément obligé, en quelque sorte, de ce système tout nouveau de charpente en fer [1].

La forme circulaire ou cylindrique est très-peu en usage dans les constructions particulières, même du genre des usines qui souvent sont établies sur une assez grande échelle · elle trouve plutôt son application dans les édifices publics qui demandent une circulation intérieure facile, et qui de plus doivent être accessibles sur tous les points.

La forme de comble qui se prête le plus naturellement à ces sortes de constructions est celle en calotte ou *hémisphérique*, dont l'exécution semble, de prime abord, offrir de grandes difficultés, surtout s'il y a nécessité d'en interrompre la structure par des prises de jour supérieures ; ainsi la disposition même des édifices qui affectent cette forme s'oppose quelquefois à l'arrivée du jour par les parties latérales ; d'autres fois, la lumière descendant du haut ajoute encore au caractère des monuments et répond à leur destination. Au nombre des édifices qui empruntent une sorte de majesté de la pénétration moins éclatante du jour, sont ceux consacrés au culte : une lumière douce, qui n'affecte pas les yeux et ne distrait pas la pensée, semble s'harmoniser mieux avec le recueillement de ceux qui prient.

Sous un autre rapport, ces ouvertures, pratiquées à la partie supérieure des voûtes formant comble et munies de vasistas ou châssis mobiles qui s'ouvrent et se ferment à volonté, ont une grande importance : elles sont une condition essentielle d'hygiène et de salubrité, puisqu'elles favorisent la circulation et le renouvellement de l'air, bien mieux que ne le feraient des ouvertures latérales basses. Aussi ces sortes de ventilateurs sont-ils d'une application très-salutaire dans tous les lieux où se trouvent agglomérées un grand nombre de personnes, soit en santé, soit malades : pour les salles de spectacle, les bazars, les usines, les marchés, cette pratique est utile ; elle est nécessaire et même indispensable pour les hôpitaux, les lazarets, etc.

J'ai dit que la difficulté d'exécution des combles hémisphériques, et surtout en fer, était plutôt apparente que réelle, et j'ai été amené à cette réflexion par l'inspection de ceux qui se montrent exécutés ; mais il fallait dire que les architectes chargés de les construire et d'en combiner l'agencement ont su résoudre le problème et aplanir les obstacles ; car en effet rien n'est plus simple que la disposition de ces combles, et il semble que ceux qui ont présidé à leur combinaison n'aient eu aucun effort à faire ; mais c'est précisément ce qui caractérise le génie, et le talent consiste à aplanir les difficultés, à les soumettre à des formes qui étonnent par leur simplicité.

La coupole de la chapelle de la prison-modèle, exécutée sous la direction de M. Lebas, l'un des architectes les plus distingués de la capitale, est construite en fer et réunit à l'élégance une solidité parfaite (*voyez* pl. 37). Elle a 17 mètres de diamètre dans œuvre, percée à son sommet d'une ouverture circulaire de plus de deux mètres de diamètre. Elle se com-

---

[1] *Note de l'auteur.* — Ce tout intéressant travail de *ferronnerie moderne* et *l'édifice séculaire* très-remarquable qu'il couronnait ont dû nécessairement disparaître, il y a trois ans, sous le marteau de la *démolition*, et faire place aujourd'hui a la grande caserne spécialement affectée au service des états-majors de la *Garde de Paris* et des *Sapeurs-pompiers*.

pose de 28 demi-fermes ou arbalétriers doubles, qui se réuniraient tous à un noyau commun, si le sommet n'était pas à jour, mais qui viennent bouter sur un double cercle d'enrayure A qui supporte aussi la lanterne. Les arbalétriers extérieurs sont arrêtés du pied dans une ceinture encastrée dans la dernière assise d'entablement, ce qui rend impossible tout écartement ; ceux intérieurs ont aussi pour point d'appui une seconde ceinture noyée dans le mur à l'aplomb de la corniche ; ils sont reliés aux premiers par des frettes indiquées à la coupe et au détail B ; à leur extrémité supérieure ils s'assemblent les uns et les autres en enfourchement, suivant le mode indiqué au détail, aux branches horizontales des potelets en fer C qui reposent sur le cercle d'enrayure inférieur et qui supportent au contraire le cercle supérieur. Le fouettement des arbalétriers est maintenu par des entretoises formant comme autant de ceintures de diamètre différent, les unes intérieures, les autres extérieures. Aux premières sont fixés des treillis en fer, qui reçoivent un renformi en plâtre de 0,08 cent. faisant voûte ; celles extérieures sont recouvertes de feuilles de cuivre agrafées les unes aux autres de manière à faciliter la dilatation.

Passons à un autre comble en fer, mais de dimensions beaucoup plus grandes, celui de la halle aux blés (*voyez* pl. 38). L'historique de cet édifice doit être rappelé en peu de mots. Il fut construit en 1767, sur l'emplacement de l'ancien hôtel de Soissons, sous la direction de Le Camus de Mézières. La cour circulaire comprise entre les murs intérieurs fut abritée en 1783 par les soins de MM. Legrand et Molinos, d'une charpente en planche, suivant le procédé de Philibert Delorme. C'est pour rendre hommage à son inventeur qu'on plaça le médaillon [1] qui le représente et qui se voit encore aujourd'hui fixé à l'un des piliers intérieurs. Mais cette coupole, percée de 25 grandes fenêtres ou côtes à jour [2] qui répandaient la lumière sur tous les points, n'eut pas une grande durée, car, en 1802, un accident semblable à celui qui vient de détruire les combles en bois de la cathédrale de Chartres anéantit cette toiture ; ce ne fut qu'en 1811 qu'on s'occupa de la reconstruire, non plus en bois, mais en fer et fonte, afin de ne plus être exposé à voir se renouveler un pareil sinistre.

M. Bellangé, architecte, assisté de l'ingénieur Brunet, fut chargé de cette œuvre grandiose dont la construction fut confiée à M. Roussel père, l'un des plus habiles praticiens de l'époque.

La coupole a 38 mètres 86 cent. de diamètre intérieur ; le sommet ou noyau de la lanterne est à 45 mètres au dessus du sol ; tout l'ensemble de la charpente se compose de 51 demi-fermes espacées de 2 mètres 40 cent. de milieu en milieu, et qui butent du sommet sur une ceinture d'enrayure placée à 4 mètres en contre-bas du noyau de la lanterne.

Chaque demi-ferme présente la figure de deux arbalétriers placés l'un au dessus de l'autre, mais non parallèles, car plus ils s'élèvent, plus ils se rapprochent, et réunis par des traverses

---

[1] Au dessous de ce médaillon est gravée l'inscription suivante :

PHILIBERT DELORME, architecte,
conçut l'an MDXL l'idée d'une charpente en planche.
Sa méthode, longtemps négligée à Paris,
fut employée pour la première fois
à la construction de cette coupole.

[2] Dulaure, *Histoire de Paris*, édition de 1821, tome V, page 205

qui diminuent de longueur à mesure que les arbalétriers s'éloignent de la base (*voyez* la coupe générale). Ces traverses et les arbalétriers laissent entre eux des intervalles qui ont la forme de parallélogrammes à pans coupés (*voyez* au détail I).

Les arbalétriers sont en fonte coulée en 5 morceaux qui se rajustent bout à bout, suivant le mode indiqué aux détails auxquels renvoie la nomenclature ci—dessous.

Quatorze ceintures doubles, qui relient les demi—fermes les unes aux autres, en maintiennent le roulement et font office de pannes à l'extérieur ; elles sont en fonte comme les fermes et disposées comme elles. Des traverses réunissent le cercle intérieur au cercle extérieur ; chacune d'elles se compose d'autant de morceaux qu'il y a d'intervalles entre les demi—fermes ; par leur réunion avec celles—ci elles donnent une succession d'encadrements qui sont comme autant de caissons découpés d'un très—bel effet. Ils sont au nombre de 765.

Du pied les arbalétriers reposent sur une semelle Z fixée par un étrier F sur le socle ou parpaing qui surmonte la corniche ; dans le socle est noyée une ceinture d'embase A, que traverse une ame à scellement engravée dans la pierre ; cette ame se termine par un taraud qui pénètre également la traverse basse des arbalétriers ; au moyen d'un écrou ceux—ci se trouvent fixés à demeure sur le parpaing. Dans l'intervalle d'une demi—ferme à l'autre la ceinture, formée d'autant de morceaux qu'il y a d'espaces, est reliée par un procédé analogue (*voyez* le plan et la coupe AA) : une ame à taraud, un écrou qui retient un chapeau et des clefs qui servent à rapprocher les deux parties complètent cet assemblage.

Les assemblages des ceintures avec les demi—fermes sont de deux sortes : les uns servent seulement à réunir les ceintures aux demi—fermes, les autres ont pour objet d'effectuer cette réunion et en outre d'assujettir bout à bout les diverses portions d'arbalétriers : en partant de la base, le premier mode est employé pour les ceintures n°ˢ 1, 2, 4, 5, 7, 8, 10, 13 et 14 ; les quatre autres, c'est—à—dire les ceintures n°ˢ 3, 6, 9 et 12, qui correspondent aux abouts des arbalétriers, ont un assemblage plus compliqué.

Voici pour le premier ou le plus simple : il est figuré par les détails QQ et RR ; les lettres E'E' indiquent les deux cercles d'une ceinture en coupe supportée par les talons ou repos QQ qui sont forgés sur le côté des arbalétriers ; entre les deux branches de la ceinture est appliqué un chapeau qui correspond à la traverse de la demi—ferme, et que pénètrent deux boulons, comme on le voit à la coupe RR ; dans cette figure qui représente une des demi—fermes en coupe sur la longueur, on voit, de face, en R et R les cercles extérieurs de deux ceintures en jonctions avec un arbalétrier extérieur, et en coupe, la traverse d'une demi—ferme enclavée entre deux chapeaux également en coupe qui sont pénétrés par le même boulon. Ainsi maintenue, la ceinture ne peut dévier ni en dedans ni en dehors.

Le second assemblage, qui n'existe qu'aux points de jonction des portions de demi—fermes, s'opère à l'aide de chapeaux boulonnés d'une autre forme ; et d'abord il faut observer que les abouts des arbalétriers ne sont pas coupés carrément ; les uns, les arbalétriers supérieurs, présentent deux repaires mâles marqués V à la figure T, les autres deux repaires femelles qui correspondent aux premiers et préviennent le devers ou fuite de dedans en dehors ; les chapeaux de ces assemblages sont vus de face dans la figure T et en coupe dans la figure HY ; les extrémités XX des arbalétriers sont munies, sur le côté, de renforts qui se trouvent embrassés par les chapeaux YY ; il suffit d'introduire les boulons HH et de serrer les écrous pour réunir les deux arbalétriers. Dans la figure T on voit, d'un côté, les arbalétriers en about, de l'autre la disposition des chapeaux qui en enclavent les parties renforcées et en outre une des ceintures extérieures en coupe E.

La figure K représente le plan d'une partie de la lanterne s'assemblant avec le cercle L qui reçoit la butée des grandes fermes, et se terminant à un petit cercle C' surmonté d'un noyau qui supporte le paratonnerre; elle est recouverte en verre de Bohème, mais isolée de la coupole de toute la hauteur du montant K' qui sépare les arcs de cercle U auxquels est tangent le cercle horizontal L vu en coupe; cet intervalle a été ménagé pour faciliter le renouvellement de l'air; la lanterne est aussi entourée d'une galerie pourvue d'une balustrade N, et à laquelle on arrive à l'aide d'une échelle courbe appliquée sur la coupole.

La nomenclature suivante donne l'explication des lettres de renvoi de la planche 38.

A — Ceinture d'embase.

B — L'une des cinq ceintures de jonction des fermes.

C — Cercle de la lanterne.

D — Chaineau.

E — L'une des onze ceintures de réunion.

F — Étrier à scellement.

G — Patin de la semelle sur laquelle pose la ferme.

H — Boulon à tête pyramidale se prêtant au jeu de la dilatation.

I — Ferme de la coupole.

K — Ferme de la lanterne.   } Fonte.

L — Cercle de la lanterne en coupe.

M — Traverse de la galerie.

N — Barreaux de la balustrade.

O — Support du cercle d'échafaudage.   Fer forgé.

P — Cercle d'échafaudage.

Q — Talon.

R — Deux parties de la première ceinture en jonction avec la ferme.

S — Réunion de deux parties de la ceinture d'embase.

T — Assemblage d'une des ceintures d'about des fermes.

Voici une évaluation approximative en livres usuelles du poids de cette coupole :

	LIVRES
Fonte.	342,067
Fer forgé.	71,720
Feuilles de cuivre étamées à l'intérieur	30,670
Feuilles de plomb d'une ligne d'épaisseur	10,850
Vitrage sur une superficie de 1,665 pieds.	350
TOTAL	455,657

Quant à la dépense, elle s'est élevée à la somme de 700,000 fr., chiffre qui dépasse de beaucoup celle que pourrait occasionner aujourd'hui un travail de cette nature.

COMBLES SURBAISSÉS

Voici une autre espèce de combles pour lesquels il importe, du moins lorsqu'ils sont quelque peu compliqués, de bien calculer la courbure des fermes afin de la proportionner à leur portée et surtout à la force des fers qui les composent.

Le premier exemple de comble extrêmement surbaissé, reproduit planche 24, et qu'on pourrait appeler en terrasse, tant sa courbure est peu prononcée, est celui du grand magasin aux fers de MM. Boigues, propriétaires des forges de Fourchambault (Nièvre). Il a été exécuté par M. Mignon, et se fait remarquer par une extrême simplicité et légèreté ; il a 18 mètres 50 centimètres de long sur 14 mètres de large ; il est formé de 8 fermes, également espacées, qui n'ont pas plus d'un mètre de flèche, c'est-à-dire le quatorzième de leur longueur ; elles consistent chacune en un arbalétrier relié par 5 frettes à un entrait qui est arrêté, d'un côté, dans le plein d'un des murs, par une ancre verticale, et est fixé à scellement dans le mur opposé : elles sont réunies par de simples bandelettes de 0,08 à 0,10 cent. d'épaisseur sur 0,35 à 0,40 cent. de largeur, posées de champ et sur lesquelles sont étendues des feuilles de cuivre qui forment la couverture.

Huit châssis, disposés symétriquement, répandent la lumière dans toutes les parties du magasin.

Un comble surbaissé d'une égale largeur, exécuté dans les ateliers de M. Roussel, sert d'abri à un manége couvert : il est plus compliqué que le précédent ; mais comme il repose sur des murs tout à fait indépendants d'autres constructions, il a fallu en combiner l'arrangement de manière à répartir l'effort sur des surfaces assez étendues au lieu de le concentrer sur des points isolés. En conséquence, dans chaque ferme un premier arbalétrier, assez fortement cintré et se retournant, à ses deux extrémités, en cercle horizontal, est engagé dans l'épaisseur des murs d'enceinte et repose sur des galets en fer ; il traverse même ces murs dans leur entier, pour se laisser pénétrer par une ancre verticale. Un second arbalétrier moins cambré, et qui se relie au premier par deux frettes engagées aussi dans les murs, ainsi que par des tiges de suspension en fer rond, est placé en contre-bas. Les mêmes ancres traversant les deux arbalétriers et les deux frettes qui les unissent, l'effort de poussée vient naturellement s'anéantir sur les murs qui sont retenus extérieurement sur une hauteur de deux mètres par les ancres opposées.

En dessus de l'arbalétrier supérieur on a posé, en forme de coyaux, des bandes de fer qui s'appuient sur la corniche et qui donnent au comble un profil moins cintré et d'une courbure à peu près semblable à celle de l'arc inférieur.

La couverture de ce comble est en feuilles de zinc, s'accrochant sur les entretoises en fer mince qui réunissent les fermes.

Le comble surbaissé, dont la planche 39 donne le détail et dont la construction est extrêmement simple, présente néanmoins dans son ensemble un aspect imposant, c'est celui de la galerie dite des Batailles, au palais de Versailles, exécuté en 1835 et 1836 par M. Mignon, sur les dessins de M. Fontaine. Extérieurement sa courbe est très-peu prononcée, mais il s'y rattache à l'intérieur une partie cintrée beaucoup plus fermée, qui donne pour profil une voûte en anse de panier. Ainsi, chacune des 93 fermes de cette longue galerie se compose d'un arbalétrier très-peu cintré sous-tendu par un entrait ancré dans les murs : elle est soulagée dans sa portée par deux arcs de décharge frettés à l'entrait et s'engageant à scellement dans les murs. A cette ferme se relie, au moyen de 5 longues frettes, un grand arc scellé du pied dans la maçonnerie et qui forme le cintre de la voûte de la galerie. Tous les arcs correspondant aux 93 fermes sont réunis par des entretoises d'écartement entrelacées de petites entretoises secondaires ; les encadrements formés par les cloisons sont bandés en poteries de 0,16 cent. de hauteur sur 0,11 cent. de diamètre.

Pour éclairer cette galerie d'une manière plus favorable et la mettre tout à fait en rapport avec sa destination, puisqu'elle doit faire très-prochainement partie du Musée historique consacré à une immense collection de tableaux, on a pratiqué, de distance en distance, à sa partie supérieure, des lanternes à verres dépolis qui laissent pénétrer une lumière douce et telle qu'il convient pour faire ressortir les effets de peinture sans fatigue pour les yeux.

C'est pour augmenter la résistance dans ces points de portée des supports des lanternes qu'ont été ajustés les arcs de décharge qui renforcent l'arbalétrier.   •

Une célérité extrême a signalé l'exécution des travaux de ce comble qui, commencés vers la fin de l'année 1835, ont été achevés au mois de mai 1836.

Les trois exemples de combles surbaissés que je viens de citer ne présentaient, ni dans leur combinaison, ni dans leur exécution, de grandes difficultés, précisément à raison de leur forme : c'était un cintre unique faisant office de comble à deux égouts ; mais dans l'exemple exposé pl. 40, qui donne la coupe du comble de la salle de la Chambre des Députés, il a fallu recourir à toute la science de la statique pour arriver à un résultat satisfaisant.

Un hémicycle adossé à une partie droite, tel était le plan de l'édifice ; construire un comble surbaissé sur plan semi-circulaire, s'appuyant sur un arc doubleau, tel était le problème à résoudre. Ainsi, première condition, calculer la meilleure disposition à donner à une ferme surbaissée de près de 37 mètres, d'un de ses points extrêmes à l'autre ; seconde condition, obtenir une résistance capable de supporter la butée de toutes les demi-fermes qui composent le comble semi-circulaire.

M. J. de Joly, architecte du monument, a accompli cette tâche à la satisfaction générale : son travail, avant d'être exécuté, avait obtenu les suffrages unanimes d'une commission de savants et d'architectes chargés de déterminer, sous le point de vue mécanique, la puissance du système par lui présenté, et de reconnaître en même temps la force respective des différentes pièces composant les assemblages ; une épreuve de six années et aujourd'hui de trente-cinq ans et plus a complétement justifié l'exactitude du rapport de la commission et la justesse des calculs de l'architecte.

Pour l'exécution de son projet, M. de Joly a trouvé un puissant auxiliaire dans l'entrepreneur de serrurerie. Les obstacles sans nombre qui se sont succédé pour la mise à fin de cet important travail ont été surmontés avec une rare habileté ; et si cette œuvre n'ajoute pas à la réputation de M. Travers, c'est que depuis longtemps il s'est mis au rang des plus habiles praticiens de la capitale.

L'arc doubleau dont il a été parlé, et contre lequel s'appuie la portion en demi-cercle, est tenu suspendu par deux grandes fermes GG' espacées, l'une de l'autre, de 3 mètres 25 cent., et dont voici la description : un grand arc de forme elliptique DFFD embrasse la salle dans son plus grand diamètre, qui se trouve en cet endroit de 36 mètres 75 mill.; il est formé de plusieurs pièces dont l'assemblage, dit *en langue de chat*, est figuré au détail F ; il s'appuie à ses deux extrémités DD, sur les murs d'enceinte, s'emboîtant dans les sabots EE qui sont eux-mêmes encastrés dans l'épaisseur des murs (cet assemblage est indiqué au détail E). Il est renforcé par un sous-arc F'F', moins ouvert, qui bute du pied dans des sabots en fer réunis aux premiers par une semelle traînante et cramponnés par de forts crochets : ces deux arcs sont reliés par une infinité de frettes qui les tiennent tendus l'un et l'autre. Un peu en arrière des points de butée du second arc, les deux sabots qui le supportent sont traversés par deux poteaux en fer, qui s'élèvent jusqu'à la rencontre du grand arc DF et l'enclavent en enfourchement ; à leurs points de réunion correspond un entrait moisé II, qui embrasse aussi, entre ses deux branches, le grand arbalétrier, et qui est compris ainsi que lui dans l'enfourchement des poteaux ; un même boulon traverse toutes ces pièces et les réunit invariablement. Au moyen de cet assemblage, la portée du grand arbalétrier se trouve sensiblement diminuée, puisqu'il est soutenu par les tiges verticales, et que, de plus, son écartement est encore maintenu par le double entrait.

Un second entrait double P, qui vient embrasser le grand arc en deux autres points renforcés, ajoute encore à sa résistance ; cet accroissement de force a été ménagé précisément aux deux points du grand arc qui sont le plus fatigués, c'est-à-dire à ceux qui reçoivent les extrémités du demi-cercle supérieur d'enrayure de la lanterne.

Dans la direction des deux butées du demi-cercle d'enrayure, et de l'autre côté de la ferme, sont deux traverses horizontales LL, figurées au plan, qui font effort sur les deux grandes fermes parallèles GG' et sont soulagées par un arc-boutant.

Le troisième arc double surbaissé MM n'ajoute en rien à la force des grandes fermes : soutenu lui-même par les tiges pendantes qui s'accrochent au grand arc supérieur, il n'a d'autre objet que de recevoir le *chevronnage* qui supporte le plafond semi-circulaire, et se raccorde au sous-arc inférieur N des petites fermes, dont il sera parlé ci-après.

L'arc OO, que tiennent aussi suspendu les tiges verticales, est distant en contre-bas de l'arc MM de toute la saillie de l'arc doubleau, dont il forme le plafond, à l'aide d'un arc semblable parallèle, que croisent de petites tringles de fer formant treillis.

Chacune des demi-fermes HH, disposées en rayon, suivant le plan semi-circulaire, se compose d'un arbalétrier FF, d'un sous-arc F'F' relié au premier par des frettes, et enfin d'un troisième arc NN qui donne le cintre du plafond. Les assemblages des deux premiers arcs sur les sabots des semelles traînantes K sont indiqués aux détails A et B. Toutes les demi-fermes réunies les unes aux autres par des entretoises et des croix de saint André viennent s'assembler aux demi-cercles d'enrayure RR' figurés en coupe, l'un haut et l'autre bas, et sur lesquels sont boulonnés les supports de la lanterne, à l'aplomb de chacun des poteaux de butée S.

Indépendamment de la lanterne semi-circulaire dont les châssis inclinés déversent l'eau sur la couverture en cuivre qui abrite la série des demi—fermes H, on a pratiqué à la hauteur du demi—cercle d'enrayure R' un autre châssis vitré horizontal qui s'ouvre en éventail.

L'ouverture que ferme ce châssis donne passage au lustre de la salle et facilite encore le renouvellement de l'air intérieur.

CHAPITRE IX

DES ESCALIERS

J'ai analysé dans les chapitres précédents les divers éléments constitutifs des maisons et édifices. J'ai exposé les différents systèmes mis en usage pour obtenir un ensemble de construction solide et durable ; et en signalant les importantes améliorations successivement apportées dans les différentes branches de la construction, par les architectes et les constructeurs qui se sont attachés à rechercher tout ce qui pouvait accroître la solidité sans nuire à l'élégance, j'ai attribué à chacun la part d'éloges qui devait lui revenir, pour les innovations qu'il a su introduire dans les travaux confiés à ses soins.

Mais la tâche que je me suis imposée n'est qu'imparfaitement remplie, si j'ai omis une seule des parties de la construction ; à plus forte raison si c'est une des plus essentielles.

Les escaliers, ce me semble, n'ont pas été pour les constructeurs un objet d'étude aussi approfondie ; du moins, à mon avis, ceux qui ont été inventés depuis quelques années ne remplissent pas complétement le but qu'on a dû se proposer en imaginant des escaliers incombustibles ; et en effet, si les escaliers en fonte sont un obstacle à la communication du feu, ce qui est incontestable, ils ne sont pas indestructibles par le feu : ainsi, sans vouloir proscrire cette belle invention, et surtout sans vouloir en rien porter atteinte au savoir ingénieux qui a présidé à la combinaison de ceux qui ornent quelques-uns de nos édifices publics et maisons particulières, je dis que les escaliers en fonte ne sont pas doués d'une résistance absolue en cas d'incendie, puisqu'à une température donnée ils se fendent ou éclatent.

Si, comme nous l'avons vu par tout ce qui précède, on est parvenu à rendre incombus-

14

tibles toutes les autres parties des bâtiments, il devient indispensable d'obtenir le même
avantage pour celle de ces parties qui établit communication entre toutes les autres. Les
escaliers en pierre, il est vrai, donnent toute sécurité à cet égard ; mais voit-on que dans
les constructions même les plus importantes on en fasse usage au delà du premier étage ?
Et la dépense et la surcharge qu'ils impriment sur les murs s'opposent à leur emploi.

Il faut donc recourir à des matériaux d'une autre nature qui, sans fatiguer les murs
comme la pierre, aient le même privilége que la pierre, qui, sans occasionner de tassement par des mouvements oscillatoires, tels que ceux qui se manifestent par la disjonction
des assemblages dans les escaliers en bois, aient de plus sur ceux-ci l'avantage de résister
aux violentes attaques du feu.

La construction en fer et poteries des escaliers m'a paru réunir toutes ces conditions :
j'ai donc entrepris de calculer les meilleures dispositions à leur donner afin qu'ils fussent
applicables et aux constructions ordinaires et à celles de luxe, et je me suis attaché surtout
à en rendre la combinaison simple et dégagée des complications qui éloignent tout d'abord
et qui nuisent souvent à l'adoption des choses nouvelles.

La solidité des escaliers en fer et poteries repose, comme celle des planchers,
voûtes, etc., sur la propriété des poteries de donner, par leur grande adhérence avec le
plâtre ou le mortier, des surfaces d'autant plus résistantes qu'elles sont plus restreintes et
maintenues par des encadrements fixes.

Les expériences sur la force des planchers en poteries, dans lesquels nous avons vu des
surfaces de 4 mètres carrés résister à une pression de 1,800 à 2,400 kilog., sont des garanties plus que suffisantes de solidité des escaliers aussi en poteries, dont les marches de
la plus grande dimension atteignent rarement une superficie d'un mètre carré.

La division la plus ordinairement adoptée pour les escaliers est celle-ci : escaliers à
marches parallèles et escaliers à *marches tournantes*. Les premiers se distinguent en escaliers droits à une seule rampe, escaliers droits à deux rampes parallèles sans jour, à deux
rampes parallèles avec jour ; les seconds sont : sur plan carré terminé par un hémicycle,
ou sur plan circulaire, ou sur plan ellyptique, etc.

ESCALIER DROIT A UNE SEULE RAMPE SANS JOUR.

Voyons d'abord l'exemple d'un escalier droit à une seule rampe et sans jour, tel que le
représente la fig. I, pl. 41 : il est compris entre deux murs en briques espacés d'un mètre.
Son point de départ est en C et son point d'arrivée au pilier D.

La *charpente* ou carcasse de l'escalier se compose de bandes de fer parallèles, ou entretoises d'emmarchement scellées à chacune de leurs extrémités dans les murs ; elles sont
espacées, de deux en deux, de la largeur des marches, plus quelques centimètres pour le
recouvrement, comme il sera expliqué ci-après. Une première entretoise A, placée à 0,08
cent. environ du sol, indique le devant de la première marche, dont la largeur est déterminée par une seconde entretoise B scellée à même hauteur ; à 0,17 ou 0,18 cent. en con-
tre-haut de celle-ci, mais plus en avant de 3 à 4 centimètres, une troisième A', à laquelle
correspond une quatrième B', donne l'emplacement de la seconde marche, et ainsi de suite ;

de telle sorte que le devant de chacune des marches soit arrêté par les entretoises A, A', etc ; et que le derrière soit retenu par les entretoises B, B', etc.

Tous les intervalles AB, A'B', A"B", ainsi disposés, sont remplis, comme on le voit au détail R et au détail perspectif d'ensemble, en poteries de hauteurs différentes, si le dessous d'escalier doit être plafonné ; ainsi, pour conserver le rempant, les poteries du second rang doivent être moins hautes que celles du premier, celle du troisième moins hautes que celles du second, ainsi de suite , si le dessous d'escalier est perdu, on fait usage de poteries d'égale hauteur.

En raison du chevauchement successif des entretoises A, A', A", sur les entretoises B, B', B" qui sont en reculement des premières, il y a naturellement superposition du premier rang des poteries de la seconde marche sur le dernier rang des poteries de la première, ainsi des autres ; cette disposition donne à l'ensemble de l'escalier un accroissement de force considérable, mais en quelque sorte surabondant ; je ne l'ai indiqué que comme moyen d'augmenter la résistance, mais on peut très-bien se dispenser d'y avoir recours ; la surface totale de chaque marche est si minime qu'on pourrait sans aucun danger la soumettre à l'effort d'un poids quadruple et même quintuple de celui qu'elle est destinée à supporter dans l'usage ordinaire ; le palier d'arrivée D lui-même, dont les poteries sont contenues entre le linteau E et le mur de fond, est d'une résistance extrême, eu égard au poids dont il peut être chargé : sa surface n'excède pas un mètre, et toutes les expériences ont démontré qu'une semblable surface peut résister, sans affaissement aucun, à un poids de 5 à 600 kilog.

Suivant l'importance ou la destination des bâtiments dans lesquels sont établis des escaliers en poteries, on les revêt de dalles en pierres ou de marches et contre-marches en bois ; mais quelle que soit la nature des matériaux dont sont formés les murs sur lesquels ils reposent, on peut sans inconvénient élever ces escaliers jusqu'au dernier étage ; leur pesanteur étant à peu près la même que celle des escaliers en bois à marches pleines, il n'y a pas lieu de craindre qu'ils fatiguent les murs plus que ne le ferait un escalier ordinaire, c'est-à-dire en bois.

La même planche 41 donne les détails relatifs à la construction d'un escalier droit à une seule rampe, revenant sur lui-même et sans jour : dans cet exemple, l'arrangement des entretoises, les unes par rapport aux autres, a subi une modification ; dans le premier cas, aucune d'elles ne se trouvait à plomb de celle qui l'avoisinait le plus ; ici, au contraire, elles sont deux à deux dans un même plan vertical (*voyez* le plan et la coupe fig. II) ; le chevauchement indiqué comme moyen d'augmenter la résistance étant reconnu inutile, la seconde disposition a été adoptée comme se prêtant mieux d'ailleurs au raccordement des entretoises avec les limons BB, qui doivent servir de point d'appui à l'une de leurs extrémités, tandis que l'autre est engagée à scellement dans les murs d'échiffres.

Leur emmanchement avec les limons est figuré au détail perspectif G ; les entretoises supérieures FF coudées en H se retournent en une branche verticale bifurquée, qui embrasse le limon, retenue en dessous par une clavette d'assemblage O (*voyez* le détail I) ; les entretoises inférieures FF', parallèles aux premières, sont soudées aux branches verticales de chacune d'elles, un peu au dessus du renflement ménagé pour l'empatement.

Par suite de la position des entretoises placées deux à deux dans un même plan vertical, loin qu'il y ait chevauchement du premier rang des poteries de la seconde marche, par exemple, sur le dernier rang des poteries de la première, il existe au contraire un léger intervalle égal à l'épaisseur des entretoises, mais qui se remplit en plâtre et sans que la solidité de l'escalier en soit en rien compromise : ainsi la première marche se trouve intercalée entre une première entretoise isolée K et l'entretoise inférieure K' du premier couple ; la seconde est comprise entre l'entretoise supérieure L de ce couple et l'entretoise inférieure K" du second couple, ainsi des autres jusqu'à la dernière qui est resserrée entre l'entretoise supérieure M et le linteau de palier R ; celui-ci traverse la cage d'escalier et sert de support au limon B ; leur assemblage est indiqué, et au détail géométral A, et au détail perspectif RC. Deux petites fermettes de palier, retenues par des ancres dans les murs de fond et formant potence, soulagent dans sa portée le linteau R ; les deux éperons NN qui peuvent être boulonnés sur le champ des fermettes, comme on le voit au plan, ou être retenus par les ancres des fermettes, préviennent la flexion du linteau R ; ils servent en outre à subdiviser la surface du palier en petits compartiments qui se remplissent en poteries comme le reste de l'escalier.

Telle est la disposition de la première rampe. La seconde est construite d'une manière identique ; la seule différence consiste dans l'emmanchement du second limon B' sur le premier. Le limon inférieur B, au delà de son agrafement sur le linteau R, est renforcé par une tête carrée C évidée en étui (*voyez* le détail RC) ; le limon supérieur B', au contraire, se termine à son extrémité inférieure par une tige verticale à arrêt D (*voyez* le détail D), dont le calibre correspond à l'étui C et qui s'y emboîte hermétiquement : cette tige est traversée en dessous par une clavette horizontale qui tient réunis les deux limons; à son extrémité supérieure le limon B' est reçu par un linteau semblable au linteau R et contre-bouté, comme lui, par les fermettes qui supportent le second palier.

ESCALIER A UNE ET DEUX RAMPES, SANS JOUR.

Les escaliers en fer et poteries peuvent, comme les autres, prêter à la décoration intérieure ; les armatures secondaires, tout en en consolidant les assemblages, peuvent donner lieu à des combinaisons architecturales qui ajoutent à l'embellissement des vestibules et péristyles dans lesquels ils sont établis, et qui font aujourd'hui l'objet d'une étude toute spéciale de la part des architectes.

L'escalier représenté pl. 42 a été conçu dans la pensée qu'il servirait d'indication sur le parti qu'on peut tirer de certaines pièces employées à soutenir les escaliers ou à en augmenter la résistance, en les faisant concourir à l'ornement même des dépendances et divisions accessoires.

Il est alternativement à une et deux rampes, sans jour ; à son départ en AA' (*voyez* le plan) il est à une seule rampe comprise entre deux limons parallèles, isolée des murs et occupant le tiers de la largeur de la cage d'escalier ; à partir du premier palier, il se divise en deux rampes latérales joignant chacune l'un des murs de côté et revenant, en sens contraire de la première rampe, aboutir à un second palier, d'où part une troisième rampe unique à plomb de la première.

Les deux limons DD' scellés du pied dans la première marche en pierre sur laquelle les retiennent les deux colonnettes AA', sont soutenus en dessous par une jambe de force courbe B également scellée dans un patin (*voyez* le détail AB); du haut, ils se terminent par un anneau qui embrasse les colonnettes GG' (*voyez* le profil détaillé); celles—ci servent encore de point d'appui aux différentes parties du linteau F F' F'' engagées aussi en anneaux avec elles et s'opposant à tout mouvement de vacillation de droite à gauche ; les fermettes de palier HHH, qui s'accrochent sur les trois portions de linteau font, de leur côté, équilibre à la butée des limons rampants : ainsi maintenues les colonnettes demeurent dans une position verticale constante ; ces mêmes colonnes sont encore les points de rattache des limons E de la seconde rampe double (*voyez* au profil détaillé). Tous ces assemblages sont noyés dans l'épaisseur du palier et recouverts par la base des colonnes qui est placée au niveau du dallage. L'ex—trémité haute des limons de la seconde rampe est reçue par deux autres colonnes semblables aux premières et disposées à plomb des colonnettes AA'.

Quant à la portion des colonnettes GG', qui surmonte les chapiteaux des colonnes LL dans lesquelles sont emboîtées celles de dessus, elle est dissimulée dans les archivoltes formées par les arceaux KKK : ceux-ci reposent et sur les sommiers qui renforcent la tête des colonnes inférieures, et sur des patins scellés dans les murs de côté ; chacun d'eux est surmonté de liens doubles qui se contre-boutent comme des arbalétriers et qui, à leur sommet commun ou point de rencontre, vont supporter les extrémités des fermettes HHH à leur point de jonction avec les linteaux de palier.

Pour paralyser les oscillations et la flexion des limons DDD qui sont totalement isolés, on a placé deux tringles obliques MM qui suivent le rampant des limons et qui sont noyées dans la contexture en poteries. C'est aussi pour prévenir la flexion des entretoises d'em—marchement, qu'on les a réunies par de petites entretoises, à angle droit NN figurées au détail perspectif S, et disposées de telle sorte que l'entretoise supérieure du premier couple est reliée à l'entretoise inférieure du second, l'entretoise supérieure de celle-ci à l'entretoise inférieure du troisième, ainsi de suite.

ESCALIER SUSPENDU A UNE SEULE RAMPE, AVEC JOUR.

Parmi les exemples exécutés d'escaliers suspendus, à jour, dont la combinaison a offert de nombreuses difficultés, tant à cause des grandes dimensions de ses marches et du grand jour qui les sépare, qu'en raison de la différence de niveau des divers points d'arrivée ou paliers, on remarque le grand escalier du pavillon de Flore au palais des Tuileries ; en faisant l'application du système de construction en fer et poteries à son épure, j'ai voulu démontrer combien il est facile, sans de grandes complications dans les armatures, de construire suivant cette méthode les escaliers de la plus grande dimension, sans qu'ils perdent en rien de leur élégance.

La planche 43 en expose la structure dans tous ses détails ; le plan général donne l'indication de toutes les pièces qui en composent la charpente : un premier limon de départ F qui s'engrave à scellement, du pied, dans les deux premières marches en pierre OO, et qui est soutenu par une jambe de force K (*voyez* le détail FK), s'emboîte, du haut, dans la fermette d'angle B, de la même manière que le limon rampant H s'emboîte dans la fermette oblique X (*voyez* au détail perspectif). Cette première fermette B contre-boutée à droite et à gauche par deux éperons qui la maintiennent suivant la diagonale, est renforcée par une jambe de force courbe L faisant nervure (*voyez* leur assemblage au détail LB et la disposition d'ensemble à la coupe); elle est percée, à son extrémité, d'un large étui figuré en pointillé au détail, dont une moitié reçoit le premier limon F et l'autre le second limon G qui s'emboîte à son extrémité supérieure dans la seconde fermette d'angle B'. Par un procédé analogue, celle-ci supporte le troisième limon H, qui s'enclave également du haut dans la fermette oblique X. Ici un troisième palier, plus long que les deux premiers, est soutenu, premièrement par la fermette X et la troisième fermette d'angle B'' réunies entre elles au moyen d'une entretoise horizontale I, secondement par une fermette V placée en direction de celle-ci, et enfin par des éperons contre-boutant ces fermettes en différents sens. Un dernier limon J complète la première révolution de l'escalier; il s'appuie du pied sur la fermette d'angle B'' et s'accroche du haut dans la quatrième fermette d'angle B'''; l'emmanchement des fermettes du palier C avec le troisième limon H, l'entretoise horizontale I et le quatrième limon J est figuré et au plan (Z) et au détail perspectif.

A partir de la quatrième rampe J, un grand palier règne au niveau du premier étage sur toute la longueur de la cage d'escalier et sur le côté en retour; il est soutenu par une série de fermettes AA'A''A'''B'''', etc., maintenues par des entretoises parallèles, des éperons obliques et par de petites entretoises de remplissage : les intervalles que laissent entre elles toutes ces pièces sont remplis en poteries de 0,21 cent. de hauteur sur 0,08 cent. de diamètre.

Comme dans l'exemple précédent, pour prévenir le fouettement des entretoises d'emmarchement, on les a reliées par des entretoises à agrafe, parallèles aux limons, dont l'ajustement est indiqué au détail perspectif S.

ESCALIER SUR PLAN RECTANGULAIRE TERMINÉ PAR UN HÉMICYCLE

L'escalier figuré pl. 44 établit la transition entre les escaliers droits, sans jour, et les escaliers circulaires avec jour, puisqu'il est sur plan rectangulaire terminé par un hémicycle.

Dans un escalier de ce genre, à quartier tournant, le limon est continu, sans interruption depuis son point de départ jusqu'au linteau du premier étage formant marche palière. Sa force est basée sur le principe de contre-boutée réciproque des marches dansantes qui, dans les escaliers en pierre, sont suspendues sur leur coupe, mais qui, dans cet exemple, prennent leur force de la torsion du limon continu qui sert de point d'appui aux entretoises d'emmarchement.

L'agencement des entretoises, couple par couple, est le même que pour les escaliers droits; elles s'enfourchent soit sur les parties droites, soit sur les parties tournantes du limon, de la même manière, et comme on le voit au détail G et au détail perspectif H. Le limon qui s'encastre à scellement du pied dans un patin, et s'accroche du haut sur le linteau de palier, est formé de trois pièces; deux sont droites A et B et se raccordent aux points A'B' avec le quartier tournant intermédiaire F, suivant le mode d'assemblage indiqué au détail K.

Pour les marches parallèles, on emploie des poteries d'égal diamètre, comme dans les escaliers droits ; mais pour les marches tournantes on doit en varier les dimensions suivant la largeur du giron de ces marches ; et il est utile d'opérer ainsi, afin de recouper les joints des poteries qui, dans les parties resserrées, rempliraient tout l'espace sans liaison aucune entre elles, et contrairement aux principes les plus élémentaires de la construction.

Quant à la partie la plus resserrée des marches, celle qui joint le quartier tournant F, on la garnit avec des briques pleines en forme de coins EEE (*voyez* le plan).

ESCALIERS A MARCHES TOURNANTES.

Les escaliers circulaires, à noyau plein, en fer et poteries, sont d'une exécution tout aussi facile que ceux en bois de même forme : la principale différence consiste dans le noyau qui, au lieu d'être d'une seule pièce, se compose d'autant de morceaux qu'il y a de marches, lesquels se superposent les uns aux autres ; ils sont réunis par des goujons d'assemblage qui pénètrent chacun d'eux, et qui sont traversés, ainsi que les portions de noyaux, par des goupilles croisées en différents sens.

Voici quel est le mode de construction de l'escalier à noyau plein, dont le plan est tracé fig. I, pl. 45 : à la première marche en pierre A est adhérente une portion de cylindre ou parpaing B de même matière, qui sert de base à la colonne formée par toutes les portions de noyau superposées: les entretoises d'emmarchement sont soudées aux portions de noyau, selon la division des marches, comme on le voit à la coupe : de toutes les portions de cylindre formant noyau, la première seule porte trois entretoises : l'une C fait le devant de la seconde marche (*voyez* le plan) ; la seconde D, placée à même hauteur mais en reculement, en détermine la largeur ; enfin, la troisième D' (*voy.* la coupe DD') soudée dans le plan de la seconde, retient le devant de la troisième marche ; toutes les autres portions de noyau n'ont que deux entretoises, à l'exception de la dernière qui n'en a qu'une seule, mais qui reçoit en outre une fermette E ; celle-ci soutient le devant du palier d'arrivée retenu de l'autre côté par une seconde fermette qui est placée à l'aplomb de la première marche A.

Les escaliers à jour, suspendus, dont le principe de solidité a été indiqué dans les explications sur l'épure de la planche 44, exigent plus de précautions que ceux figurés dans cette épure, et cela en raison de la torsion continue des limons revenant sur eux—mêmes par un mouvement hélicoïde qui se reproduit à chacune de leurs révolutions. L'accroissement de force, qui leur est nécessaire, s'obtient au moyen de fermettes en potence A, B, C, D, noyées de distance en distance et à différentes hauteurs dans la contexture en poteries, de manière à diviser l'effort qui pèse sur les limons et à en supporter elles—mêmes une portion.

Ce système d'augmentation de résistance s'applique à tous les escaliers à jour à révolution continue, quelle que soit la forme qu'ils affectent; qu'ils soient sur plan circulaire, hexagone, octogone ou sur plan elliptique, le principe est le même et se modifie, dans son application, selon la portée des escaliers et la disposition des localités,

La seule inspection des fig. II, III et IV, pl. 45, suffit pour démontrer la vérité de cette assertion, sans qu'il soit besoin d'autres explications.

CHAPITRE X

DE QUELQUES USAGES PARTICULIERS

DES POTERIES ET DU FER

DANS LA CONSTRUCTION

Ce chapitre est en quelque sorte hors ligne, en ce sens qu'il n'a pas trait à une spécialité bien définie de la construction ; et cependant il est le complément obligé d'un traité de construction en fer et poteries, car il est destiné, non pas à donner une énumération exacte et détaillée des innombrables emplois de ces matériaux dans les parties secondaires de la construction, mais à exposer sommairement ceux de ces emplois qui se reproduisent le plus ordinairement dans la pratique.

Les avantages remarquables que procure le fer dans la construction des parties principales des bâtiments ont dû nécessairement le faire admettre d'une manière en quelque sorte universelle, pour les parties accessoires; la certitude d'obtenir, sous un petit volume, sans autant de perte d'espace et en conservant une circulation plus facile, des résultats infiniment supérieurs et comme solidité et comme légèreté à ceux qu'on retirait du bois sujet par sa nature à une infinité d'avaries, en ont rendu chaque jour l'usage plus fréquent. Aussi le voit-on entrer, soit comme décoration, soit comme accroissement de force dans les constructions secondaires de toute nature.

D'un autre côté, les poteries, dont nous avons vu les applications nombreuses dans les diverses branches de la construction intérieure, concourent également à la formation des parties accessoires et sont employées actuellement dans des circonstances où leur usage était tout-à-fait inconnu autrefois.

SERRES CHAUDES.

La culture des plantes et fruits exotiques, et particulièrement de ceux qui naissent et mûrissent dans les climats chauds, exigent des localités d'une structure toute particulière, disposées de manière à concentrer les rayons solaires qui vivifient les parties extérieures des plantes et à laisser pénétrer en même temps à l'intérieur une seconde chaleur artificielle qui, en modifiant la nature même de la terre, lui donne une propriété nouvelle et facilite le développement des principes nutritifs qu'elle renferme.

Divers procédés ont été inventés pour donner à la terre cette vertu nutritive qui lui manque sous les latitudes d'Europe : dans certaines contrées, et en Russie entre autres, c'est par la vapeur d'eau introduite dans le sol factice qu'on en change la nature. En France, cette chaleur est remplacée par des émanations qui s'exhalent du fumier placé au dessous du sol et qui activent la floraison des plantes et la maturité des fruits.

Mais la manière dont sont construites généralement ces sortes de serres est un obstacle à la parfaite réussite des moyens employés pour hâter la végétation : d'ordinaire, ce sont de grandes fosses en maçonnerie, de 1 mètre à 1 mètre 50 cent. de profondeur, qu'on remplit de fumier, pour celles de ces serres qui sont fertilisées à l'aide des vapeurs qui s'en échappent, ou des canaux souterrains renfermant des chaudières remplies d'eau qui s'élève à l'état de vapeur ; au dessus des fosses ou canaux est jeté un plancher à claire-voie formé de solives de chêne que croise un lattis en planches de sapin percées d'une infinité de petits trous ; sur ce plancher on étend une couche de paille, et enfin sur cette paille on dépose une masse plus ou moins épaisse de terreau : il est évident que l'humidité dans les serres à vapeur d'eau, les exhalaisons corrosives du fumier dans celles à fermentation, et dans toutes, l'humidité seule de la terre, doivent promptement détériorer les planchers et en nécessiter la reconstruction souvent pendant le cours de la végétation.

Pour pallier cet inconvénient grave, M. Frœlicher, architecte, a imaginé de remplacer les planchers en bois par des planchers en poteries ; à cet effet il a fait confectionner des poteries d'une forme particulière : au lieu d'être cylindriques, elles sont à base carrée plus étroite que le sommet qui est également carré (*voyez* pl. **46**). Au centre de leur base est pratiqué un orifice de 0,03 cent. de diamètre qui livre passage aux émanations volatiles du fumier ; à leur partie supérieure elles sont percées d'un certain nombre de petits trous assez grands pour faciliter la libre circulation des vapeurs, mais non pas assez pour laisser s'échapper la terre qui recouvre la paille.

La fig. I, pl. 46, représente en coupe les différentes divisions d'une serre construite suivant cette méthode, sur les dessins de M. Frœlicher dans la belle propriété de M. Rotschild, à Boulogne près Paris ; cette serre renferme deux compartiments parallèles, consacrés l'un et l'autre à la culture des plantes rares et séparés par une petite terrasse en poteries ordinaires au-dessous de laquelle est ménagée une tranchée pour le passage de tuyaux d'arrosement.

L'un de ces compartiments est surmonté d'une galerie ou seconde terrasse en poteries et fer qui s'appuient et sur le mur de fond et sur des colonnettes en fer extrêmement légères.

Le reste des ajustements, balustrades, montants, châssis qui sont tous en fer, forme un ensemble habilement conçu et sous le rapport de l'art et sous celui du service.

La petite vue perspective, fig. II, pl. 46, donne un aperçu des emplois variés qui se font, depuis quelque temps, dans les constructions légères, des châssis, croisées, montants, traverses, croisillons, etc., en tôle *brisée*, dont l'invention est due à M. Travers.

A l'aide de cet ingénieux système, on élève sans de grandes dépenses une infinité de fabriques et bâtisses légères soit fixes, soit mobiles, telles que les salons d'été, les pavillons de parc, les belvédères qui comportent une structure dégagée et qui soit en rapport avec la légèreté de leurs formes, les terrasses couvertes, les observatoires où l'on recherche des prises de jour sur toutes les faces et dans toutes les directions, les treilles, les châssis de serres chaudes qui doivent opposer le moins d'obstacle possible à l'arrivée des rayons du soleil.

DE L'EMPLOI DES POTERIES ET D'UN NOUVEAU MODÈLE DE BRIQUE DANS LA CONSTRUCTION DES FOURS

J'ai dit au chapitre premier, en parlant de l'indestructibilité des poteries, qu'on les employait avec avantage à la construction des fours ; mais il faut remarquer que ce ne doit être qu'avec certaines restrictions et dans des circonstances données; ainsi, en citant une expérience sur la résistance des poteries à la chaleur la plus violente, j'ai signalé l'affaissement d'une voûte de four comme résultant non de la rupture des poteries, mais de la décomposition du mortier ou terre à four qui en formait les joints. Il importe donc d'indiquer les moyens propres à éviter jusqu'au plus léger affaissement des voûtes de four construites en poteries ; et d'abord il convient d'établir que les poteries non plus que les briques ne peuvent donner des surfaces qui résistent d'une manière absolue à l'action de la chaleur, si ces surfaces sont en contact immédiat avec le foyer, car il doit nécessairement se produire à la longue, indépendamment d'une perte notable de calorique, désunion des matériaux dont elles sont formées par suite de la décomposition de la terre qui a servi à les unir.

En cherchant à prévenir ces accidents en quelque sorte inévitables, j'ai été amené à penser qu'ils deviendraient tout-à-fait nuls, s'il y avait juxta-position immédiate des matériaux sans corps intermédiaire qui en opérât la jonction.

J'ai fait, en conséquence, fabriquer des briques d'une forme particulière, figurées au détail perspectif R, pl. 47. Elles ont 0,24 cent. de hauteur sur 0,11 cent. de largeur et 0,06 à 0,08 cent. d'épaisseur, et sont taillées en claveaux selon l'inclinaison des joints et le cintre de la voûte. Les deux joints de dessus et dessous VV et ceux de tête SS présentent une surface unie, mais les deux joints de côté ou faces latérales TT sont refouillés en X de 0,003 millim. Cette cavité, qui est destinée à loger le mortier au fur et à mesure de la construction, est hérissée de petites aspérités qui favorisent son adhérence avec les briques.

Au moyen de cette disposition, on n'a plus à craindre que la solidité des voûtes puisse être compromise, dès que la prise du mortier a eu lieu ; elles sont impérissables, surtout si les briques ont été faites avec soin, si elles sont bien dégauchies et que leurs surfaces s'appliquent bien immédiatement les unes sur les autres.

Des briques, faites suivant cette donnée, ont servi à la confection de l'une des voûtes d'un four de nouvelle invention, qui diffère et dans sa structure et dans ses résultats de tous ceux établis jusqu'à présent ; il est à courant d'air chaud circulant entre deux voûtes dites de chapelle (*voyez* pl. 47). La première ou voûte inférieure est formée de briques évidées, jointoyées en terre à four ; la seconde est en poteries N de 0,21 cent. de haut. sur 0,08 cent. de diamètre, recouverte de larges carreaux semblables à ceux de l'âtre ; elles sont réunies, fortement comprimées, par un certain nombre de brides à écrou (*voyez* le détail M) qui paralysent ainsi tout effet de disjonction.

La durée d'un four de cette espèce ne saurait être limitée, rien ne donne à penser qu'il puisse se manifester la moindre dépression. Le soin particulier avec lequel M. Lespinasse, inventeur de ce système, a veillé lui-même à sa construction est une garantie certaine de sa solidité, que nombre d'années d'existence et de service ont constatée de la manière la plus évidente.

D'un autre côté, les résultats importants obtenus avec le four de M. Lespinasse doivent lui mériter l'approbation des économistes, comme ils lui ont valu les suffrages des constructeurs. De cette ingénieuse combinaison de courants d'air chaud qui enveloppe la calotte principale du four, et qui y entretient d'une manière constante une température extrêmement élevée, résulte une réduction de près d'un tiers dans la dépense de combustible ; car non—seulement le degré de calorique augmente pendant la durée du chauffage, mais il n'y a pas déperdition sensible de chaleur d'une fournée à l'autre, et en outre la cuisson s'opère plus promptement et d'une manière plus régulière.

USAGE DE QUELQUES FERMES ET ARMATURES EN FER

Les fermes et armatures en fer, qui sont d'une importance si grande dans les parties principales des constructions, sont d'une utilité non moins reconnue et d'un usage non moins fréquent pour les dépendances ou parties secondaires.

Au théâtre Favart, MM. Hittorft et Lecointe, architectes, se sont servis d'espèces de fermes (*voycz* pl. 48), comme points d'appui de deux réservoirs d'une assez grande capacité, qui sont placés l'un à droite, l'autre à gauche, tout-à-fait en dehors du comble principal, de manière à ce qu'il soit toujours possible d'y arriver, quelle que soit l'imminence du danger en cas d'incendie. Ces réservoirs sont établis dans deux petites cellules extérieures qui surmontent les derniers étages latéraux de l'édifice ; et telle est la bonne disposition apportée à l'agencement des fermes de support, que les murs sur lesquels elles s'appuient ne sont nullement fatigués, bien que la masse d'eau contenue dans chacun des réservoirs pèse de 4,000 à 4,200 kil., non—compris le poids du vaisseau lui-même qui est en tôle fort épaisse et est retenu intérieurement par des barres de fer horizontales qui s'opposent à l'écartement de ses parois.

Ce sont aussi des fermes en fer qui supportent au pavillon de l'horloge des Tuileries les trois cloches de la sonnerie (*voyez* fig. III, pl. 30) ; elles sont formées chacune d'un entrait recourbé à ses extrémités, d'un arbalétrier et d'une tangente reliés par des frettes ; elles sont accouplées par des embrassures à écrous et retenues à distance par des croisillons d'écartement; elles sont enchâssées dans des sabots en fonte AA, qui reposent eux-mêmes sur des poteaux BB dont la tête est encastrée dans leur épaisseur ; des traverses horizontales, qui s'appuient sur les entraits des fermes, passent dans les oreilles de chacune des trois cloches et les tiennent suspendues et isolées de tout frottement étranger.

Dans la construction du nouvel escalier d'honneur, au palais des Tuileries, on a eu aussi recours à des fermes et armatures en fer pour consolider les assemblages du comble en charpente. Le peu d'inclinaison du toit, qui abrite la galerie et l'escalier qui y fait suite, nécessitait une grande augmentation de résistance de l'entrait qui reçoit la butée des arbalétriers d'une ferme en bois, surtout à cause d'une large prise de jour ménagée au milieu du comble et qui empêchait le placement de pannes; on a consolidé cette pièce en appliquant sur son champ une ferme en fer composée d'un entrait et un arbalétrier cintré, et qui fait corps avec lui au moyen de barres de fer obliques ou liens qui sont cramponnés dans les murs et qui l'embrassent de chaque côté. De semblables moyens de consolidation sont mis en usage chaque jour, soit dans les constructions neuves, soit dans les restaurations des vieux édifices ; celui du quai d'Orsay, dans lequel existe un mur de refend en poteries enchâssé dans un pan de bois armé, en offre un exemple remarquable (*voyez* pl. 14).

AUVENT A JOUR ET DESCENTE DE VOITURES A COUVERT

Les systèmes de charpente en fer adoptés pour les combles intérieurs retrouvent leur application dans les abris de constructions extérieures, telles que hangars, magasins, auvents, etc. Seulement on en modifie la force selon les dimensions des espaces qu'on veut mettre à couvert.

Un auvent à jour ou abri de voitures, qui peut être cité comme modèle de légèreté et de bonne construction, existe au ministère des finances, cour du nord-ouest (*voyez* fig. I, pl. 49); il occupe toute la largeur de la cour de V en S, qui, en cet endroit, est de 19 mètres, et une partie en retour ST, de 12 mètres ; il est formé d'une série de fermettes E, de 4 mètres d'ouverture (*voyez* le détail de la coupe AB), qui sont retenues du côté du mur par des supports en potence M et qui s'appuient du côté extérieur sur trois fermes horizontales GG'G'' (*voyez*. au plan et à l'élévation extérieure) ; celles-ci sont engagées à scellement dans les murs L et L', et n'ont d'autres points d'appui intermédiaire que les deux colonnes en fonte PP'.

Du sommet de l'arc de chaque fermette transversale E s'élève un potelet H sur lequel s'assemblent en about les faîtages OOO, et auquel viennent se joindre les arbalétriers droits DD' ; de la réunion de ces arbalétriers avec les entretoises ou bandelettes qui les croisent résultent des surfaces planes qui sont recouvertes en verre de Bohême sur toute leur étendue.

Ce système est presque généralement adopté pour les passages couverts, les atriums, etc.; il a été employé dans la reconstruction de divers bazars détruits par incendie, et entre autres de celui de la rue de Choiseul, connu sous le nom de galeries Boufflers, pour lesquelles on s'est attaché à faire exclusivement usage de matériaux incombustibles ; il a servi aussi pour le bazar de l'Industrie française, situé rue et boulevard Montmartre, etc.

La fig. II, même pl. 49, donne le détail d'un auvent ou descente de voitures à couvert, toute différente, puisqu'au lieu d'être à jour elle est en terrasse bandée en poteries et plâtre. Les quatre fermes principales CDDC sont profondément engagées et retenues par des ancres dans le mur auquel est adossé l'auvent ; elles sont supportées en avant, sur des colonnettes en fonte, en quatre points qui correspondent aux extrémités des fermes transversales de retenue AAA, de manière à laisser en volée leur extrémité C'D'D'C' comprise entre les fermes AAA et les fermes BBB.

Des entretoises EEE, parallèles aux fermes CDDC, relient entre elles les fermes B et les fermes A ; d'autres plus longues FFF réunissent ces dernières au mur de face et sont croisées, à angle droit, par d'autres entretoises transversales qui forment avec elles des parallélogrammes de diverses dimensions : c'est dans ces intervalles que sont logées les poteries qui forment la surface résistante ou terrasse.

D'UN NOUVEAU MODE DE CHAINAGE.

Au sujet du comble de l'Ambigu-Comique, j'ai fait remarquer l'ajustement in-génieux de chaînage imaginé par M. Roussel ; le même constructeur a été chargé d'exé-cuter un mode non moins remarquable, inventé par M. Jay, professeur de construction à l'école des Beaux-Arts, et dont l'application a été faite au pavillon de l'octroi à la barrière de Charenton pour relier les plates-bandes qui surmontent les colonnes. La résistance de ce système est fondée sur la supériorité des barres en fer rond sur les barres plates (voyez fig. III, pl. 11).

A l'aplomb du sommier placé immédiatement au dessus de chaque colonne est encastrée, retenue par une ancre, une semelle en fer à deux ou trois branches selon la position qu'elle occupe dans le chaînage (voyez B et A au plan général). Dans chacune des branches de la semelle on a ménagé un évidement semi-cylindrique C (voyez à la coupe et au plan des dé-tails), dont la cavité correspond au calibre d'une barre en fer rond D : une échancrure E, pratiquée et sur la branche de la semelle et sur la barre ronde, reçoit une double clef qui s'oppose à leur séparation et les tient assemblées pour ainsi dire à trait de Jupiter.

Enfin, deux anneaux ou bagues FF, qui embrassent les deux pièces réunies, complètent le système d'assemblage.

MARCHÉ DE LA MADELEINE.

La construction en fer et fonte du nouveau marché de la Madeleine, par M. Veugny aîné (voyez pl. 50), est une des plus gracieuses productions de ce genre ; on ne saurait imaginer rien de plus élégant et de meilleur goût ; et au premier abord, à voir ces colonnettes élan-cées que surmonte une charpente légère formée de pièces principales extrêmement minces et de pièces accessoires plus déliées encore, on ne pourrait croire qu'il en puisse résulter un ensemble de construction résistant et durable ; mais si l'on vient à en analyser toutes les parties, et si l'on remarque surtout avec quel soin minutieux la force de chacune des pièces a été calculée, avec quelle précision les assemblages en sont ajustés, l'on ne tarde pas à reconnaitre qu'un homme de talent a été chargé d'en combiner la structure, et qu'une main habile a présidé à son exécution.

La disposition intérieure en est également bien entendue, la circulation y est très-facile, en raison du peu de grosseur des piliers auxquels se rattachent toutes les autres parties, et de la distance qui les sépare ; elle présente trois divisions, dont une principale et deux moins larges formant bas-côtés.

Deux longues rangées de colonnes en fonte AA' sont les points d'appui de la toiture ou comble ; chacune des fermes est assemblée sur le sommet de deux colonnes opposées ; elle est formée de deux arbalétriers droits BB' qui se réunissent à une pièce en fonte dans laquelle s'assemblent en about les portions de faîtage, d'un entrait ou tringle ronde, de trois poinçons ou aiguilles pendantes qui tiennent suspendu l'entrait, et enfin de deux contrefiches qui, en s'appuyant sur le pied du poinçon du milieu, s'opposent à la flexion des arbalétriers. Les colonnes d'un même côté sont réunies l'une à l'autre (*voyez* le détail) par une double fermette RR, qui consiste en un arbalétrier et une tangente frettés ; l'une est assemblée aux sommets des colonnes et l'autre aux points où celles-ci reçoivent les chevrons d'appentis des bas-côtés CC qui sont fixés extérieurement dans les murs d'enceinte. Les intervalles compris entre les doubles fermettes et les colonnes, et qui servent à éclairer la partie milieu, sont garnis de stores ou rideaux en coutil mobiles qui, par leur agitation continuelle, contribuent au renouvellement de l'air ; les bas-côtés prennent jour par des châssis vitrés disposés de distance en distance sur la toiture en appentis ; ils sont, ainsi que le comble principal, abrités d'une couverture en zinc appliquée sur les tringles, pannes, etc., qui réunissent les fermes et arbalétriers.

Quant aux divers assemblages, soit des pièces d'une même ferme, soit des pannes, faîtages, chevrons, qui réunissent les fermes et qui font le complément du comble, les détails de la pl. 50 les indiquent d'une manière suffisante et sans que des explications à l'appui soient nécessaires ; de plus, la petite vue perspective qui y est jointe achèvera de donner une idée de l'ensemble de la construction.

PONTS COUVERTS.

Les ponts couverts, qui établissent communication d'un bâtiment à un autre, s'exécutent aussi très-fréquemment en fer ; leur grande légèreté les fait préférer à ceux en bois qui sont d'ailleurs beaucoup plus exposés à être détériorés par les intempéries.

Dans la planche 51 sont représentés, comme indication, deux ponts couverts existant à Paris : le premier principalement est d'un service journalier, c'est celui qui unit deux des bâtiments de l'Hôtel-Dieu séparés l'un de l'autre de toute la largeur d'une rue : deux longues sablières GG, engagées à scellement dans les deux murs opposés et soutenues par des arcs de décharge ou jambes de force D qui s'assemblent dans un patin aussi à scellement, en sont les pièces principales ; des contrefiches inclinées en sens opposés les relient aux jambes de force et en augmentent encore la tension. A angle droit des sablières sont fixées des traverses horizontales E (*voyez* aux détails), qui s'encastrent dans des renforts ou sabots A et B dépendant des pièces principales G ; elles dépassent d'une certaine longueur les côtés du pont pour recevoir le pied des contres–buttes F, qui maintiennent dans une position verticale les montants CC assemblés à boulons et écrous sur les sablières, et dont l'office est de supporter le petit comble à deux égouts qui abrite le pont ; entre les montants sont établies des barres d'appui ou balustrades soutenues par d'autres barres inclinées formant croisillons. Tout le pont est enveloppé de rideaux en coutil qui protègent le transport des malades d'un bâtiment à l'autre en les préservant des influences de l'air extérieur.

L'autre pont couvert, fig. II, même pl. 51, a beaucoup d'analogie avec le premier ; il a été construit à la manutention des vivres de la guerre, par les soins de M. le capitaine Gréban ; ses pièces principales sont aussi deux sablières qui réunissent deux corps de bâtiments opposés : comme leur trajet est moins grand que dans le pont de l'Hôtel–Dieu, les arcsboutants sont aussi beaucoup moins longs. Les autres assemblages sont à peu près les mêmes ; son comble seulement a demandé un arrangement particulier pour se raccorder à celui du bâtiment de la boulangerie qui est ogivique, ainsi que nous l'avons vu pl. 17.

PONTS SUSPENDUS.

La construction des ponts suspendus en fer, bien qu'étrangère en quelque sorte à l'architecture proprement dite, a néanmoins un rapport tellement direct avec les notions qui font l'objet de ce traité, que je n'ai pas cru devoir négliger de produire, sans cependant les accompagner d'aucune explication, les détails qui en composent le système. J'ai pris pour exemple le pont suspendu exécuté à Tréguier (Finistère), par MM. de Vergès et Bayard de la Vingterie, ingénieurs.

Ce beau pont, d'une grande hardiesse, car il n'a pas moins de 100 mètres d'envergure, se distingue surtout par la simplicité et la justesse de ses assemblages. Il est figuré avec tous ses détails pl. 52. Entre autres perfectionnements apportés à la construction ordinaire des ponts suspendus, on y remarque l'application d'un mode tout récent de tension et de relâchement des chaînes : sur le sommet des piles, dont la surface horizontale est garnie d'une plate–forme ou chemin en fer très–uni, roulent des coussinets supportés par de petits cylindres (ils sont représentés aux détails sous leurs différents aspects) ; leur surface supérieure est évidée en gorges ou rainures dans lesquelles glissent les chaînes de suspension. Celles–ci, suivant la dilatation ou la contraction du métal dont elles sont formées, entraînent dans leur mouvement le système mobile sur lequel elles s'appuient et se meuvent en avant ou en arrière sans oscillations brusques et surtout sans secousses pour les piles qui les supportent.

DES RIDEAUX EN FER EMPLOYÉS DANS LES THÉATRES.

Au nombre des inventions les plus utiles doit être placée celle des rideaux en fer pour la séparation de la scène et de la salle dans les théâtres, car ils sont destinés, sinon à prévenir les sinistres, du moins à en rendre les suites infiniment moins désastreuses en détruisant toute communication de l'une des parties d'un théâtre avec l'autre.

MM. Hittorf et Lecointe, architectes, en ont fait une heureuse application à la salle Favart. La planche 53 représente l'ensemble et les détails d'ajustement de celui qui a été exécuté sur leurs indications par M. Roussel. Une particularité de sa construction est digne d'attention ; c'est le grand arc concave, si l'on peut s'exprimer ainsi, qui s'appuie sur la seconde traverse et qui soutient de ses deux extrémités la traverse supérieure. Il a pour objet de maintenir dans leur état de rigidité au moment où le rideau est baissé et repose à terre, et cette traverse et les tiges verticales qui s'y assemblent, lesquelles, en l'absence de l'arc, auraient une tendance à fléchir et à fatiguer par conséquent davantage les deux cordes extrêmes de suspension. Un autre détail est encore à remarquer, c'est la contrefiche qui, de chaque côté de l'arc, lui fait équilibre et qui, en butant du pied sur l'extrémité de la seconde traverse, contribue à en augmenter la tension.

Le mécanisme qui met en mouvement ce rideau et en opère l'ascension et la descente est fort simple ; c'est le même que celui employé pour tous les décors en général, un tambour ou treuil sur lequel s'enroulent quatre cordes métalliques réunies au même point à l'aide de poulies de renvoi.

Il serait du plus haut intérêt, et comme mesure de sûreté générale et comme garantie de sécurité pour le public, de voir adopter pour tous les théâtres cette invention si ingénieuse et cependant si simple, qui dissipe toute crainte sur les suites d'un incendie réel et sur les dangers auxquels peuvent exposer les effets de lumière accidentels, ou les incendies figurés volontaires pour ajouter à l'illusion scénique. Un rideau en fer devient, en cas de sinistre, un rempart insurmontable contre les progrès de l'incendie.

FIN DE LA PREMIÈRE PARTIE

DEUXIÈME PARTIE

TRAITÉ

DE L'EMPLOI EXCLUSIF DE LA

TÔLE DE FER ET DES BRIQUES

CREUSES OU PERFORÉES

DANS LES CONSTRUCTIONS CIVILES, INDUSTRIELLES ETC., ETC., ETC.

INTRODUCTION

Dans mon Traité de Construction en *poteries* et *fer* à l'usage, etc., etc., dans celui de l'application du *fer*, de la *fonte* et de la *tôle* à l'usage, etc., etc., ouvrages auxquels, après un laps de vingt années et plus, échoit enfin aujourd'hui l'honneur d'une nouvelle édition [1], j'ai signalé une infinité de cas connus jusqu'en 1841 où, depuis cette époque, tous les éléments métalliques ainsi que les poteries ou briques creuses de diverses formes (le tout combiné de manière à présenter un ensemble de résistance à toute épreuve, soit au poids, soit à l'incendie) jouent, suivant leurs nombreuses applications, un rôle sans contredit trèsimportant et incontestablement reconnu dans nos constructions en général.

D'un autre côté, bien que dans ce titre : deuxième partie de cet ouvrage ; les mots : *Emploi exclusif* de la *tôle*, etc.., [2] semblent éliminer tout d'abord celui d'autres

[1] *1er volume.* — Traité de construction en *poteries* et *fer* à l'usage des bâtiments civils, industriels et militaires, — suivi d'un recueil de machines appropriées à l'art de bâtir, avec 66 planches gravées par HIBON.

2e volume. — Traité de l'application du *fer*, de la *fonte* et de la *tôle* dans les constructions civiles, industrielles et militaires, suivi d'un mémoire sur la construction de nouveaux planchers par P. D. Bazaine, lieutenant-général du Génie, avec 80 planches gravées par HIBON et AD. LEBLANC, par CH. L. G. ECK, architecte, ingénieur civil, etc., etc., etc.

— Paris, Carillan Gœury et Victor Damont, éditeurs, quai des Augustins 39 et 41. - 1841.

[2] C'est dans l'espèce même, sur toute cette méthode de construire, qu'auront exceptionnellement et alternativement à rouler, suivant les cas, tantôt l'emploi de la tôle de fer dite de roche (0,25 mill. d'épaisseur), tantôt celle préalablement planie au marteau, (0,02 millim. à 2 millim. 1|2

matériaux étrangers, chacun par leur nature, aux combinaisons du système en présence, l'on admettra volontiers que, par cette seule raison qui veut que tout bâtiment quelconque, même si simple qu'il puisse être, demande à reposer sur des fondations relativement très-solides, il faudra de toute nécessité, quand même, que cette assiette générale d'appui ainsi que les piles en pierre au rez-de-chaussée, en tant qu'il devra s'agir de baies à grandes ouvertures, soient établies dans toutes conditions normales pour recevoir la façade en élévation des divers étages de la maison proprement dite.

Ce ne doit donc être que dans ce dernier cas où la méthode dont il est question ne pourra être appliquée qu'à partir du plancher du premier étage.

Si, aujourd'hui, par le fait même de mille et un incessants progrès, qui se multiplient de jour en jour, le domaine de l'art de bâtir tend, en s'agrandissant sans cesse, à découvrir journellement encore une infinité d'applications nouvelles en vue de la matière, de la manipulation et de la conception qui préside à l'ensemble, nous devons ces résultats multiples et si justement appréciés à l'alliance de plus en plus intime de l'ingénieur ou de l'architecte avec la pratique du constructeur proprement dit, qui fait le couronnement de l'œuvre.

En effet, pour ce qui a trait à l'emploi de la *tôle*, depuis plusieurs années principalement, combien d'exemples, tous plus frappants les uns que les autres de l'application exclusive de ce métal à propriété toute exceptionnelle n'ont-ils pas été soumis à l'œil de l'observateur en vue de la construction également exceptionnelle, de ce que j'appellerai certains édifices dont l'affectation de tous les jours, de tous les instants, résume sans apanage ni ostentation, les services sans nombre qu'ils rendent à la chose publique, tels sont les ponts, les combles de certaines usines, voire même aujourd'hui un certain nombre de maisons particulières à cause des moindres vertus ductiles et dilatables de la *tôle* comparativement à celles du *zing* dont l'emploi est encore presque partout répandu.

Cependant, à notre avis, une lacune existe encore dans l'emploi exclusif de la *tôle,* et c'est d'après les longues observations que j'ai été amené à faire, que j'ai pensé, peut-être avec raison, que le travail tout spécial que j'adjoins à mon ouvrage aujourd'hui renouvelé complétera autant que possible tous les renseignements que j'ai précédemment donnés sur ce système de construction métallique.

Ainsi, à part ici toute prétention aucune d'avoir fait une découverte, j'ai uniquement cherché le moyen d'indiquer avec clarté et simplicité une méthode profitable à tous, et ai dû ajouter un exemple de plus à ceux aujourd'hui au grand jour en innovant un système de construction pour maisons particulières où l'application unique de la *tôle* de *fer* en forme de cornière, et de celle planie, jointe à l'emploi des briques creuses, constituera exclusivement l'agencement, à l'exception, toutefois, des fondations et des murs mitoyens ou pignons de l'édifice.

Cette introduction que j'appellerai volontiers une entrée en matière, une fois exposée,

---

d'épaisseur) toutes les deux dites à *Cornières*, armées de rivets au droit de toutes leurs jonctions. — Quant aux briques creuses, leurs choix, formes et dimensions devront naturellement être encadrés, dans les emplacements respectifs indiqués par les ossatures métalliques qui, dans mon projet, leur servent de loges.

il me reste à décrire aussi succinctement que possible, chacune dans son temps, toutes les particularités du système dont ils'agit en appuyant mes démonstrations de planches dessinées afférentes à chacune d'elles et indiquant toutes les phases d'érection d'un bâtiment particulier, c'est-à-dire de méthode purement élémentaire, et, qu'à la rigueur, on ne devra considérer, sinon comme *spécimen*, du moins comme certaines données toujours utiles à interroger en l'intéressante matière qui fait l'objet de la deuxième partie de cet ouvrage.

Oserai–je espérer aussi que, dans tout état de cause, on me saura gré d'avoir pris à tâche de traiter de cette méthode encore toute neuve, dans des limites assez étendues sans doute, mais cependant (à raison du progrès qui, chaque jour, marche à grands pas) peut-être déjà trop restreintes, que j'ai cru devoir assigner à la composition de cette deuxième partie.

NOTIONS SUR LA FABRICATION DE LA TÔLE

Je croirais laisser une lacune dans un des chapitres traitant des divers emplois de la tôle en omettant de dire comment cette matière doit être fabriquée pour être bonne et durable, propre à toute espèce de travaux et susceptible de se prêter à toutes les exigences de l'imagination et des circonstances.

Toutefois, afin de faciliter ma tâche, j'ai eu recours à un praticien distingué, à un ancien chef d'atelier [1] qui a gagné ses chevrons à la sueur de son front. Il a bien voulu me faire profiter de sa grande et longue expérience et me communiquer ses réflexions sur les travaux de toute sa vie.

Je le laisserai parler lui-même et passer en revue le mode de fabrication des différentes qualités de tôle, employées dans le commerce, et en outre, de données presque indispensables aujourd'hui pour le constructeur.

Mes lecteurs y trouveront des développements du plus grand intérêt pour les fabricants eux-mêmes. Voici comment s'explique cet honorable praticien, à ce sujet :

« On appelle tôle, des feuilles ou des plaques soit de fer, soit d'acier, d'épaisseur uniforme et de surface lisse. On en distingue de deux sortes : 1° la tôle forte employée pour la confection des chaudières à vapeur, le revêtement des bateaux, les bâtis de locomotives et

[1] M. J. B. Rozier.

bien d'autres travaux qui exigent des tôles d'une certaine épaisseur ; 2° la tôle à fer blanc qui est au contraire très-mince, et dont on fait, par exemple, les tuyaux de poële.

« Entre ces deux extrèmes, il y a une foule de tôles qui varient d'un quart de millimètre à cinq millimètres, et que l'on emploie fréquemment pour les toitures des ateliers, pour les revêtements de voitures de chemins de fer, etc., et qui servent aussi à doubler l'intérieur des grands véhicules destinés à transporter des fardeaux qui endommageraient trop le bois. C'est également avec ces tôles minces que l'on fait ces belles scies circulaires à l'aide desquelles on refend les pièces de bois, les pierres et jusqu'aux métaux les plus denses.

« La tôle forte se fabriquait autrefois au marteau sur une table d'enclume légèrement bombée au milieu: c'est encore ainsi qu'on obtient la tôle dans quelques usines. L'usage des laminoirs a beaucoup simplifié cette fabrication.

Avant 1726, la tôle, soit de fer, soit d'acier, se tirait de l'étranger ; mais depuis cette époque on la fabrique en France et c'est un objet d'industrie qui, de nos jours, s'étend de plus en plus.

ARTICLE PREMIER

DE LA TÔLE DE FER

La planche 54° indique la manière dont les huit types ou groupes métalliques sont diversement combinés à la demande de la fabrication de la tôle de toute espèce, en général.

La tôle de fer se divise en cinq qualités différentes, suivant l'usage que le constructeur veut en faire, savoir : tôle au bois, tôle fer-fort ou mixte, tôle demi—fer-fort, tôle ordinaire pour chaudières à la houille, tôle ordinaire pour bâteaux à la houille.

§ I. — *De la tôle au bois.*

Pour la tôle au bois, il faut choisir le fer le moins pailleux, le plus propre, et surveiller avec un soin tout particulier l'appareillage des paquets destinés à devenir tôle. On emploie généralement dans les grandes forges de France, pour la construction de ces paquets, des fers au bois martelés et laminés à cinquante, quatre-vingts et cent vingt millimètres d'épaisseur. Ces barres de fer sont ensuite cisaillées aux dimensions que demande la tôle à fabriquer. La figure 1re de la planche 54 fera mieux comprendre la construction de ces paquets.

Comme il est facile de le voir, l'édification de ce paquet comporte onze rangées de fers, dont sept dans le sens de la longueur, et quatre dans le sens de la largeur. Les barres doivent se croiser de manière à éviter une dessoudure intérieure et par conséquent un vide qui se boursouffle au refroidissement et constitue ce que nous appelons *gonfle*. La tôle atteinte de ce vice perd essentiellement de sa valeur et ne peut plus être livrée au commerce qu'après qu'on en a retranché la partie défectueuse ; il serait trop dangereux de s'en servir pour la fabrication des chaudières à vapeur.

Le paquet terminé, il est vérifié par le contre—maître de fabrication qui donne ordre de l'introduire dans le four assis auprès des marteaux-pilons. Les fers au bois demandent un échauffage très-régulier, soigné, gras, suivi, et quand le maître chauffeur sonne, c'est qu'il vient de baisser la plaque de son four pour laisser rentrer un peu mieux la chaleur dans l'intérieur de son fer et qu'il faut se disposer au martelage. Le paquet est retiré du four au moyen de tenailles aux longs leviers, placé sous le marteau, et corroyé avec grand soin. Une fois soudé sous le marteau, le paquet est reporté au four et soumis à un deuxième chauffage, puis à un deuxième martelage, lequel lui donne la forme que demande le travail fini de cette pièce.

La tôle est-elle demandée ronde, ou circulaire, ou *disque* (comme on la nomme alors vulgairement), le paquet est martelé rond pour qu'on n'ait pas à l'arrondir aux cisailles, ce qui occasionnerait un déchet de rognures préjudiciable au fabricant. Le paquet, de nouveau martelé, prend alors le nom de *Bloom* ou *Massiot* et se trouve conduit dans des fours à réchauffer dans le voisinage des trains de laminoirs. Il importe, pour la bonté de la tôle, que ce chauffage ne soit pas non plus négligé, que le maître chauffeur le surveille avec une vigilance à toute épreuve. Aussi en France, dans la plupart des grandes usines, afin d'intéresser les chauffeurs à bien faire, leur accorde-t-on un salaire proportionné aux succès de leurs travaux. Il existe pour cela des tarifs suivant le poids et la difficulté des pièces dont on s'occupe dans ces usines. C'est ce que nous appelons la mise au millimètre. Même, pour que rien ne soit négligé depuis le début de la fabrication jusqu'au départ des produits, le même système est appliqué à tous les ouvriers. Les tôles rebutées par le contrôleur de fabrication, les tôles malpropres, ne leur sont pas payées. Les ouvriers ne reçoivent leur salaire qu'à la fin du mois. Tous les jours un tableau détaillé des pièces fabriquées avec les prix fixés par le contrôleur est placardé dans l'intérieur de l'usine. Chacun peut en prendre connaissance, et réclamer s'il y a lieu. Cette manière de procéder est à l'avantage de tout le monde : le fabricant ne livre au commerce que des produits bons et solides qui assurent la bonne renommée de sa maison ; et, de son côté, l'ouvrier, qui a pris l'habitude de travailler avec soin et de réussir ses pièces, ne tarde pas à réaliser des économies qui augmentent son bien-être et lui permettent d'élever convenablement sa famille, souvent nombreuse.

Pour savoir si la tôle au bois une fois terminée ne renferme pas de *gonfles* ou dessoudures intérieures, le contrôleur frappe dessus à petits coups avec un *Rivoir*. S'il remarque quelque part un manque de sonorité, c'est un indice qu'il existe un défaut capable de compromettre la sûreté d'une chaudière ; car les tôles au bois (nous l'avons déjà dit) ne sont généralement employées que pour les chaudières à vapeur. Elles sont donc destinées à subir un travail minutieux, à prendre sous le marteau des formes plus ou moins bizarres, à être pliées dans tous les sens et à supporter à un très-haut degré l'action de la chaleur. Parce que, d'une part, elles craignent moins la chaleur que les tôles en fer-fort et ordinaire, et que, de l'autre, elles se plient à des travaux pour lesquels les fers inférieurs ne sauraient convenir ; elles se placent de préférence au contact du foyer et à la face des locomobiles.

Si les tôles au bois sont demandées par le constructeur d'une solidité extraordinaire, on compose le paquet de la manière dont le démontre la planche 54, fig. 2ᵉ.

La différence entre la construction de ce paquet et celle du premier ne consiste qu'en deux couvertes de 40 millimètres d'épaisseur placées l'une à sa base horizontale, et servant d'assise, l'autre à la partie supérieure comme couverture. Ces couvertes sont fabriquées de même manière que la tôle au bois dont nous avons déjà parlé et qu'on lamine à 40 millimètres d'épaisseur. On les cisaille aux dimensions indiquées dans les commandes, en observant toujours la hauteur et la largeur que doit avoir le paquet avant d'entrer dans le four à marteau–pilon.

L'emploi de ces couvertes doit également se faire avec soin : il est nécessaire que le chef appareilleur vérifie minutieusement la face de chaque couverte qui doit servir de lustre à la tôle une fois fabriquée: elle doit être exempte de gonfles, de criques, de quartz, de gerçures quelconques. Le rebut d'une tôle d'un travail si dispendieux tient souvent à si peu de chose, qu'on ne saurait veiller avec trop d'attention à ce qu'elle soit en état d'être expédiée au client toujours si désireux de l'avoir de bonne qualité.

Il est facile de comprendre combien ce deuxième mode de fabrication l'emporte sur le premier. En effet, le paquet reçoit au marteau–pilon trois chaudes et aux laminoirs deux chaudes ; mais il arrive que dans ce deuxième mode le paquet en obtient dix au lieu de cinq, et, puisqu'il est de principe reconnu en métallurgie que plus le fer est corroyé, mieux aussi il est soudé et plus il acquiert de force et d'énergie, nous devons en conclure que cette manière de fabriquer la tôle doit donner les résultats les plus satisfaisants.

Nous ne terminerons pas cet article sans dire aussi qu'il arrive souvent qu'une tôle aux dimensions extraordinaires se trouve d'un poids supérieur au mode de martelage employé dans la généralité des usines en France. Il est même assez rare qu'on y soumette au marteau un paquet pour tôle dépassant le poids de 1,500 kilogrammes, parce qu'alors il devient si peu malléable que l'on préfère, dans l'intérêt de la bonne soudure, de ne le soumettre qu'à la pression des laminoirs, en lui accordant une ou deux chaudes au plus. Les tôles fabriquées de cette manière sont plus douces, se prêtent mieux au travail d'allongement, telles enfin que le demandent certains constructeurs. On sait du reste que le marteau énerve un peu la matière et la rend plus sèche et plus courte.

§ 2. — DE LA TÔLE MIXTE OU FER-FORT.

On donne le nom de *tôle mixte* ou fer–fort à une tôle moins résistante que la tôle au bois, mais aussi moins chère et par conséquent à la portée des petites bourses. Beaucoup de constructeurs ne craignent pas de l'employer comme tôle fine et lui font subir les épreuves les plus convaincantes. Un constructeur habile secondé par des ouvriers intelligents saura toujours en tirer un parti satisfaisant. C'est avec cette tôle que bon nombre de chaudronniers construisent des prises de vapeur, des bouilleurs, des fonds de chaudières, des cuvettes, des calottes, et une infinité de travaux où l'ouvrier peut se distinguer et montrer son adresse à donner au fer-mixte et à la houille la tournure que l'ingénieur demande par un tracé chargé de côtes. C'est encore avec ce fer qu'on obtient ces longs et magnifiques longerons ou bâtis de locomotives. Beaucoup de forges procurent aujourd'hui à leurs clients une notable économie en amenant ces longerons, au sortir du laminoir, à prendre, à quelques centimètres près, la figure indiquée sur le tracé qu'on leur fournit. C'est ainsi que la métallurgie s'efforce de suivre les progrès des autres branches de l'industrie, et d'être pour elles un puissant auxiliaire. Nous avons vu dans certaines usines des balanciers de grosses machines, de la composition *mixte* ou *fer-fort*, sortir du laminoir avec la forme régulière qu'exigent ces sortes de pièces et faire l'admiration des chefs d'atelier les plus exercés. Si les limites de cet ouvrage nous le permettaient, nous voudrions décrire ici la composition des paquets pour longerons, pour balanciers, et autres formes intéressantes. Nous nous contenterons de donner d'une manière générale la composition d'un paquet pour tôle mixte ou fer-fort. Il sera facile ensuite de voir comment il faudrait la modifier dans tel ou tel cas particulier. *(Voyez la planche 54, figure 3e).*

Les deux couvertes qui maintiennent ce paquet sont en fer du Berry, fer très doux, se laminant avec un poli magnifique, et se soudant au mieux et avec sympathie avec les fers riblons du commerce dont on fait un usage si utile dans cette circonstance. Ces couvertes sont en pur fer fin : elles ont déjà reçu une première façon par un laminage à deux chaudes bien soigné. Le paquet une fois terminé, on lui fait subir le travail dont nous avons parlé à propos des tôles au bois martelées. Il est nécessaire de veiller sans relâche au soudage, et de faire aussi son possible pour arriver juste aux dimensions voulues. C'est le moyen de contenter le client qui calcule habituellement son prix de revient sur le poids de sa commande. Si sa fourniture est à tant la pièce, il ne faut pas exagérer l'épaisseur ; si, au contraire il a traité au 00/00 kilogrammes, il ne faut pas rester en dessous. C'est ce dont ne se préoccupent pas toujours assez les lamineurs. Aussi les chefs de fabrication des tôleries feront─ils bien de voir et revoir par eux─mêmes : C'est la fortune d'une maison !

§ 3. ─ DE LA TÔLE DEMI-FER-FORT.

Cette tôle s'emploie généralement dans les travaux qui exigent moins de fini et une matière moins dure. Quand un constructeur veut donner à la tôle des courbes plus ou moins sinueuses, faire tomber un bord à angle arrondi, retrousser le métal dans un sens quelconque il doit demander au moins cette qualité. Il est nécessaire aussi qu'il communique ses dessins au fabricant: une partie du travail se fera alors, comme nous l'avons dit, dans la forge, et, par ce moyen, le chaudronnier évitera une perte de temps et une main d'œuvre inutile.

Il y a une infinité de manières d'employer la tôle *demi-fer-fort*. Nous n'entrerons pas dans les détails. L'essentiel est que cette tôle soit de bonne qualité ; car le succès dépend des matières premières qu'on emploie, comme aussi des essais qu'on fait subir aux objets fabriqués avant de les livrer au commerce. C'est une recommandation sur laquelle nous croyons devoir insister, de ne jamais laisser sortir de son usine aucun article sans l'avoir scrupuleusement soumis à une épreuve sévère. C'est à ce prix qu'un fabricant méritera la confiance et qu'il arrivera infailliblement à la considération et à la fortune.

Avant de terminer ce paragraphe, nous tenons à donner un aperçu de la manière dont se compose la tôle *demi-fer-fort* dont on fait un usage considérable dans le monde industriel et qui sert surtout dans les coques de navires, dans les constructions artistiques, dans les édifices publics et privés. *(Voyez la figure 4, planche 54).*

Comme on le voit par cette figure, les deux couvertes sont en fer fin du Berry, ou fer fin très-doux, facile au laminage, n'offrant aucune figure regrettable sur ses deux faces. L'intérieur du paquet est composé moitié fer riblon du commerce et moitié fer ordinaire à la

houille, fer très-gras et très-soudable, susceptible de s'allonger et présenter un produit satisfaisant sous tous les rapports.

§ 4. — DE LA TÔLE ORDINAIRE POUR CHAUDIÈRES.

Pour obtenir des tôles de qualité ordinaire, propres à la construction des chaudières à vapeur et autres appareils qui ne demandent qu'un cintrage peu compliqué, il faut commencer par faire un choix sérieux du fer que l'on doit employer, puis veiller avec soin à ce que
l'opération se fasse dans toutes les règles, si l'on veut obtenir beaucoup avec peu.

La première condition, disons-nous, est de bien choisir les fers que l'on doit employer.

Prenez toujours de préférence des fers à grains, au laminage facile, sympathisant avec
des fers de diverses provenances, s'allongeant avec facilité. Défiez vous des fers sulfureux,
n'employez qu'avec précaution les débris de tôles. L'état de rouille où ils sont ordinairement
fait qu'il est assez difficile de distinguer les matières étrangères préjudiciables à la bonne
fabrication qui s'y trouvent souvent mêlées, telles que quartz, minium, tartre, zinc, plomb,
rivets en acier ou en cuivre. Un chef d'atelier, jaloux de satisfaire ses clients, confiera le
soin d'examiner ces vieilles tôles à des employés expérimentés qu'il saura intéresser au succès par un salaire convenable.

Sinon il serait exposé à fournir, sans même le savoir, une marchandise de mauvais aloi
aux clients qu'il tient le plus à bien servir. Cela montre une fois de plus le tort de certains
chefs d'établissement qui font peser sur une seule tête toute la responsabilité d'une
grande affaire, au lieu qu'en divisant cette responsabilité, ils auraient un plus grand nombre d'hommes intéressés à la prospérité de leur maison et qui apporteraient, dans chaque
détail de la fabrication, cette activité, ce zèle, cette application suivie, qui ne se paient jamais trop cher.

Le choix du fer ordinaire étant fait, on l'approche des cisailles qui doivent le couper aux
dimensions que demande le poids de la tôle à fabriquer. On découpe également en morceaux les rognures de tôle ordinaire et les vieilles tôles ou fragments de chaudières usées.
Ces morceaux sont ensuite bien dressés, et nettoyés avec des brosses confectionnées pour
cet usage. Cela fait, vous montez votre paquet de la manière indiquée fig. 5. planche 54,
en observant toujours le mode de croisement, comme dans la fabrication des tôles au bois,
fer-fort, et demi—fer—fort, cette figure donne une idée de la composition des paquets à
tôle ordinaire pour chaudières.

Ce mode de fabrication, il est facile de le comprendre, ne peut manquer d'avoir du succès :
il fournit au fabricant le moyen de produire à bon marché en employant les rognures de
tôles qui se sont accumulées dans son usine ainsi que les chaudières usées ou hors de service qu'il se procure à bas prix ; le client de son côté trouve à sa portée des tôles qui pour
n'être pas chères n'en sont pas moins bonnes et moins soignées.

Pour lier le paquet on a soin de fixer à sa base une couverte en fer ordinaire pur s'allongeant avec la facilité que demande ce genre de travail. On le termine par une deuxième couverte qui complète l'œuvre du paquetage. Il est très-important que l'intérieur soit arrangé

avec attention, les barres bien croisées, les rognures de tôles de toute la longueur du paquet. Il faut aussi faire bien croiser ces rognures afin d'éviter les défauts intérieurs. Le paquet terminé et vérifié par le chef de poste est conduit dans les fours du marteau-pilon où il subit un bon chauffage bien suivi; il est ensuite martelé à deux chaudes, puis de là conduit au four à réchauffer des laminoirs où il reçoit une ou deux chaude, suivant l'importance de la tôle.

Nous ajouterons que les couvertes de ces tôles étant en pur fer ordinaire d'un choix tout particulier, elles sont d'une fabrication exceptionnelle que fera comprendre *la figure 6 de la planche* 54.

Pour soutenir et pouvoir lier convenablement ce paquet, on fait glisser sous la base deux planchettes de bois de sapin; cela suffit pour l'empêcher de se démolir.

Une forge doit toujours être pourvue de couvertes faites d'avance et de toutes les largeurs sans être cisaillées sur la longueur.

C'est une très-grande économie de les laminer au laminoir universel aux largeurs dont on a le plus souvent besoin: on évite par là de les cisailler sur les côtés. Ce paquet se réchauffe dans un des fours voisins des laminoirs et reçoit deux chaudes; puis il est contremarqué comme couverte, au sortir du cylindre, avec des marques à chaud, afin d'éviter toute erreur. Du reste, dans chaque forge, il doit y avoir un homme spécialement chargé du marquage des tôles; c'est lui qui applique sur chaque feuille la marque indiquant la qualité, le chiffre du fabriquant, celui du lamineur, la date de la fabrication.

§ 5. — DE LA TÔLE ORDINAIRE POUR COQUES DE NAVIRES ET CONSTRUCTIONS DIVERSES.

Après avoir parlé du choix des fers qui doivent s'employer dans la confection des tôles pour chaudières, nous allons dire un mot des fers qui s'emploient pour tôles à coques de bâteaux et constructions diverses. Ce sont les fers laissés de côté dans le choix dont il vient d'être question: ils sont loin d'être mauvais, mais simplement d'une fabrication inférieure; ils ont éprouvé des avaries à leur naissance, mais ils proviennent des mêmes fontes que les précédents et ils ont été travaillés par les mêmes ouvriers sous la direction des mêmes chefs. Ce sont donc purement des fers un peu moins réussis et qui malgré l'imperfection dont nous avons parlé passent cependant avec succès par toutes les autres phases de la fabrication. On les soumet d'ailleurs à des épreuves de traction, de choc, d'allongement, qui satisfont toujours aux exigences du cahier des charges de la marine, des constructeurs et des chemins de fer.

Ces tôles servent généralement pour les coques des navires marchands, des vaisseaux de guerre, et pour le doublage des mats; elles entrent dans la construction des édifices particuliers; elles sont encore employées dans les chemins de fer pour le doublage des fourgons à marchandises. Les constructeurs en font usage dans l'exécution des ponts de diverses longueurs; ils en font des tabliers, des barres pour solives de planchers, des entretoises, des chapitaux, et une foule d'autres pièces qu'il est inutile d'énumérer. Les ingénieurs et les architectes l'emploient dans la construction de ces viaducs qui font l'ornement et la gloire de la capitale et de nos grandes villes. C'est encore avec cette qualité de tôle que les ingénieurs de nos usines renforcent les pièces de bois qui supportent des fardeaux aériens dont la vue effraie. Il existe des usines qui fabriquent des tôles de ce genre mesurant de 25 à 35 mètres de longueur sur 0 m. 200 à 0 m. 800 de largeur (peu importe l'épaisseur, qui peut varier de 0 m. 004, à 0 m. 025.) L'ingénieur fait jouer un rôle très-important à cette tôle. Il la substitue dans une foule de cas comme, par exemple, aujourd'hui plus que jamais, dans la construction de tous ponts et ponceaux fixes, et, cela avec économie, au bois et à la fonte. En outre, elle remplace avec un avantage très-marqué les plaques de fonte qui servent de revêtement aux fours à chauffer, à réchauffer et à recuire. La fonte exposée tour à tour à l'action de la chaleur et aux changements brusques de température éclate et se crevasse, ce qui est désastreux pour le fabricant. Le fer n'a pas cet inconvénient ; il n'a que celui de se gondoler, si l'on n'a pas eu soin de l'armer comme cela doit toujours se faire ; mais si le four est construit suivant les règles de l'art, si tout a été prévu avec cette prudence qui distingue l'homme d'expérience, le four aura de la durée, et demandera peu de réparations. C'est le vrai moyen de n'être pas interrompu dans le cours d'une fabrication commencée par la débâcle d'un four ; car alors on se voit forcé d'en retirer les barres, de le refroidir, et d'avoir recours au maçon. Ce genre d'accident survient souvent dans les petites forges qui oublient les précautions les plus élémentaires. Cette négligence ne tourne certainement au bénéfice de personne.

C'est aussi avec ces fers ordinaires que bon nombre de constructeurs confectionnent des caisses à savons, des gazomètres, des baquets propres à une foule d'opérations, des grues, des tampons de locomotives, des dessus de tables portatives, des fermetures, comme aujourd'hui celles établies par M. Maillard, inventeur de ces sortes de constructions et quelques-uns de ses confrères à Paris, de magasins, des tabliers de ponts suspendus et tant d'autres objets utiles que nous nous dispenserons de détailler. La tôle striée, si employée dans l'industrie, provient également de cette qualité de fer. Elle subit, à son dernier passage aux laminoirs, une façon qui la couvre de losanges ou autres figures en relief. Sous cette forme, on s'en sert pour les passages à niveau des chemins de fer, pour les ponts tournants, pour le parcours des trottoirs des ponts. Les stries empêchent le pied de glisser et préviennent des chûtes surtout en hiver et il n'est personne de nous qui ne leur ait quelque obligation. La tôle striée est d'un emploi général aujourd'hui : il n'est pas d'usine, pas de magasin de quelque importance qui ne profite des avantages qu'elle offre : On cisaille ces tôles aux dimensions voulues et on en fait un carrelage commode, propre, et facile à entretenir.

Le fabricant doit veiller au dressage de ce genre de tôles qui est plus difficile que celui des autres. Leur épaisseur n'étant point partout la même, puisqu'il y a des parties creuses et des parties saillantes, il arrive qu'elles se relèvent d'un côté, tandis que de l'autre elles restent bien planes. Il faut donc une fois cisaillées les introduire par paquets dans un four à recuire ; après les y avoir adoucies, les amener sur une plaque à dresser, les superposer les unes sur les autres puis les charger fortement afin qu'elles puissent prendre un bon pli à chaud et le conserver à froid. Nous en avons vu de si rebelles au dressage, que force nous a été de les faire dresser au marteau, ce qui devient très-onéreux.

La composition d'un paquet pour tôles ordinaires, qualité inférieure, est celle démontrée *dans la figure 7° de la planche 54.*

Ce paquet se compose d'une couverte en fer ordinaire, premier choix, dessus et dessous afin de donner à la tôle la consistance qu'elle doit avoir, et ce vernis, ce lustre qui flatte l'œil. Ce genre de tôle ne se martèle pas ; il est simplement soumis au chauffage d'un four très-voisin des laminoirs qui soudent le paquet dès qu'il a reçu une bonne chaude bien grasse et bien suivie. Deux ou trois pesées au cylindre suffisent pour faire adhérer les barres entre elles de manière à ce qu'on n'ait pas à craindre qu'elles se désunissent dans le reste de l'opération. Le paquet est recuit au four, puis présenté une seconde fois aux laminoirs qui l'allongent, et lui donnent la forme (largeur, longueur et épaisseur) demandée. Les tôles ne reçoivent souvent que deux chaudes bien soignées, quelquefois trois, quand la première opération n'a pas eu tout le succès voulu, soit à cause d'un mauvais chauffage trop aigre, trop peu suivi, soit parce que le four est en mauvais état, que sa sole est trop usée ; soit enfin, parce que le lamineur, par une maladresse quelconque, a déformé le paquet au premier coup de cylindre : dans ce cas le paquet est renvoyé au four pour y subir un chauffage supplémentaire ; puis l'opération se continue comme il a été dit.

Il est très-essentiel de fixer son attention sur ce genre de tôles ; car il s'en fait une grande consommation dans le monde entier : c'est la tôle la plus employée parce qu'elle convient à toutes les bourses, et que pouvant, comme on l'a vu, suffire à beaucoup de travaux, elle est d'une grande ressource aux divers constructeurs.

La fabrication de la tôle striée est très-facile au point de vue du paquetage et du laminage :

Le paquet peut se composer de la manière *indiquée figure 8, planche 54.*

Dans ce paquet, il n'y a qu'une seule couverte placée à la base, et un seul rang de traverses au milieu. Toutes les autres barres se trouvent dans le sens de la longueur afin d'éviter des déchirements une fois la feuille livrée aux laminoirs striés finisseurs. Ceux-ci, prenant le fer à rebours, pourraient le maltraiter et occasionner un rebut. La qualité du fer ordinaire est la même que celle de la tôle ordinaire, qualité inférieure [1].

ARTICLE II.

DE LA TÔLE D'ACIER.

L'acier se produit de quatre manières, 1° avec des minerais très-purs que l'on traite comme pour en tirer du fer, par la méthode catalane, mais en les laissant dans le charbon assez

---

[1] *Même renseignement pour la couverte que pour celle de la tôle ordinaire pour coques de navires.* Le paquet terminé, il est chauffé dans un des fours voisins des laminoirs ébaucheurs ; deux chaudes lui sont données et, quand la tôle est parvenue à une épaisseur qui excède de deux millimètres celle que demande le client, elle est conduite dans un four à recuire chauffant et de là dirigée vers le laminoir finisseur strié qui complète l'œuvre en une seule passe. C'est alors, nous le répétons, le moment de veiller à son dressage à chaud. Il se fait avec de longs maillets de bois dur. Il est rare qu'on ne réussisse pas ce genre de fabrication, pour peu qu'on veuille sans donner la peine.

longtemps pour qu'ils puissent entrer en combinaison avec lui ; 2° avec de la fonte dont on suspend l'affinage avant que tout le charbon soit brûlé ; c'est l'acier d'affinage ; 3° avec du fer en barres que l'on fait chauffer, hors du contact de l'air, dans un lit de poussière de charbon ; c'est l'acier de cémentation. On raffine ces aciers et on les rend homogènes soit par le forgeage, soit par la fusion. Leurs qualités sont très–diverses suivant la pureté du fer et la quantité de charbon qu'il contient ; 4° par un procédé qu'on appelle système Bessemer. Ce procédé n'est pas encore très–répandu[1], mais il est appliqué avec grand avantage dans plusieurs usines qui ont acquis l'autorisation d'en faire usage.

L'acier fondu est aujourd'hui d'un puissant secours pour l'industrie ; c'est avec lui qu'on fabrique ces belles et solides roues de locomotives, ces essieux de machines, ces magnifiques tôles aux longues et larges dimensions. Une grande partie des rails de croisement et de passage à niveau sur les voies ferrées doivent également leur solidité et leur durée à ce métal dont on rencontre à chaque pas les applications les plus diverses. Aujourd'hui tout se fait en acier fondu : admirez ces roues d'engrenage aux sections bien divisées, aux angles vifs et d'une force à tout défier. Voyez ces gros pignons à la double denture qui fixent l'attention des fondeurs les plus aguerris ; voyez ces essieux effilés, élégants ; ne sent-on pas qu'ils cachent sous leurs formes sveltes et légères cette force qui inspire la sécurité ? voilà encore des laminoirs, des manchons, des allonges, des cages de cylindres, des bielles, des manivelles, des pièces de machines de toutes formes qui sortent du lit de sable où elles ont pris naissance et semblent se réveiller avec une force et une grâce qui font sourire de satisfaction le constructeur intelligent.

On ne parle plus maintenant que de l'acier. Nous ne dirons pas sa formation primitive ; nous ne le présenterons qu'au sortir de la fonderie sous forme de lingots ou carrés ayant plus de 0 ^{m} 700 sur 0 ^{m} 700 et 0 ^{m} 2207 d'épaisseur, plus ou moins suivant le poids de la tôle à fabriquer. Pour fabriquer la tôle d'acier on introduit ces lingots dans un four à chauffer voisin du marteau pilon : c'est alors au maître chauffeur à veiller avec une attention proportionnée à l'importance et au prix de la matière. Il chauffera doucement et, s'il ne veut pas dénaturer ce qu'on lui a confié, il le remettra au marteleur avec une couleur cerise–foncée et une chaleur intérieure qui permette de serrer et rapprocher les molécules. Deux bonnes chaudes sont données au lingot ; après quoi il est conduit dans un des fours à réchauffer proche des laminoirs. Ceci est nécessaire pour attendrir légèrement le métal et lui permettre

[1] Cet acier, qui est bien moins cher que l'acier fondu proprement dit, ne semble pas jusqu'à ce jour devoir rendre les mêmes services. L'acier, système Bessemer, corps très–dur, a été rangé dans la section des aciers, parce qu'il en représente l'aspect, quoiqu'il soit loin d'en avoir toutes les propriétés. Jusqu'ici, on ne l'applique qu'à la fabrication des rails pour chemins de fer, et à celle des canons de gros et petit calibre et d'autres pièces plus ou moins importantes. Les tôles que l'on fait avec cet acier ne sont pas encore d'une apparence très-belle à l'œil ; elles se montrent généralement pailleuses et barriolées au sortir des laminoirs, ce qui les fait souvent rejeter et du constructeur, et du fabricant lui-même. Mais on ne se lasse pas de faire des essais et nous ne doutons pas qu'avant peu cet acier ne rende des services d'une importance sans égale au commerce et à l'industrie, vu la modicité de son prix. Déjà beaucoup d'usines en France traitent l'acier suivant ce système, et nous pensons que bientôt il surgira des établissements qui, par des perfectionnements successifs, parviendront à donner cette matière a des prix plus modiques encore.

de s'allonger suivant les dimensions qu'on veut lui donner. Le lamineur doit prendre garde à ne pas brusquer la pression des vis s'il veut éviter une rupture qui entraînerait sans aucun doute la perte d'un laminoir, ou celle d'une cage ou d'une pièce encore plus importante et, par suite, un chomage de plusieurs jours. La tôle, au sortir du laminoir, est jetée sur la plaque à dresser où elle prend le degré de refroidissement nécessaire ; puis elle est de nouveau soumise à un chauffage très-lent dans un très-grand four que nous appelons *four à remise* ou *four dormant*. Là elle reste assez de temps pour reprendre cette douceur et ce brillant qui la font admirer et ajoutent tant à sa valeur.

Il est de toute utilité que cette opération se fasse avec le plus grand soin : et pour cela il faut en charger un ouvrier qui ait à cœur de bien remplir son devoir et d'arriver à un bon résultat. On doit prendre garde que la tôle soit recuite d'une manière très-égale; nous avons vu parfois des ouvriers paresseux, négligents, laisser tirer de leur four des tôles d'une inégalité désespérante : les bords de droite d'un rouge à laminer, ceux de gauche d'un recuit pauvre, effrayant : l'indulgence pour des hommes qui se comportent de la sorte serait une faute : il faut les punir sévèrement si une maison tient à conserver sa réputation.

Au sortir du four à recuire, la tôle est de nouveau étendue sur la plaque à dresser, où elle est soumise à un dressage ; puis une fois complétement froide, on la livre aux cisailles qui lui donnent sa dernière tournure d'équarissage, ou une toute autre forme indiquée par le tracé joint à la commande.

L'acier fondu en feuilles de tôle s'emploie de tant de manières qu'il serait beaucoup trop long de passer en revue tout ce qu'on en peut faire sans altérer en rien sa nature, sa force et son élasticité. C'est avec ces tôles d'acier fondu qu'on effectue les plus beaux et les meilleurs travaux et si elles coûtent plus cher, elles sont aussi de beaucoup préférables. Ce que les tôles au bois ne peuvent faire, les tôles d'acier le font : vous les voyez figurer comme coup de feu dans les chaudières à vapeur, dans les chaudières verticales et horizontales, toujours à l'endroit où la flamme vient inquiéter le métal. C'est avec elles que l'on réussit si bien ces gueulards de chaudières, système Molinos ; c'est avec elles que l'on construit ces riches et solides faces de locomotives, et les pièces de chaudronnerie les plus difficiles. Ainsi l'emploi de l'acier n'est désormais qu'une question d'argent ; ce sera une dépense bien entendue pour qui saura profiter avec talent de toutes les ressources que ce métal présente. L'acier fondu rend les mêmes services que l'acier naturel : on fait avec l'un comme avec l'autre des bandages, des frettes de canons, des rails de chemin de fer ; mais l'acier fondu, et c'est ce qui fait sa supériorité, sert en outre à fabriquer ces grosses et magnifiques pièces de canon dont l'artillerie française est si glorieuse. Des boulets de tous les calibres se fabriquent de même en acier fondu.

§ 6. — DU BLINDAGE.

Il est trop question dans le monde de la plaque de blindage, pour la passer sous silence dans cette notice.

La plaque de blindage est une tôle d'une grosse épaisseur, d'un fer fin, bien soigné, trempée et recuite avant son départ des ateliers. La marine française, les marines anglaise italienne, espagnole, américaine, égyptienne, portugaise, savent de quoi sont capables nos fabricants, lorsqu'il s'agit de traiter une plaque de blindage au point de vue de la solidité et de la résistance. Les esprits sérieux dans les systèmes les plus opposés, l'homme de science, le mathématicien voué aux spéculations de la théorie, comme l'artilleur formé sur les champs de bataille, tous sont forcés de se rendre devant des faits incontestables, et Vincennes plus d'une fois s'est ému au départ d'un boulet d'un calibre monstrueux, s'attendant à voir percée d'outre en outre la plaque destinée aux épreuves, tandis qu'elle recevait à peine un calottage de 15 à 20 millimètres.

7 septembre 1867.

J. B. ROZIER

Ancien contrôleur de fabrication aux forges de MM. Pétin, Gaudet et Cie
à Saint-Chamond, (Loire).

FIN DES NOTIONS PRÉLIMINAIRES

DE LA TÔLE

ET DES BRIQUES PERFORÉES

CHAPITRE PREMIER

DES PLANCHERS-VOUTES SOUS SOL

POUR REZ–DE–CHAUSSÉES

C'est, selon moi, avec juste raison que les planchers voutés en tôle de fer et briques creuses peuvent être, en quelque sorte, assimilés aux planchers sous sol aujourd'hui généralement usités dans la construction, comme étant établis à l'aide de solives en fer laminé avec treillis en fenton servant de soutien commun ou réseau à la contexture du plancher, laquelle est composée de plâtras hourdé en plàtre.

Mais disons ici que les planchers-voûtes qui font l'objet de la présente description diffèrent essentiellement de ceux dont j'ai parlé dans la première partie de cet ouvrage, en ce sens que leurs combinaisons et les éléments dont ils sont composés possèdent une résistance qui leur est évidemment supérieure, par ici, autant de solives ou poutrelles forment sommiers, et autant de briques creuses forment claveaux ou voussoire.

Tel est l'objet de la description de cette planche 55.

En effet la fig. 1ʳᵉ représente le plan d'une partie de plancher–voûte dont les intervalles ou fractions de 2 ᵐ 50 de largeur sont remplies par des briques creuses ou hourdées en ciment romain et épousant la forme d'arcs sensiblement surbaissés dont les sommiers ne sont autres que les poutrelles cornières en forme de $\wedge$ renversé (*voyez* fig. 2). L'on conçoit dès lors que le poids d'un corps étranger quelconque qui opère le plus immédiatement sur ces sortes de surfaces perd nécessairement de sa vertu de pesanteur spécifique répartie sur toutes les parties de ces mêmes surfaces, en ce sens que toutes les sommes de cohésions et de forces vives se réunissant par le seul contact des briques creuses entre elles aboutissent forcément et avec plus ou moins de vitesse aux sommiers de ces voûtes, et cela, toujours en raison directe de la puissance du poids qui leur est imposé.

Toutefois, ne nous le dissimulons pas, nous savons, et au delà, que toutes les fois que des contextures de cette nature aux prises avec des vides relativement très–vastes qu'elles ont à remplir sont composées d'éléments à cubes très-minimes et par conséquent multiples, il y a naturellement tendance, en vertu de l'action militante propre à chacun d'eux, à ce que, d'après la loi de décomposition des forces, il se manifeste dans l'ensemble un effet de perturbation qui, au bout d'un certain laps de temps, dégénère par degrés successifs en état de dislocation et aboutit enfin à l'anéantissement plus ou moins spontané du système.

C'est pourquoi, une division dans ces surfaces étant de première obligation, une plate-bande en *tôle* de fer sur champ et à double T, (*voyez* fig. II) disposée dans l'axe de chacune de ces voûtes, en divise très opportunément les nombreuses adhésions et donne ainsi plus de stabilité à tout l'ensemble.

Les poutrelles dites cornières (*voyez* fig. II) en $\wedge$ renversé portent à leurs bases des crossettes destinées à convertir chaque premier rang de briques auquel elles servent de sommiers, en voussoirs, tandis que au droit de l'axe de la voute, la plate–bande T sert de palier d'appui au rang extrême de la moitié de la voûte, lequel forme son closoir.

Disons aussi que le peu de reins de ces voutes peut être rempli de plâtras méplats hermétiquement calfeutrés et hourdés en ciment romain ou chaux de St–Quentin.

Et puis aussi, lorsque par une raison voulue de construction quelconque, il devient nécessaire de donner une hauteur plus grande à ces sortes de *planchers voûtes* il n'y a, pour en établir la contexture qu'à employer ces mêmes briques dans le sens de leur hauteur, ce qui leur donnera une épaisseur uniforme de 50 cent. compris chape.

L'on comprend dès lors, que cet ensemble tout plastique opposera au poids une résistance d'autant plus efficace que, en raison du plus grand nombre de briques employées, la multiplicité de leurs joints fera que chacun de ces claveaux, se cohésionnant naturellement dans le sens de leurs joints normaux, n'aura plus qu'à supporter un poids relativement minime eu égard à sa surface très-restreinte.

(Nota). Si je me suis étendu, peut-être trop longuement, touchant la description des fig. 1re et 2e, c'est, une fois pour toutes, pour ne plus avoir à revenir dans le cours de cet ouvrage, sur les définitions de résistance en général de ces sortes de contextures.

La figure 3e donne la coupe sur C D du plan, et fait voir : 1° le premier rang de briques creuses faisant sommier, accoté à la paroi extérieure de la poutrelle ; 2° deux abouts de poutrelles, vus de profil, et se rencontrant sur l'axe d'un mur de refend en maçonnerie, et reliés l'un à l'autre par des plates-bandes en tôle, fixées par des rivets.

Dans la figure 4e on voit une des extrémités de la poutrelle cornière garnie à son intérieur de deux rangs de briques sur champ, superposés et noyés dans un massif en plâtras et plâtre, lequel donne à l'ensemble de cet élément principal de la voûte, le caractère de rigidité voulue.

La figure 5 indique la vue en coupe de l'ossature d'un fragment de poutrelle cornière armée de ses plates–bandes d'agrafe et d'écartement.

La figure 6 donne de son côté, la vue détaillée d'une entretoise ou plate-bande de divi-sion dans le sens de la longueur de la voûte, et dont la spécialité d'emploi a été expliquée dans la description de la figure 2ᵉ.

La figure 7ᵉ représente l'assemblage ou réunion d'un certain nombre de briques creuses ou perforées à petits redents extérieurs pour aider au grippage du plâtre destiné lui-même à donner le degré le plus avantageux d'adhérence et même d'agrégation au mortier qui ma-rie tous ces solides entre eux.

CHAPITRE II

DES PLANCHERS SUPÉRIEURS

EN TÔLE ET EN BRIQUES CREUSES PERFORÉES

A PARTIR DU REZ DU PREMIER ÉTAGE JUSQU'A CELUI DU CINQUIÈME INCLUSIVEMENT.

J'en suis actuellement arrivé à cette donnée toute spéciale qui veut que le système de construction dont il s'agit va exceptionnellement entrer, à partir du premier étage jusqu'au sommet ou couronnement d'un bâtiment, dans la phase de l'emploi exclusif de la tôle de fer avec adjonction de celui des briques creuses ou perforées qui établissent à eux deux ce même système de planchers dits métalliques.

Entrons donc, sans plus tarder, dans la description de la planche 56.

Le sujet de la figure 1re est une parcelle de plancher, vue en plan, dont le premier fragment indique la disposition en Λ renversé des solives cornières en tôle de 0,05 mill. d'épaisseur espacées les unes des autres de 0 m. 50 d'axe en axe, et garnies à leur intérieur en briques creuses hourdées en plâtre afin de la plus grande rigidité dans l'espèce (*voyez* fig. 2°).

Considérées à l'état momentanément libre, ces mêmes solives sont rendues solidaires entre elles à l'aide de plusieurs cour s de fenton qui les relient les unes aux autres. (*Voyez* fig. 1re.)

Le deuxième fragment indique à son tour ces mêmes solives disposées en sens inverse des premières, comme prenant une de leurs portées sur le chevêtre ou solive boîteuse (*voyez* fig. 3°).

La figure 2 donne le profil sur A B du plan de ces deux fragments de plancher, selon, pour l'un, la coupe des solives cornières prises dans le milieu de leur longueur, et pour l'autre, selon la coupe du chevêtre ou solive boiteuse.

Toutefois, comme on le voit dans cette même coupe (*voyez* fig. 2), un rang unique de briques apposé sur chaque paroi de solives contiguës sert de sommier au garnissage en plâtras et plâtre ou contexture proprement dite légèrement voûtée, qu'on recouvre à son extrados d'une chape en briques à plat laquelle reçoit, à son tour l'aire devant servir d'assiette soit à un carrelage soit à un parquet quelconque (*voyez* fig. 2).

La figure 3 indique en coupe sur C D les filets ou poutrelles principales qui reçoivent chacun, selon son emplacement, les portées des solives cornières.

Dans la figure 4 on retrouve également en coupe ces mêmes filets, mais à l'état complet d'isolement.

Ici, comme on le voit, cette espèce de maîtresse poutre est composée de deux feuilles de tôle, accouplées, formant double T par le fait de leur juxta-position et mariées ensemble par des rivets (*voyez* le profil fig. 2*), dont les intervalles d'emplacement les uns entre les autres pourront varier selon les cas de 0,10 à 15 environ, en tous sens.

La figure 5 représente la coupe d'un de ces filets, avec son enveloppe en briques, laquelle lui donne dès lors l'aspect d'un cube proprement dit.

Le chevêtre ou solive boîteuse dont la fig. 6 reproduit la coupe, comporte à sa partie inférieure une plus grande largeur d'empatement destinée à recevoir la portée des solives.

(*Nota.*) Si je n'ai traité ici très—succinctement sans doute que des planchers supérieurs jusqu'au 5e inclusivement, ce n'est que parce que l'on ne doit considérer, selon moi, le 6e plancher que comme un accessoire dans l'espèce, dont les conditions de construction présentent un caractère purement secondaire.

CHAPITRE III

DES PLANCHERS SUPÉRIEURS

ETC. ETC. ETC.

ANNEXE DU CHAPITRE II (DÉTAILS)

Complément de celle qui précède, la planche 57 renferme plusieurs détails afférents à la méthode de planchers, ci-dessus décrite. Ainsi :

La figure 7ᵉ donne la vue détaillée d'un filet principal ou maîtresse poutre, emboîté dans ses garnitures en briques creuses perforées ayant chacune 0,05 d'épaisseur sur 0,10 de hauteur et indique les portées ou abouts des solives cornières sur sa portée supérieure formant chapeau.

Ces filets, chacun selon que les circonstances l'exigent, sont en outre destinés à supporter tout le système de *pan de tôle* dont je donnerai la description en son lieu et place.

La figure 8ᵉ présente le détail développé d'un *chevêtre* ou solive boîteuse dont la partie inférieure figurant semelle ou double empatement sert d'assiette de portée aux extrémités de chaque solive.

Dans la figure 9ᵉ sont, à leur tour, représentées ces solives cornières flanquées, chacune de chaque côté, d'un seul rang de briques creuses disposées de champ, lequel reçoit la contexture en plâtras et plâtre mentionnée dans la description de la planche 55.

Comme on le voit, ces solives que l'on peut appeler de remplissage sont reliées entre elles par un réseau de tringles *fenton* en forme d'étriers dont le but est d'éviter toute tendance à un écartement quelconque.

La figure 10ᵉ indique en coupe deux des solives dites de remplissage à l'état libre, gar—nies des tringles dont il est ci-dessus question.

Enfin, dans la figure 11ᵉ, se trouve, en coupe, l'ensemble d'une travée de plancher, dé—montrant la méthode d'établissement d'un plancher à son état de parachèvement et dont toutes les parties sont en vue.

CHAPITRE IV

DES FAÇADES

CONSTRUITES EN TÔLE DE ROCHE ET BRIQUES CREUSES PERFORÉES

Passant à un autre ordre d'idées, je vais actuellement traiter de la construction des façades, principalement sur *rues* en admettant toutefois que celles sur *cours* ou *jardins* devront être érigées en *pan de tôle* etc, etc., cas que je me réserve du reste, d'analyser ci-après dans les planches 59ᵉ et 60ᵉ du présent traité.

Donc, la figure 1ʳᵉ de la planche 58 comporte le plan d'une ossature de façade, longue de 8 à 10 mètres, formant poitrail à chaque étage, garni de sa cuirasse en briques creuses (*voyez* fig. 2 et 3), et recevant sur son arrière–face, les abouts des solives cornières des planchers.

Les combinaisons d'agencement de cette ossature consistent à l'intérieur en une feuille de tôle de 5 millimètres d'épaisseur à demi double T, préalablement reliée à l'aide de rivets à une autre feuille de tôle de même épaisseur, également à demi double T, mais renforcée par une arête ou nervûre dans son milieu, rendues dès lors solidaires l'une de l'autre par des croisillons disposés de mètre en mètre de distance à l'intérieur et auxquels vient s'adjoindre le blocage en briques creuses, qui en forme en définitive un solide sans vides comme sans solution de continuité.

La figure 3 considérée ici comme sous–détail indique simplement le plan d'emplacement des points d'attache du poitrail avec les solives de remplissage, et dont le rôle, sera, du reste, décrit dans la figure 6ᵉ.

La figure 4 donne la vue détaillée d'un fragment d'ossature en liaison avec les solives de remplissage à l'aide de ces mêmes points d'attache, mentionnés ci–dessus.

La figure 5 consiste en l'élévation d'un fragment de poitrail vu de son côté extérieur en demi T, supportant, en même temps que les trumeaux de la façade en briques creuses, les bâtis ou encadrement d'armatures en tôle, dont les figures 6 et 7 vont démontrer le mode d'emmanchement.

En effet, dans la fig. 6 se trouvent représentés en plan les bâtis ou encadrement d'armature en tôle, fixés à chacune de leurs extrémités inférieures par des patins-talons ou oreillons en équerre qui, à l'aide de rivets, admettent toute solidarité entre ces bâtis et le poitrail sur lequel ils prennent pied. Quant à la figure 7, elle comporte l'élévation de face d'une partie de bâtis, dans le sens des tableaux et ébrasements des baies soit selon l'épaisseur de la façade. Remontant ici (voir fig. 8 et 9), au principe qui nous a guidé depuis le commencement de ce traité, celui de faire comprendre la possibilité de l'emploi exclusif, quand même, de la tôle [1] etc. dans nos constructions privées, je puis admettre sans crainte que les croisées et les portes soit intérieures soit extérieures devront être établies selon cette méthode toute spéciale. Ainsi la figure 8 indique le plan d'une croisée exclusivement en tôle tant pour ce qui constitue ses montants et traverses que ses petits bois de division destinés à loger le vitrage.

Dans la figure 9 est représenté le plan d'une porte à deux venteaux, établie également en tôle seule avec ses montants, traverses, cadres et panneaux, ces derniers en tôle préalablement planie et de 2 millimètres d'épaisseur.

(Nota). Il est inutile de répéter ici ce qui a été expliqué plus haut quant aux modes de fixation de ces sortes d'adjonction, soit par rivets soit par talons ou oreillons en équerre à la construction proprement dite.

---

[1] On doit se rappeler qu'à une certaine époque déjà, d'ailleurs, fort éloignée, un entrepreneur du nom de *Leyris* a exclusivement appliqué l'emploi de la *tôle* à l'établissement des chassis de combles des lanternes d'escalier etc., etc., etc.

CHAPITRE V

DES MURS DE REFEND

ET DE LEURS CHEMINÉES

En construction, généralement parlant, les murs de refend ou, à leur défaut, les pans de bois montant de fond, dits également de refend, peuvent être, en quelque sorte, considérés comme étant à un bâtiment quelconque ce que la colonne vertébrale ou ossature médiane, principe vital d'un poisson, est à tout son individu, c'est-à-dire l'âme de tout son être ; comme aussi les cloisons de distribution pourraient être, dans l'espèce, comparées à ses menues arêtes, car, disposées en différents sens, ces cons tructions plastiques présentent autant de points d'appui annexés ou secondaires qui maîtrisent, dans de certaines proportions, les effets multiples des forces vives que produit naturellement la vertu de répansion du poids des planchers sur l'étendue des surfaces que ces derniers recouvrent.

Il est de toute nécessité en effet que toutes les parties esssentiellement constitutives d'un bâtiment en général convergent, pour ainsi dire, vers un centre ou point commun d'appui quelconque, dans le but, d'un côté, d'annihiler tout mouvement de roulis, de l'autre, d'en maintenir ainsi l'équilibre et enfin de la douer de cette force d'inertie à toute épreuve, condition, première de sa stabilité voulue, pour que celle-ci doive être pour ainsi dire, plus que séculaire.

J'ai donc naturellement pensé que ce genre de division principale que j'appellerai *point d'appui medium* ou de support général, devant, selon moi, être accepté comme complément immédiat et obligé des façades avec lesquelles il est dans de continuels rapports d'intime solidarité mutuelle a raison de trouver sa place, dans l'exposé qui fait l'objet de ce traité. Cette thèse toute sommaire admise, il me reste à décrire comme suit. les détails de ce mode de construction, contenus dans cette 59e planche.

La figure 1 de cette planche donne le plan de l'ossature en tôle de fer dite de roche, d'un fragment de mur de refend ou division principale, à l'état nu, c'est—à—dire privé de son garnissage en briques creuses.

La figure 2 en indique l'élévation vue de face et la figure 3, la coupe qui fait comprendre les combinaisons d'assemblage de ce système métallique, tels que talons en équerre, rivets, etc., etc.

En effet, cette espèce de poitrail qui se reproduit à chaque étage est composée, dans le sens de sa longueur, de deux *tôles* de 5 millim. d'épaisseur chacune, accouplées l'une à l'autre par un certain nombre de rivets disposés en chapelet afin d'en rendre toutes les parties solidaires (*voyez* fig. 2 et suivantes).

Toutefois, à l'instar des maîtresses-poutres ou poitrails (voyez planche 58) ces filets ont aussi leur chapeau à la partie supérieure, et leur semelle ou double empâtement à celle inférieure (*voyez* fig. 3) afin de loger la maçonnerie en briques dans les parties conservées pleines entre les emplacements des cheminées et à raison de la direction des encastrements des coffres de celle—ci (*voyez* fig. 4).

Cette dernière figure donne les détails par perspective cavalière du filet vu en coupe dans la fig. 3 et prête facilement à comprendre les positions respectives qu'occupent : 1° les parties de construction pleines, 2° les emplacements de cheminées, et 3° ceux des coffres ou conduits de fumée, ménagés dans l'épaisseur du mur.

Le plan de la fig. 5 a trait à une baie de poële pratiquée dans un mur de refend. Cette baie est composée de chaque côté de deux tôles montantes ayant chacune 0,10 cent. de large sur 5 mill. d'épaisseur, reliées, en haut, par deux plates-bandes de même dimension formant linteaux, et attenantes par le bas au filet ou armature précitée à l'aide de talons en équerre fixés par des rivets.

La figure 6 est la reproduction de la baie fig. 5, avec adjonction de la maçonnerie en briques, le tout assis sur l'armature en tôle. (*Voyez* figures 1, 2 et suivantes.)

La figure 7 comporte le plan d'une carcasse en tôle de deux cheminées accouplées, dans l'épaisseur du mur, et séparées l'une de l'autre par une cloison en briques placées de champ.

La figure 8 donne l'aspect détaillé d'une cheminée en tôle, entourée de son enveloppe en maçonnerie, etc., etc.

La figure 10 a pour objet l'ensemble vu sur plusieurs côtés d'un fragment de mur de refend, démontrant, comme maçonnerie principalement, les logements à occuper par les cheminées ainsi que ceux où doivent se loger les conduits de fumée, formés de boisseaux dits *Gourlier* en terre cuite (*voyez* fig. 10 *bis*, 11 et 12), de dimensions démesurément plus grandes que les briques creuses, afin de diminuer d'autant le nombre de leurs joints horizontaux en vue d'obstacles absolus à l'envahissement de la fumée dans l'intérieur des pièces, dans tout son parcours jusqu'au faîte du bâtiment.

Je n'oublierai pas, toutefois, de faire remarquer qu'il existe beaucoup d'analogie entre cette sorte de construction, et celles données pour exemples dans les planches 12 et 21, figures 1, 2 et 3, de notre traité de construction en poteries et fer etc., etc.

CHAPITRE VI

DES PANS DE TÔLE ET BRIQUES CREUSES

MONTANT DE FOND, ET DITS DE FACE ET REFEND, ET DES CLOISONS LÉGÈRES DITES DE DISTRIBUTIONS.

Si, dans la description de la planche précédente, il a été peut-être un peu longuement question des murs de refend, je n'en dois pas moins, dans celle de cette 60° planche, traiter en détail des propriétés des *pans de tôle*, dont, à mon avis, l'office doit être assimilé à celui des pans de bois, encore aujourd'hui en usage dans la plupart de nos constructions.

Je dois dire, avant tout, que les éléments métalliques qui constituent cette méthode toute spéciale jouent, dans beaucoup de cas, un rôle analogue à celui de leurs devanciers dans la question des murs de refend.

En effet, en vue de leur mode d'établissement, ils peuvent suppléer ces derniers, les cas échéants, dans toutes conditions désirables de résistance au poids, et présenter même dans leurs combinaisons, cette entière homogénéité, que n'offre pas au même degré, tant s'en faut, l'emploi du bois dans ce genre de bâtisse.

Et pour s'en rendre compte tout d'abord, et comparer, à cet effet, les deux systèmes, il sera facile de reconnaître à l'œil exercé que l'emploi exclusif de la tôle, combiné avec celui des briques creuses disposées, d'ailleurs, en assises réglées d'après leurs formes, dans la méthode de construction, dont il s'agit, donne l'exacte idée d'une résistance bien plus qu'équivalente à celle des pans de bois, tous composés de poteaux, décharges, tournisses, potelets, en partie d'une plus médiocre qualité les uns que les autres, tous sensiblement espacés entre eux. et, ensuite, remplis en plâtras, la plupart du temps mal agencés et hourdés plus ou moins hermétiquement en plâtre, puis ravalés des deux côtés.

La figure 1 désigne le plan d'une *sablière* basse, ou de chambrée, faisant office de filet, destinée à recevoir en même temps que les solives de remplissage (voyez la planche 60) les poteaux principaux et secondaires en tôle servant de contenances à la contexture en briques, tel que cela va être décrit dans la figure suivante.

La figure 2 expose à son tour l'ensemble de cette méthode de construction, vu en élévation.

Les poteaux principaux montant de toute hauteur entre deux planchers ainsi que ceux secondaires ou de divisions des travées de maçonnerie, tous en tôle de 0,10 de largeur sur 0,005 mill. d'épaisseur sont exclusivement agrafés, haut et bas, à l'aide de talons en équerre fixés à rivets sur les sablières mentionnées ci-dessus.

Dans la largeur de chacune de ces travées, un arc de décharge en briques couronné par 'un cintre en tôle ainsi qu'un autre cintre parallèle à ce dernier mais attenant aux pieds des poteaux principaux servent à alléger d'autant les sablières en vue du poids imposé à ces dernières par l'ensemble de ces mêmes pans de tôle.

La figure 3 donne la vue détaillée d'un fragment de carcasse ou ossature d'un pan de tôle dans tous ses détails, savoir : partie avec sa contexture en briques etc., etc., et partie à l'état nu faisant voir les divers assemblages des tôles entre elles, tant comme poteaux principaux et secondaires que comme arcs de décharge, et le tout reposant sur les sablières flanquées sur les deux sens de leurs parois en briques, etc., etc.

Les figures 4 et 5 indiquent le mode d'agrafement (haut et bas) de toutes les tôles devant être solidaires entre elles, ou fixées sur des sablières.

La figure 6 comporte un fragment détaillé, sur grande échelle, d'un certain nombre de briques creuses 'superposées les unes aux autres et formant assises uniformément réglées par le fait même de leur mode de pose et de confection.

DES CLOISONS LÉGÈRES DITES DE DISTRIBUTION

Comme complément naturel de la 60° planche, je me trouve obligé, *faute d'espace*, de reporter dans la planche 61 les détails figuratifs des cloisons légères dites de distribution, en tôle et briques creuses dont nous décrivons la méthode ci-après.

La figure 8 comprise dans cette dernière planche indique en élévation et en plan la structure d'un fragment de cloison, dont les poteaux d'huisseries intervallaires en tôle de roche sont placés de manière à ce que leurs faces correspondent de largeur à l'épaisseur des briques formant la cloison, tandis que, de leur côté, les traverses horizontales ou entretoises accouplées, sont disposées sur champ de manière à présenter une assiette de largeur égale à celle des briques, plus résistante, tant au poids qu'aux effets de perturbations probables quelconques qui tendent toujours à engendrer ces sortes de constructions plastiques de ce genre, assujetties qu'elles sont à certaines disjonctions par le fait même des cohésions multiples des briques juxta-posées les unes aux autres.

La figure 9 consiste en la vue détaillée d'un fragment de brique servant à ériger le système de cloison ci-dessus décrit.

On observe ici qu'il est loisible de se servir pour ce travail du type de briques de 0,070 d'épaisseur à six trous, comme de celui de 0,05 d'épaisseur à deux trous seulement, mais plus longues et plus hautes que les premières et qui servent en même temps avec beaucoup d'efficacité à l'établissement des contextures des planchers voûtes, que nous avons décrits dans la planche 55.

CHAPITRE VII

DES POTEAUX CORNIERS OU D'ANGLES

EN TOLE DE ROCHE

RECEVANT, A L'EXTÉRIEUR, FILETS OU SABLIÈRES AVEC SOLIVES DE REMPLISSAGE

En Charpente, on entend dans l'acception la plus générale du mot, par *poteau. cornier*, une maîtresse pièce vérticalement disposée qui forme le côté d'un pan de bois ou l'encoignure de deux pans de bois, dans lequel sont assemblées les sablières de chaque étage.

Ce poteau est quelquefois d'une seule pièce; ce qui est impossible, lorsque le bâtiment à ériger comporte une grande hauteur, mais, dans ce dernier cas, de plusieurs entées solidement l'une à l'extrémité de l'autre, à l'aide d'une méthode de main–d'œuvre vulgairement appelée : *assemblage à trait de Jupiter*, à cause des coupes pratiquées en *zig-zag*, qui servent, à l'aide de clefs médianes, à l'enclavement des deux pièces entre elles.

Mais il faut dire ici que, dans aucun système de ferronnerie quelconque, il est impossible de recourir aux mêmes moyens pour que l'on puisse assimiler, d'après un principe analogue d'opération, l'engencement des parties de poteaux corniers métalliques à celui des parties de poteaux corniers en charpente proprement dite.

Maintenant, à raison de ce qui précède, analysons le système de pan de tôle, dont la construction nous occupe.

La figure 1ère de la planche 61 représente le plan d'un poteau cornier, d'angle ou d'encoignûre, en tôle recevant, à l'extérieur, filet ou sablière basse servant d'assiette aux portées des solives de remplissage.

Disons tout d'abord qu'au droit des niveaux de planchers les faces extérieures ou angle

21

de chaque poteau sont doublées d'un coin ou talon en équerre dont les rivets les rendent solidaires l'un de l'autre.

Ces rivets en les reliant en outre, avec le filet, traversent néanmoins les côtés ou faces du poteau cornier, sur leurs sens respectifs.

A son tour ce même filet formant chaise (*voy*. fig. 2 et 3) reçoit les portées des solives de remplissage, à lui dûment amarrées à l'aide de coins à équerre ou talons-corniers (*voy*. fig. 1, 2 et 3).

Que résulte-t-il dès lors, de cette combinaison d'armature sur des points si rapprochés les uns des autres ?.... dans l'espèce, un équilibre complet et une force d'inertie à toute édreuve, nés de la solidarité qui unit tous ces éléments entre eux.

Du reste, pour ce qui concerne principalement le poteau cornier, voici comment s'emmanchent les divers fragments composant son ensemble pour atteindre le faîte de sa hauteur, car cette espèce de montant ne pouvant comporter un tout d'une seule pièce. et, comme il ne pourrait y avoir lieu ici de procéder par méthode d'assemblage *à trait de Jupiter*, l'unique parti à prendre est celui de relier mutuellement les fragments de cornières devant contribuer à l'ensemble à l'aide de coins à équerre adhérents aux deux faces intérieures du poteau, comme l'indiquent les figures 4 et 5 donnant en plan et en coupe les détails de ces sortes de ligatures qui unissent l'une à l'autre les extrémités de deux parties intervallaires de poteau-cornier entre deux ou trois planchers selon le plus ou moins de hauteur à donner au bâtiment.

L'on voit, dès lors, que les jonctions, pour ne pas dire soudures, de ces divers fragments entre eux n'auront jamais lieu au droit des niveaux de planchers.

La figure 6 démontre en plan le garnissage en briques creuses etc. au droit de la face intérieure ou angle rentrant du poteau-cornier.

La figure 7 indique en même temps la vue détaillée de ces mêmes briques superposées les unes aux autres de manière à former alternativement parpaings et boutisses.

Il va de soi que toutes les autres parties quelconques de façades, formant trumeaux, sont érigées selon une méthode semblable à celle à employer tant pour les façades en élévation sur rues que pour l'érection des murs de refend et des pans de tôle, lesquels, comme nous l'avons décrit dans les planches 59 et 60, peuvent, dans certaines circonstances forcées, être les similaires de ces derniers.

La tôle à employer dans ce genre d'ouvrage aura généralement, 5 mill. d'épaisseur.

(Nota). Les figures 8 et 9 étant décrites dans le texte de la planche 6 dont elles font le complément, il devient superflu d'en faire ici mention.

CHAPITRE VIII

DES ESCALIERS

Ici, naturellement, les escaliers doivent trouver leur place entre les éléments qui constituent la bâtisse proprement dite et les combles avec toitures, qui couronnent l'œuvre et lui servent d'abri.

Au premier aperçu, on se demandera sans doute pourquoi, dans la nomenclature des planches composant cette deuxième partie, on ne rencontre pas celles concernant les escaliers, avec leurs diverses formes et modes de construction.., je répondrai immédiatement que, selon ma pensée, les descriptions relatives aux systèmes variés de leurs épures et combinaisons eussent été une véritable superfétation, attendu que, dans mes deux traités déjà anciens, ayant pour objet : l'un, *la construction en poteries et fer* etc., etc., etc., l'autre, *l'application du fer, de la fonte et de la tôle* etc., etc., etc, se trouvent intercalés plusieurs systèmes d'escaliers, dont les crémaillères, limons, marches et contremarches sont établis, les uns en tôle ou fer etc, les autres en poteries de forme cylindrique qui indique d'ailleurs l'emploi plus que dix fois séculaire que, déjà, l'on en faisait du temps de l'antiquité, soit à Rome, soit dans l'Inde, et même dans les contrées les plus reculées de notre globe.

Ainsi, dans le premier volume de cet ouvrage, ayant pour titre : *Traité de construction en poteries et fer etc., etc.*, on trouve *cinq* planches qui, chacune appuyée de son texte, traitent toutes en très-grand détail, de diverses formes d'escaliers, lesquels, à raison des matériaux qui les constituent, comme poteries, tôle, etc etc., marchent naturellement de pair avec l'emploi exclusif de la tôle et des briques creuses dans la méthode d'ériger les bâtiments civils, industriels, etc., etc., qui fait l'objet de ce traité.

Savoir :

PREMIER VOLUME

PLANCHE 39

Escalier montant entre deux murs, etc., etc.

Carcasse ou ossature d'escalier droit etc., à limon etc., etc., etc.

PLANCHE 40

Escalier carré–long etc., etc., etc.

PLANCHE 41

Détails d'un escalier carré etc., etc.

PLANCHE 42

Escalier semi-circulaire etc.

PLANCHE 43

Escaliers circulaire, octogones, elliptique, etc.

En ce qui concerne le deuxième volume, bien qu'ici l'emploi de la tôle ne joue aucun rôle dans la structure des escaliers, l'on peut, à notre avis, sans dérogation qui puisse choquer l'esprit du lecteur à l'endroit du titre tout technique de cette deuxième partie en citer quelques exemples, en vue de leurs propriétés incombustibles pouvant concorder de conservation et de résistance avec la matière et la spécialité d'emploi des matières métalliques et autres qui font la base de ce nouvel ouvrage.

Ainsi donc :

DEUXIÈME VOLUME

PLANCHE 6

Un escalier en fonte à deux paliers, etc. etc.

PLANCHE 7

Un escalier dit anglais en fonte, etc., etc.

PLANCHE 8

Deux systèmes différents d'escaliers à vis, etc., etc.

Il nous semble, dès lors, d'après cet exposé succinct et positif, qu'il ne doit plus exister aucune lacune dans cette partie tout exceptionnelle d'application qui, selon nous, complète, en son lieu et place, l'ensemble suivi de la plus grande partie déjà élaborée dans le présent Traité.

CHAPITRE IX

DE L'EMPLOI EXCLUSIF DE LA TÔLE

DANS LA CONSTRUCTION DES COMBLES.

Mon intention ici, n'est pas d'entrer en détail dans l'analyse de la construction des combles en général, selon leur diversité de formes ni au point de vue des éléments quelconques qui constituent leurs infinies combinaisons.

Que, du reste, s'il veut en connaître beaucoup plus en détail, le lecteur pourra facilement se reporter au chapitre : *des Combles* (deuxième volume de mon Traité de l'application du fer, de la fonte et de la tôle etc., etc., lequel lui fournira, à ce titre tous les renseignements désirables *(voyez 2° vclume, article Comble : de la planche 21 à celle 47° inclusivement)*.

Toutefois, en passant, qu'il me soit permis de consigner ici une observation très-opportune parce qu'elle trouve naturellement sa place dans cette description tout instructive. Je l'extrais de la *Gazette des architectes* (20 septembre 1866) et elle appartient à la plume de M. J. *Berl*, ingénieur civil.

.... « En *Angleterre* et en *France*, depuis que les couvertures de tôle sont employées avec
« succès, on a substitué à la tôle plane, les tôles cannelées ou ondulées. On se rend très-
« facilement compte de l'avantage que procure cette nouvelle forme ; en gauffrant la tôle,
« en effet, on lui donne une très-grande rigidité ; et cette rigidité, en permettant de sup-
« primer chevrons et voltiges, est nécessairement la cause d'une véritable économie.

« D'autre part, grâce à cette même rigidité, les déformations deviennent presque impos-
« sibles, en même temps que les cannelures facilitent l'écoulement des eaux et suppriment
« les inconvénients de dilatation.

« Les magasins considérables que la Compagnie d'Orléans vient d'installer au quai de la
« gare d'Ivry sont couverts en tôle ondulée galvanisée.

« La grande galerie du palais de l'Exposition universelle qui se construit en ce moment au
« Champ de mars se couvre en tôle cannelée ; en cette occasion, on a encore fait usage de
« la peinture, le palais de l'Exposition n'étant pas une construction permanente, mais étant
« destiné à disparaître assez prochainement.

« La marine impériale a fait elle-même une large application, dans ses ports et dans ses
« arsenaux, des tôles ondulées galvanisées. Elle fait en ce moment couvrir ainsi à Lorient
« des ateliers d'une superficie de 12 à 13,000 mètres.

« Entre autres gares récemment construites, couvertes en tôle ondulée galvanisée, nous
« citerons celles de Valence, Moulins, Chalon-sur-Saône, etc., etc., etc. [1]. »

Mais, ici, mon but se borne tout simplement à présenter quelques exemples de combles
(ne devraient-ils être considérés purement que comme spécimens,) dans lesquels entre exclusivement l'emploi de la tôle en en éliminant celui de toute autre matière métallique quelconque afin de rester dans toute la vérité du thème que je me suis proposé avec juste
raison de traduire.

Les démonstrations que je vais en faire seront, à la fois, très-succinctes et très-
simples.

La figure I de la planche 62 présente l'élévation en profil d'un fragment de comble à longs
pans ou à deux égouts, construit d'après la même méthode que ceux en charpente, composé d'arbalétriers, faux entrait, liens, jambes de force et poinçon, lequel prend du pied
son point d'appui sur une des principales pièces quelconques du dernier plancher du bâtiment.

Le pied de chaque arbalétrier, en tôle de 16 c. de large sur 0, 5 mill. d'épaisseur, vient
s'emboîter dans une semelle à double jour à l'effet d'en anihiler tout effet de frottement et
de lui donner, dans toute sa longueur jusqu'au faitage, point où il est également maintenu,
toute la somme de rigidité nécessaire pour obtenir enfin toute celle de résistance qui
doit lui être dévolue.

Deux cours de pannes également en tôle de même dimension quant à leur hauteur et
épaisseur, logés au droit de chaque rive d'arbalétrier à l'aide de coins ou cornières dûment
rivés, contribuent d'autant à donner à cet ensemble d'ossature toute la vertu d'inertie désirable.

Les coyaux faisant abouts de ce comble sont destinés à aider, sans trop de précipitation,
à l'écoulement des eaux pluviales, de manière à ce que celles-ci ne puissent pas faire incontinent irruption au dessus de la gouttière de décharge qui les reçoit.

D'un autre côté, la figure 2 indique un fragment d'arbalétrier aux joues duquel adhèrent
les extrémités des pannes disposées en forme de chaises à l'effet de donner butée aux pieds
des chevrons.

---

[1] Il est de mon devoir de dire que ces divers produits métaliques sont dûs aux forges et fonderies
de *Montataire* (Oise, et de *Outreau* (Pas-de-Calais) qui appartiennent toutes deux à la même Compagnie.

Chaque extrémité de panne *(voyez* fig. 3*)* est adhérente à chaque joue d'arbalétrier à l'aide de cales ou coins à équerre.

Dans la figure 4 se trouve représentée, vue en coupe, la plate—forme ou semelle traînante recevant, dans toute la longueur du comble, les pieds des chevrons auxquels le plein de la crête du mur sert de base définitive.

La figure 5 donne également la coupe des chevrons ci—dessus mentionnés, dont la forme se rapporte en tout à celle des solives de remplissage des planchers en général, mais comportant une hauteur bien moindre (0, 10 c. environ) eu égard au poids plus que minime qu'ils sont appelés à supporter.

La figure 6 est la configuration du faitage sommet ou point d'aiguité de rencontre entre les deux longs-pans, lequel se compose uniquement de la jonction bout à bout de deux parties d'arbalétrier, mais séparées, toutefois, par deux plates-bandes à équerre, liées l'une à l'autre par des rivets, liaison qui, en constitue tout l'équilibre dans la partie qui demande une fixité intime, eu égard à son horizon culminant, mais, aussi, relativement peu solide à cause de l'inclinaison de son plan.

La figure 7 comporte la vue de face, selon son inclinaison, d'un long pan de comble, garni de ses pannes et chevrons prenant point d'appui sur ces dernières.

La figure 2 démontre l'emmanchement de cette partie du système.

Le plan d'une portion de comble à deux arêtiers est l'objet de la figure 8, les emplacements des pannes et ceux des chevrons formant empanons sont les mêmes que ceux décrits ci-dessus, mais aboutissant en biais par leurs extrémités supérieures sur les arêtiers précités, et par celles inférieures, sur une semelle traînante remplissant les mêmes fonctions que celles indiquées plus haut. Figure I.

La figure 9 comporte le plan de deux fragments de long—pans de comble se raccordant par une *noue* ou centre commun de deux plans inclinés sur une même ligne rampante qui leur sert de base.

Cette *noue* forme, dès lors, une espèce de chenal dont l'inclinaison est commandée par les rampants se diminuant toujours dans le même sens jusqu'à l'horizon du toit.

C'est à ce point extrême que la dite *noue* se termine en cuillère assez profonde (*voyez* figure 10) et déverse là le tribut des eaux pluviales dans la gouttière ou leur récipient proprement dit.

COMBLE EN BRISES.

Bien que je n'ai consacré ni une planche, ni même une figure quelconque à cette particularité de construction, je dois néanmoins m'empresser de dire qu'il existe en dehors de la presque généralité de l'espèce, une catégorie ou un ordre de comble, appelé *Comble en brisis*, qui, nécessairement, doit avoir sa place dans cette nomenclature ; je vais donc en donner une description très-succincte :

Ce qu'on appelle *brisis* est l'angle qui forme un Comble *brisé*, c'est-à—dire la partie où vient se joindre *faux* le comble avec le *vrai*, comme sont les combles à la mansarde.

Il faut dire des *combles brisés* qui se composent de quatre surfaces inclinées en sens contraire, les deux supérieures qui, forment ce que l'on appelle le *faux comble*, sont très-peu inclinées, et deux parties inférieures auxquelles on donne le nom de *vrai comble* sont extrêmement roides; l'arête horizontale qui se forme à la jonction des deux pentes se nomme *brisis* auquel les ouvriers donnent le nom de *pannes de bris*.

Dans ce genre de construction, l'emploi de la *tôle* se borne, au point de vue de ses éléments principaux, au *brisis* proprement dit, uniquement composé d'une longue sablière en forme de cornière, faisant, d'abord, office de chaise pour recevoir le pied des chevrons du *faux* comble, et, ensuite, offrant au droit de sa surface une espèce d'arrêt ou butée aux têtes des chevrons constituant le *vrai* comble, ceux dont les pieds reposent sur la semelle traînante, comme dans les combles ordinaires.

Le poteau d'angle incliné, dit *cornier*, remplit dans ce cas de construction un rôle identique à celui des poteaux *corniers* dans les pans de tôle *(voyez certains détails de la planche 6 1).*

Quant aux lucarnes, elles se composent de deux cornières parallèles, formant montants et rendues solidaires l'une de l'autre par un chapeau également en forme de cornière et faisant office de couronnement au linteau.

Les joués ou faces latérales de ces lucarnes sont remplies en briques creuses, d'après le même procédé que celui employé pour l'érection des cloisons *(voyez* planche 61, fig. 8).

Enfin, d'après ce simple exposé, il sera facile de comprendre que : quelles que puissent être les formes que l'on veut donner à ces combles en général, le mode de les établir ne variera jamais, à raison d'abord, de l'emploi de la matière qui, dans l'espèce est une, et ensuite à celle toujours la même, qui doit présider à leurs différents assemblages.

C'est dire, en un mot, qu'il existe, dans tout l'ensemble de ce système de construction, une solidarité d'éléments intime, dont la loi de stabilité devient incontestablement la conséquence immédiate.

CHAPITRE X

DE LA COUVERTURE

On entend par ce mot, la superficie d'un toit, car il est bon de remarquer que le toit d'un édifice présente un tout composé de comble en charpente ou de maçonnerie, qui lui donne la forme, et ensuite de la *couverture* qui se pose sur le comble.

En principe, la *couverture*, quelle que puisse être la diversité des méthodes apportées à sa confection, en raison des éléments d'espèces différentes, choisis, chacun, à cet effet, suivant les cas voulus, doit généralement présenter, dans toute sa surface ou étendue, un type de physionomie lisse et sans heurts sensibles, qui pourrait, d'ailleurs, être assimilée à un manteau d'une imperméabilité éprouvée, ayant pour objet d'abriter un bâtiment quelconque pour le protéger contre toutes les intempéries des saisons.

En fait de couverture métallique, plus efficacement que le zinc et même que le plomb, la tôle peut être employée pour cette sorte d'ouvrage, attendu que, infiniment moins que ces deux métaux, elle est assujettie, selon l'influence des diverses révolutions de l'atmosphère, à ces effets de contraction et de dilatation qui généralement jettent la perturbation dans toutes ces surfaces planes plus ou moins inclinées qui constituent la *couverture*.

Toutefois je ne donnerai ici que fort peu d'exemples de couverture métallique, préférant avec juste raison renvoyer nos lecteurs aux planches 33, 41, 43, 44, 45 et 53, de mon traité de l'application du fer, de la fonte et de la tôle, ayant, toutes, trait à ce genre de travaux exécutés depuis longtemps déjà, soit en France, soit à l'étranger (Russie).

La figure I de la planche 63 indique le plan d'une partie ou fragment de *couverture* en feuilles de tôle, cannelées et divisées en compartiments de un mètre de largeur, lesquels tiennent les uns aux autres à recouvrement, à l'aide de petits rivets préalablement repoussés au marteau pour former soudure.

La figure 2 donne l'élévation vue de face de cette même *couverture*, et la figure 3 fait voir la manière dont les feuilles de *tôle* se recouvrent les unes sur les autres dans le sens de la surface du plan.

Le système de *couverture* dite *méplate* consiste en l'assemblage de feuilles de tôle, présentant une surface unie et sans bifurcation aucune.

Toutefois, en revenant à la figure I on trouve l'espèce d'appareil en plan des liaisons et bourrelets longitudinaux dont la figure 2 reproduit les détails en forme de joints mâles et femelles ou formant jonction au droit de leurs rives respectives.

Enfin, la figure 3 dénote en coupe le mode de recouvrement accouplant ces feuilles métalliques dans le sens horizontal du plan de la couverture.

(*Nota.*) Ici, par observation, je crois devoir ajouter que ce n'est pas un conseil que je donne, mais bien un avertissement utile, en recommandant, avant la mise en emploi de ces feuilles métalliques destinées qu'elles sont, à recevoir continuellement soit les pluies, soit la neige comme aussi l'humidité trop souvent commune dans notre climat, de préalablement les soumettre au procédé de *galvanisation* habituel, c'est-à-dire à celui de *l'étamage* simplement dit, préservatif éprouvé contre les effets d'oxydation dont ce métal est susceptible une fois mis en contact direct avec l'air extérieur.

CHAPITRE XI

MÉCANIQUE PUREMENT ÉLÉMENTAIRE

En thèse générale, la *mécanique* est une science qui enseigne la nature des forces mouvantes. Ici, dans les cas tout spéciaux de construction que nous avons traités jusqu'à ce moment, son application se réduit à la plus simple expression ; elle se borne en effet à donner un court aperçu d'un outil extrêmement simple dont l'ouvrier se sert pour percer *à froid* toutes les *tôles* selon leurs diverses épaisseurs moyennant deux ou trois coups d'un lourd marteau dit *de Devant*, fortement appliqués, tandis que, par l'ancien procédé, ce même ouvrier était obligé de recourir à la machine dite perceuse ; de là une main-d'œuvre aussi longue que gênante et dispendieuse sous tous les rapports.

Dans l'innovation dont il s'agit, qu'on se représente en effet un petit plateau en fer d'un seul morceau, oblong, de 0,15 cent. à 0,20 de longueur sur 0,05 cent. de largeur, terminé d'un bout par un carreau ou petite masse en fer de 0,05 carrés en tous sens, percé d'outre en outre, selon sa hauteur, et recourbé à l'autre bout de manière à former le col de cygne dont l'extrémité est à plomb de l'espèce de douille pratiquée dans le carreau précité (*voyez figures* 1 et 2 de la 2e partie de la planche 63).

La figure **3** indique en détail l'extrémité de la partie en col de cygne, ayant dans son milieu une espèce d'encoche semi-circulaire, destinée à gouverner et à maintenir exacte la direction de la marche verticale, descendante, du poinçon ou mandrin perceur, à manche ou poignée (*voyez fig. 4)* lorsque les effets du marteau de devant *(voy. fig. 5)* viennent presser de son action la tête du poinçon.

On se sert ordinairement de cet appareil pour la perforation des *tôles* de deux à deux mill. 1ɪ2 d'épaisseur.

La figure **6** donne une variante de ce même appareil qui, alors, consiste en une branche de fer de 0,04 d. carrés, sur 0,18 à 0,20 cent. de long, disposée en double retour d'équerre et terminée par un double renflement saillant presque semi—cylindrique, perforé de toute hauteur pour donner champ au poinçon perforeur *(voy. fig.* **7***).*

Dans l'intervalle ménagé entre les deux renflements, on fait glisser préalablement avant l'opération du frappage, la feuille de *tôle* selon son sens méplat.

La figure 8 a trait à l'étalon de fer, vu en détail et destiné au tracé, de distance en distance, sur les faces quelconques des feuilles de *tôle,* des trous nécessaires pour le logement des rivets.

En résumé, d'après ce qui vient d'être dit touchant ce petit appareil, j'espère que mes lecteurs ne me sauront pas mauvais gré de l'adjonction que j'ai faite ici de ce complément tout exceptionnel dans l'espèce dont il s'agit, et qui n'est autre qu'une *perceuse* ambulante mais qui, à notre avis, ne peut être considérée comme une digression à notre suite d'idées sans doute bien limitées, qui, depuis le commencement jusqu'à la fin, a sans cesse présidé à l'exécution de cette œuvre à la fois élémentaire et toute modeste, que je me proposais.

CHAPITRE XII

DES FERMETURES MÉTALLIQUES

J'en suis enfin arrivé à une partie, très-secondaire sans doute, de l'emploi exclusif de la *Tôle* appropriée à l'érection des bâtiments, car les *fermetures* des baies de boutiques et autres ne constituent en aucune manière un système quel qu'il soit de construction proprement dite, mais bien, généralement, un mode de garantie assurée contre tous événements calculés ou fortuits auxquels sont trop souvent assujettis les industriels exerçant un commerce quelconque au rez-de-chaussée des maisons qu'ils habitent.

Voyons actuellement quel est le point de départ de cette innovation reconnue tout utile, et remontons immédiatement à la source qui l'a fait surgir ; elle ne sera pas difficile à découvrir.

En effet, en examinant au premier aperçu l'ensemble varié des divers systèmes de fermeture en fer, aujourd'hui en usage, la mémoire doit se reporter tout d'abord à celui des cheminées dites à la *prussienne*, de date en quelque sorte immémoriale et qui, cependant, encore aujourd'hui, possède sa raison d'être, car, il faut le dire, nous en rencontrons journellement l'usage dans le plus grand nombre de nos habitations.

Quelle est, en définitif et en un mot, la différence qui, comme rideau ou fermeture proprement dite, existe entre cet ancien système de cheminée et celui actuel des fermetures en fer? Nous disons qu'il n'y en a aucune, car les mouvements alternatifs ascensionnels et descensionnels *ad libitum* étant les mêmes dans l'un et l'autre cas, cette différence gît exclusivement aujourd'hui dans la création puis l'application des divers mécanismes de nouvelle invention qui les font agir.

D'une part, en effet, le mécanisme de la cheminée *à la prussienne* consiste en deux contrepoids en plomb de 2 kilog. environ, chacun, de pesanteur avec chaînes en fil de fer à mailles bifurquées, ou bien similaires, à la *Vaucanson*, jouant en *va-et-vient* vertical, suivant la commande, tantôt le rôle de *retenue*, tantôt celui de *rappel* dans l'espace restreint qui leur est dévolu par la capacité intérieure d'un des contrecœurs de l'âtre de la cheminée.

De l'autre, les divers systèmes de mécanisme appliqués actuellement aux fermetures de boutiques, magasins etc., etc., consistent purement et simplement dans l'emploi fort ingénieux soit de la *vis dite sans fin*, soit de la *chaîne à mailles de prison*, lesquelles, dans l'un ou dans l'autre cas sont douées toutes deux d'une puissance d'action relativement très-grande, et dont les agencements en place ont le double mérite d'occuper un emplacement inaperçu ; et, cela, tout en n'étant sujettes qu'à des réparations insignifiantes et très-rares, pour ne pas dire tout à fait improbables.

Il est donc évident, et une expérience de *quinze* années l'a suffisamment prouvé, que l'on ne doit plus se dissimuler ici que le problème que se sont posé ceux de nos constructeurs spéciaux, ils l'ont résolu tous de la manière la plus avantageuse en vue de leurs réussites et de l'entière satisfaction de cette partie de la gent commerciale qui y est la plus directement intéressée.

C'est, d'après ces considérations et pour tous ces motifs, que je fais figurer ces divers détails de ferronnerie, de nature toute distincte, à la fin de l'ensemble des constructions en tôle et briques creuses etc., etc., pour ce qui concerne spécialement le bâtiment en général.

En termes techniques, par *fermeture* on entend la manière dont la baie d'une porte, d'une croisée, d'une boutique ou magasin, ou toute autre grande ouverture, est fermée sur se pieds droits, soit carrément, soit en forme cintrée.

Depuis quelque temps déjà, certains entrepreneurs de serrurerie, en moins qu'en très-petit nombre même, ont pris à tâche de convertir en *fermetures métalliques* celles en menuiserie dont l'usage présente, au su et vu de tout le monde, des inconvénients de mille sortes que, d'ailleurs, l'observation et l'expérience de tous les jours justifient et au delà.

Sachons donc gré à ces laborieux industriels d'avoir, par leurs études et leurs travaux, su créer au profit de tant de parties intéressées, divers systèmes de *fermetures* métalliques dont les éléments joints à la manière de les utiliser ne laissent rien à désirer, tant sous le rapport de l'économie que sous celui d'une solidité à toute épreuve.

Du reste, pour éclairer plus amplement nos lecteurs sur cette matière qui ne laisse pas que de comporter en elle beaucoup d'intérêt, je m'empresserai d'emprunter à un Recueil [1] reconnu d'utilité première, et qui mérite à juste titre la plus grande publicité, l'aperçu qu'il renferme, touchant certaines considérations générales, d'abord, puis le système spécial de *fermeture métallique* dont le serrurier *Maillard* est l'inventeur. *(Voir la planche* 64 [2] *)*

---

[1] *Roret.* Collection de manuels formant une *Encyclopédie* des sciences et des arts, par M. *H. Landrin.* ingénieur *civil des mines etc.*, etc., etc., *rue* HAUTEFEUILLE, 12, à PARIS, 1866.

[2] Cette planche est la première faisant partie d'un Atlas complet, œuvre de M. *Maillard* inventeur et constructeur du système de fermeture *métallique*, l'objet de la présente description.
Lorsque ces fermetures ne dépassent pas de 3 mètres 50 cent. à 4 mètres de largeur, elles reviennent d'ordinaire au prix de *quarante francs*, le mètre superficiel tout posé, mais lorsqu'elles dépassent ces mesures, la question demande à être traitée à prix débattu.

Telle est ci-après la description sommaire que l'auteur en donne :

. . . .

« Nous avons essayé de représenter dans les figures 619 et 620, planche 15, le méca-
« nisme qu'emploie M. *Maillard*, serrurier-mécanicien, à Montmartre, pour fermer les bou-
« tiques, mécanisme qui porte sa supériorité et sa simplicité avec lui, et qui est débarrassé
« d'une foule de compositions, causes ordinaires de nombreuses détériorations.

« Les volets sont composés de feuilles de tôle bordées et reliées entre elles, de manière
« à former une sorte de rideau de fer qui peut fermer jusqu'à 12 et 14 mètres de large, sans
« supports intermédiaires, en s'agrafant à des montants à coulisses très-légers et bien dis-
« simulés. Ils glissent verticalement dans des rainures en fer, et disparaissent en haut, der-
« rière le tableau d'enseigne. Ils sont mus par des vis placées verticalement dans les an-
« gles de la devanture, pivotant sur pointe d'acier et maintenus par des colliers en bronze
« formant réservoir d'huile ; ce qui constitue un mécanisme simple et solide marchant avec
« régularité.

« Le mouvement est également communiqué aux vis de l'intérieur par une manivelle que
« l'on place suivant la localité et la disposition de l'ameublement.

« La manivelle peut être abandonnée sans danger dans le cours de l'opération, sans le
« secours d'aucun encliquetage, puisque le poids posant directement sur les vis ne sau-
« rait mettre en mouvement l'appareil ; de sorte qu'une fois développés, les volets sont pres-
« sés très-fortement sur le soubassement, et le magasin se trouve fortement fermé sans l'ad-
« dition d'aucun boulon ou verrou.

« La pièce importante de cette variété de fermeture, outre les deux grandes vis verticales
« est un *écrou à coulisse* qui, fileté à l'intérieur comme la vis l'est en dehors, glisse sur cette
« vis et se décompose en deux parties, participant du même mouvement, quoique indépen-
« dantes l'une de l'autre ; la première de ces parties est une chape fixée à l'extrémité de la
« première feuille du rideau renforcé en cet endroit ; la seconde partie un *écrou* uni directe-
« ment par la vis.

« L'ensemble de leurs dispositions, en laissant à l'*écrou* toute sa liberté d'action, l'oblige
« cependant à entraîner la chape, sans que celle-ci ait à parcourir avec lui tous les écarts
« dont il pourrait être susceptible.

« On a de plus l'avantage de faire peser tout le poids des volets sur l'axe commun de
« l'*écrou* et de la vis, d'éviter le porte-à-faux, de tourner librement et de donner au mouve-
« ment une bien plus grande douceur.

« Les fermetures en fer ont pris depuis quelques années une extension considérable. Ce
« système a fini par prévaloir, parce que, seul, il a pu réunir la commodité, la force, la du-
« rée, et l'absence de tout danger dans le jeu de l'appareil, le peu d'espace occupé par les
« caissons (ce qui permet d'agrandir les façades) ; système enfin qui, dans ses applications,
« loge les volets, soit en haut, soit en bas, soit même dans les caissons, selon l'emplace-
« ment ou la disposition de la construction. »

(Nota). En résumé, afin de bien faire comprendre toutes les particularités du mécanisme
de tout ce système de fermeture métallique, j'ai eu soin d'en reproduire les divers
ensembles, comme plan, coupe et élévation dans le dessin *planche* 64, dressé à une échelle

de 0 ^{m} 10 ^{c}. pour *metre*, soit au *dixième d'exécution*, et d'en désigner à l'aide de lettres al—phabétiques indicatives, tous les organes, fonctionnant chacun à son emplacement respectif, et suivant le rôle spécial qui lui est dévolu[1].

Tel est donc ce système aujourd'hui extrêmement répandu tant à Paris que dans plusieurs grandes villes de France, voire même à l'étranger, et dont les quelques variantes, à de rares exceptions près, ne sont encore pour ainsi dire, jusqu'à ce moment, que les corollaires.

[1] Depuis l'année 1852, que cette découverte a reçu son application, M. Maillard a déjà fabriqué plus de 4,000 de ces fermetures métalliques, jusqu'à ce jour, et le nombre n'en fait journellement que grandir.

CHAPITRE XIII

APERÇU SUR LES SYSTÈMES

MELZESSART, LAZON, 'CLARK ET Cⁱᵉ DE LONDRES.

Cependant, dans l'intérèt de la plus grande publicité de cette industrie tout utile comme dans celui du public qu'elle intéresse, mais dont le jugement, en fait de progrès, varie généralement à l'infini, je ne dois pas, à juste raison, selon moi, m'abstenir de donner autant de renseignements que possible sur des découvertes de mème nature que celle de M. *Maillard*, afin, avant tout, de rendre bonne et impartiale justice à qui de droit ; et je dirais aussi que si les descriptions que je vais donner touchant ces divers systèmes sont, mème, moins que sommaires, cette espèce de lacune aura dépendu, non de moi, mais de l'impossibilité toute matérielle dans laquelle se sont, sans doute, trouvés les inventeurs, de me procurer en temps utile les éléments descriptifs de leurs découvertes en la matière ; je vais en faire l'énumération suivante :

1° En vue de cette idée toute désintéressée, je dois classer ces divers systèmes en les prenant à l'origine, et dire que M Melzessart père a été l'innovateur des fermetures en fer dont les diverses applications ont aujourd'hui la plus grande vogue tant à Paris que partout ailleurs.

Les combinaisons d'établissement de fermetures dues à cet entrepreneur consistent en mouvements alternativement ascensionnels et descensionnels d'un système à *chaines cables* ou de *prison*, guidées tant par un arbre de couche, que par des poulies, rochets d'essieu et freins de commande etc., etc., lesquels, par leur action simultanée, opèrent les phases de fermeture ou d'ouverture du rideau en tòle dont j'ai plus haut, défini le rôle.

Quant aux manivelles de branle–bas, comme elles ressortent toutes du domaine public, il ne doit pas en être ici fait mention.

C'est, du reste, à raison de la forme des éléments tout particuliers qui en constituent tout l'agencement, que cette construction diffère en tout de celle trouvée par M. *Maillard*, ce qui ne peut être aujourd'nui révoqué en doute, en vue d'un arrêt rendu le 2 décembre 1863 par la deuxième Chambre de la Cour impériale de Paris qui a donné gain de cause à ce dernier.

2° Pour ce qui est du système dont M. *Lazon* est l'inventeur, j'ai dû l'examiner avec la plus grande attention, tant il se rapproche, quant à ses principaux organes, de celui de M. *Maillard.*

En effet, à l'exception des vis conductrices qui admettent, dans ce système, solution de continuité, les plaques tutrices des mouvements, crémaillères, sabots d'emboîtage, etc. les paliers ou crapaudines, pignons, arbre de couche, volets avec bordures etc., etc., etc. rentrant tous comme dans le système *Maillard* dans le même principe de *mécanique usuelle*, proprement dite, sont tombés depuis un temps immémorial dans le domaine public.

Je déclarerai, toutefois, que ces deux systèmes, d'ailleurs justement appréciés et mis en regard l'un de l'autre, présentent à titre égal, chacun dans son ensemble, les mêmes conditions de durée, de stabilité et de sûreté à toute épreuve.

3° D'un autre côté, proclamer que la France seule possède le monopole des découvertes de cette nature serait un non-sens, car l'Angleterre, aussi, vient de prendre sa bonne part d'invention dans ce genre tout spécial d'industrie.

Pour ces motifs je m'empresserai de citer dans ces annales le nom de MM. *Clark et* Cie serruriers mécaniciens etc., etc., de Londres [1], qui ont publié sur cette spécialité de construction à combinaisons toutes ingénieuses, un opuscule illustré dont la clarté de descriptions ne laisse rien à désirer ; et je dirai, en passant, qu'en fait de fermetures métalliques, ils font exclusivement emploi de *volets d'acier*, roulant d'eux-mêmes, et dont je ne puis mieux définir l'application qu'en empruntant à leur spécimen la description succincte que ces industriels en donnent :

« Les nouveaux volets de sûreté patentés roulants sont faits d'*acier en une seule plaque* « (sans chaine, chainons, rivures ou chevilles) ; l'acier est plissé transversalement, ce « qui lui donne la même apparence que s'il était fait de lattes et permet aux volets d'être « roulés en un petit espace.

« *Ces volets sont légers et se poussent en haut et en bas sans l'aide d'aucune machine quel-* « *conque.* Il est absolument impossible qu'ils se dérangent, étant composés d'une matière « forte et dure ; et comme ils sont fabriqués d'une seule plaque, on ne peut ni les couper « ni les enfoncer, car il n'y a point d'ouverture où l'on puisse introduire un levier ou tout « autre instrument comme dans les volets ordinaires.

« Les nombreux avantages qu'offrent ces volets, combinés avec leur bon marché, ne sau- « raient manquer de les faire adopter universellement, tant pour les devantures des maga- « sins que pour les maisons particulières.

[1] Succursale à Paris, rue Notre-Dame des Victoires, 42.

« On peut les ajuster facilement à toute ouverture pour rouler au dessus ou au dessous
« des châssis ou dans la corniche, et on peut s'en servir pour divers objets, c'est-à-dire
« pour maisons particulières de banques, magasins de bijouterie, avant-scènes de théâtre,
« etc., etc., ou pour rideaux de cheminées.

« Les volets, quand ils sont fermés, garantissent contre l'impossibilité du feu, et servent
« aussi, quand ils sont baissés, comme bon ventilateur. »

D'où je puis enfin conclure que l'application des fermetures en fer, soit en France,
soit à l'Étranger, doit être aujourd'hui considérée à bon droit comme un progrès incontestablement reconnu entre tous autres progrès de nos mœurs et de notre temps.

Espérons aussi qu'au milieu de ce siècle de lumières d'où surgissent continuellement tant
de découvertes et de perfectionnements, l'*Exposition universelle* qui va s'ouvrir, et regorger
de mille et une richesses scientifiques et autres, servira également de rendez-vous à plus ou
moins de variantes en ce genre de fermetures, encore aujourd'hui bien jeune, et que cette
industrie toute nouvelle saura, n'en doutons pas, nous signaler certains progrès en rapport
avec ceux dont tant d'autres vont nous offrir l'imposant spectacle dans cet immense palais
d'un jour, il est vrai, mais aussi, à nul autre pareil [1].

_____

[1] Ces dernières lignes ont été écrites en mars 1867.

CHAPITRE XIV

DES PONTS MÉTALLIQUES FIXES

Dans ce chapitre, avant de traiter de cette partie exceptionnelle de *l'art de bâtir*, qu'il me soit permis de faire quelques citations puisées à des sources de premier ordre, et dont, par conséquent, l'autorité ne peut que corroborer l'importance réelle et universellement reconnue de l'usage des ponts fixes, quels qu'ont d'ailleurs pu être et que puissent être encore en général les formes et les éléments matériels qui, depuis le principe, ont presque toujours présidé à la construction de ces édifices de nature toute spéciale.

Cela dit, voyons comment s'exprime à ce sujet le savant ingénieur d'AVILER dans son dictionnaire d'architecture civile et hydraulique etc., etc [1].

« PONT *s. m.*... C'est un bâtiment de pierre ou de bois, ou de pierre et de bois tout en-
« semble, composé de plusieurs arcades qui forment un chemin sur lequel on traverse un
« fleuve ou une rivière.

« De cette définition il suit qu'il y a trois sortes de *ponts*, des *ponts* de maçonnerie, des
« *ponts* de charpente, et de *ponts* de maçonnerie et de charpente...»

Voici, de son côté, la définition qu'en donne très-clairement le célèbre *Quatremère de Quincy* dans son excellent ouvrage modèle de science et de profonde érudition [2].

« *Pont* (*s. m.*). Si l'on définit un *pont* sous le rapport général de son emploi, c'est un
« chemin suspendu à l'aide de divers supports, pour faire traverser une rivière, un canal,

---

[1] DICTIONNAIRE D'ARCHITECTURE CIVILE et HYDRAULIQUE et des arts qui en dépendent etc , etc.. etc., par *Augustin-Charles D'Aviler*.
Paris, 1755, etc., etc. PONT, page 296 et suivantes.
[2] DICTIONNAIRE historique d'ARCHITECTURE, etc., etc., par QUATREMÈRE DE QUINCY, etc., etc.
Paris, 1832, *Pont*, page 271 et suivantes, tome second.

« une étendue d'eau quelconque ou un fossé, ou un intervalle entre des terres ou des montagnes.

« Si l'on définit un *pont* sous le point de vue particulier de son exécution, c'est un ou-
« vrage de construction fait de différentes matières, par des procédés divers, et dont l'ob-
« jet est d'offrir un chemin sûr, solide, et approprié aux convenances et aux besoins des
« temps, des lieux et des peuples. Cette double définition fait connaître quelle multiplicité
« et quelle étendue de notions ce sujet devrait embrasser, s'il fallait réunir sous ce titre les
« travaux de tous les temps et de tous les pays en ce genre, et entrer dans tous les détails de
« construction qui leur appartiennent. D'autres ouvrages (sous le titre de *Ponts et chaussées*)
« ont rempli cette tâche spéciale. Nous nous bornerons ici, dans le seul point de vue de
« l'art et de l'architecture, à un résumé succinct, qui contiendra, d'une part, les notions chro-
« nologiques et historiques de ces ouvrages, de l'autre, les notions systématiques de leur
« construction.......»

A la lecture des définitions d'ailleurs multipliées et très-instructives de ces deux savants
auteurs, on reconnaît tout d'abord que parmi cette infinité de systèmes de construction,
l'emploi des matériaux appropriés à cette branche de l'art de bâtir consistait exclusivement, depuis des temps immémoriaux, en celui de la maçonnerie, ou de la charpenterie, soit en pierre, ou en bois, et, quelquefois, en celui combiné des deux ensemble, autrement dit *mixte* ; et que ça n'a été guère qu'à partir du commencement de ce siècle que nos
ingénieurs modernes ont substitué le système métallique (*fonte ou tôle*) à cette antique méthode, qui, par la nature des éléments qui la constituaient, absorbait, pour ainsi dire inuti-
lement, et beaucoup de temps et d'argent et la douait ainsi d'une résistance plus que suffisante et en nulle harmonie avec les besoins quelconques auxquels ces sortes de construction
étaient appropriées.

De là, depuis ces diverses époques jusqu'à ce jour, ont périodiquement surgi divers systèmes de *ponts*, les uns exclusivement en *fonte*, les autres en *fonte et tôle de fer* ou *mixtes*,
les plus nouveaux, enfin, surtout depuis une époque encore assez rapprochée, entièrement
en *tôle* dite *de fer* de hauteur et épaisseur en rapport avec la résistance normale voulue par
les exigences multipliées d'une incessante locomotion [1].

Cependant, parmi toutes ces innovations, qui, de tous côtés, semblent se poursuivre les
unes les autres à pas de géant, et se stimuler mutuellement pour atteindre toutes le même résultat, une méthode simple dans son agencement, jointe à l'économie de la matière, nous
avons à signaler particulièrement les ponts fixes exclusivement en tôle et briques soit pleines
soit creuses, qui trouvent forcément leur place dans le présent traité.

Donc, à partir de la mise à exécution des diverses combinaisons de ce système, pour
ainsi dire encore nouveau, puisqu'aucun autre n'a pu jusqu'à ce jour lui ôter ce privilége,
nous prendrons pour exemple, d'abord, tous les *ponts* et *ponceaux* desservant les voies publiques transversales au chemin de fer de ceinture dans tout son parcours, ensuite les ponts
métalliques dont la publicité tout instructive est due aux ingénieurs civils *Molinos* et *Pron-*

---

[1] (*Nota*). L'on concevra facilement que le système de *ponts* suspendus étant tout à fait étranger a
la matière que je traite, je ne dois en faire ici mention que pour mémoire, et sous nul autre
rapport

nier, puis ceux qui font partie du vaste Atlas périodique des Annales de la construction par l'ingénieur des ponts et chaussées *Opperman* [1], ceux aussi que l'on rencontre à certains intervalles dans l'ouvrage plein de goût de *César Daly* architecte etc. etc., puis, enfin, l'exemple à la fois le plus récent et tout exceptionnel de l'emploi absolu de la tôle de fer et de la brique creuse dans ce genre de construction, c'est citer le *pont* de la *place de l'Europe* (8ᵉ arrondissement) dont l'exécution est aujourd'hui parachevée, et que, à cette heure, nous devons proclamer comme un vrai chef-d'œuvre d'*Édilité* eu égard aux *six* voies publiques qui, toutes, en raison de la zône du quartier dont il est entouré, convergent directement et à l'unisson vers son centre disposé en carré à pans coupés, autrement dit *grand Centre*, à l'aide de pentes variées et très—douces on ne peut plus adroitement ménagées en raison des diverses inclinaisons de ces mêmes rues.

C'est volontiers dire que l'on pourrait, en quelque sorte, comparer sa structure à celle d'une aptère ou araignée dont les pattes ou appendices divergent toutes symétriquement de leur centre commun, lequel n'est autre que son volume proprement dit.

En un mot, et pour me résumer au point de vue général, de l'aspect de cet état de choses aussi nouveau qu'à la fois simple et magnifique, je pense ne pouvoir mieux faire que d'emprunter à la publicité d'une des feuilles scientifiques les plus répandues de la capitale la description générale de ce nouveau *pont* et de ses abords.

« ...Le quartier de l'Europe si profondément bouleversé depuis trois ans par des tran-
« chées, des démolitions et par la suppression de la place circulaire, se reconstitue sur un
« plan tout à fait neuf et avec un changement de niveau considérable.

« D'abord la rue de *Rome*, la voie la plus importante du réseau, commence à se border
« de constructions aux lignes opulentes, et, à l'une de ses extrémités, on jette les fondations
« du nouveau collége *Chuptal*, tandis qu'à l'extrémité opposée, on va commencer à clore la
« gare élargie du chemin de fer de l'*Ouest*.

« Ensuite, les rues de *Turin*, de *St-Pétersbourg*, et de *Berlin* ont vu les habitations suc-
« céder aux chantiers, et aux terres vagues que bordaient des clôtures en planches ; enfin,
« le rond-point de l'*Europe* a été remplacé par un Pont GIGANTESQUE, œuvre tout à fait ori—
« ginale et aujourd'hui entièrement terminée.

« Ce pont, destiné à faire communiquer ses voies divergentes, est d'une largeur énorme
« et s'élargit en éventail à chacune de ses extrémités : les rues de *Londres*, de *Berlin* et de
« *St-Pétersbourg* y aboutissent du côté oriental, tandis que les rues de *Constantinople*, de
« *Madrid* et de *Vienne* y débouchent à l'extrémité opposée.

« De ce côté seulement, sont bâtis les ilots de maisons qui séparent les trois voies abou-
« tissantes ; ces maisons, dont les façades s'alignent sur la rue de *Rome*, se terminent du
« côté du pont, par des jardins angulaires clos de grilles plantées dans des parpaings. Inu-
« tile d'ajouter que la même disposition sera adoptée pour l'autre côté.

« Au centre, deux *refuges* circulaires servant chacun de base à un candélabre à six

---

[1] Chez M. Dunod, éditeur libraire des corps impériaux des Ponts-et-chaussées et des Mines.
Paris, Quai des Augustins, 49.

« foyers de gaz se trouvent de chaque côté de la chaussée qu'encadrent de larges trot-
« toirs.

« A droite et à gauche le *pont* est bordé de balustrades, et le tout est encadré d'un puis-
« sant *quadrillé métallique*, haut de 2 mètres et plus et qu'on pourra au besoin recouvrir
« de plaques en tôle pour dérober aux regards l'intérieur du débarcadère.

« Avec ses amples proportions, sa forme extraordinaire, les jardins, ses deux refuges
« et le macadam qui recouvre son tablier, ce large *viaduc* a plutôt l'air d'une *place* que
« d'un *pont* ; et plus d'un étranger, en y passant le soir, se demandera quelle est cette voie
« étrange, bordée de murailles en métal, et dont les six rayonnements symétriques se pro-
« jettent tous à perte de vue, non compris ses artères secondaires y aboutissant à des dis-
« tances plus ou moins éloignées de ce grand centre [1]. » Et aujourd'hui même (juin 1867),
je ne crains pas d'emprunter une fois de plus à la même publicité une seconde description qui donne une infinité de détails d'autant plus intéressants qu'ils sont tous techniques
et touchent exclusivement à la construction de ce pont dont on ne saurait trop proclamer le
bel agencement en même temps que les noms des ingénieurs qui ont eu pour mission de
diriger cette œuvre intéressante tout à fait hors ligne. Suit cette deuxième description :

« Nous avons parlé plusieurs fois des travaux de la place de l'Europe, qui consistaient
à baisser de 3 mètres le niveau de l'ancien sol, à supprimer les tunnels qui existaient dessous, et à remplacer le tout par un pont de métal sur lequel viendraient aboutir les six
voies convergentes du quartier. Cette gigantesque entreprise vient d'être terminée, et le pont
de l'Europe sert maintenant de trait-d'union entre les rues de Vienne et de Saint Péters-
bourg, de Londres et de Constantinople, de Madrid et de Berlin.

Ce pont, d'une forme toute particulière, se compose d'une partie centrale large de 150
mètres, et de deux sections évasées correspondant aux trois voies qui y aboutissent de chaque
côté.

L'écoulement des eaux de cette vaste chaussée suspendue se fait au moyen de bouches d'é-
gout placées aux angles de la partie centrale, sauf pour la rue de Vienne, qui, étant en pente
ne verse pas ses eaux sur le pont. Ces bouches d'égout correspondent à des cheminées ménagées dans l'intérieur des maçonneries des piles, et qui débouchent dans les égouts établis
pour l'écoulement des eaux de la gare.

L'ensemble du pont se compose de deux ailes puissantes et de deux piles intermédiaires
qui portent un tablier de métal pesant 3,470 kilogrammes. Ce tablier a pour carcasse des
poutres de tête et des poutres intermédiaires reliées par des entretoises en tôle de 3 mètres
10 centimètres de portée. Ces entretoises supportent des voûtes en brique creuse, dont la
forme est un arc de cercle de 40 centimètres de flèche. Les reins des voûtes sont remplis
de béton maigre pour régulariser les surfaces. Au dessus règne une chape en asphalte, de
15 millimètres d'épaisseur, et sur cette chape on a établi une chaussée en asphalte
comprimée dans les parties horizontales et empierrée dans les parties déclives, pour empêcher les chevaux de glisser.

---

[1] Ce **magnifique** travail s'exécute sous la direction de M. *Ad. Jullien*, ingénieur en chef, directeur
des chemins de fer de l'*Ouest* etc., etc. (8 *février* 1867).

Les extrémités des poutres sont reliées le long des culées par un garde-grève qui reçoit les retombées des dernières voûtes en brique ; un système de tirants en fers plats et fers à T relie ce garde-grève aux entretoises voisines, de manière à lui donner la rigidité nécessaire pour résister à la poussée des voûtes. Le garde-grève ne s'applique pas justement contre la maçonnerie des culées, on y a ménagé un jeu de cinq centimètres en prévision de la dilatation.

La surface totale occupée par cette œuvre est de 8,480 mètres carrés entre les parements extérieurs des culées, le cube de la maçonnerie est de 10, 325 mètres et le montant des dépenses de 2,450,000 fr., sans compter les terrassements exécutés pour son emplacement, et la démolition des anciens tunnels, qui font partie de l'ensemble des travaux exécutés pour l'agrandissement de la gare Saint-Lazare.

Il est aussi un détail très-intéressant à constater ; le voici :

Il a été employé à cette construction la quantité de *trois millions* de kilogrammes de matière métallique (3,000,000 k.) à raison de 0 fr. 45 cent. l'un : *treize cent cinquante mille francs* (1350,000 fr.) ; ce qui, jusqu'à ce jour, est, dans l'espèce, le premier exemple de l'application la plus grandement répandue de la tôle dans les constructions.

L'exécution d'un travail pareil, au milieu d'une exploitation active et non interrompue, a nécessité de grandes précautions pour assurer la circulation des trains. Cette exécution n'a donné lieu à aucune entrave pour le service. Elle a été dirigée par M. Corbeiller, ingénieur de la compagnie de l'Ouest, ayant sous ses ordres M. Gaildry, chef principal de section.

En présence de ces deux descriptions à la fois si simples et si claires, il n'en est pour moi, aucune de plus, à ajouter, sinon celle spéciale du mode de construction de ce *pont* tout exceptionnel dans son genre, ainsi que quelques détails dessinés à son appui, lesquels font l'objet de la planche 65 dont la description suit :

CHAPITRE XV

PONT EN TOLE DE FER

COUVRANT LA PLACE *PÉREIRE* (QUARTIER DE COURCELLES, 17ᵉ ARRONDISSEMENT)

Toutefois, avant de passer à la description du pont de la place de l'Europe, lequel fait 'objet de la planche comme fin de cette partie de notre ouvrage, il m'a paru opportun d'en consacrer une parcelle à la représentation détaillée du *pont* en tôle de fer couvrant le tunnel de la place *Péreire* (quartier de Courcelles, 17ᵉ arrondissement), voir la planche 65, et d'expliquer aussi brièvement que possible, la méthode vraiment simple qui a présidé à sa construction, laquelle date de 1865 à 1866, et dont l'exécution sous les ordres du savant ingénieur précité, a été confiée : 1° pour la *ferronnerie* à M. César Jolly, entrepreneur constructeur, à Argenteuil (Seine—et—Oise), connu depuis longtemps déjà, par l'exécution sous les ordres de M. *Victor Ballard*, architecte de la ville, d'une œuvre de premier ordre, celle des Halles centrales de Paris ; 2° pour la *maçonnerie*, aux soins de M. *Blanche* dont la capacité ne saurait être révoquée en doute.

En effet cette méthode consiste en l'apposition sur deux murs parallèles ou culées continues, de longues pouterelles ou fermes en tôle de fer, ayant, chacune, 11 mètres de longueur compris portées, 0,95 ᶜ. de hauteur en moyenne eu égard aux divers emplacements qui leur sont affectés, 0,0025 ᵐ. d'épaisseur uniforme.

Chacune des extrémités de ces fermes ou poutrelles prend pied sur une assiette formée d'une assise en pierre de roche, laquelle lui sert à la fois de base d'inertie de résistance.

Elles représentent toutes, il faut le dire, les éléments principaux de cette construction, et sont distantes, les unes des autres, de 2 ᵐ. 40 dans le sens de la longueur du pont, et sont reliées entr'elles en sens inverse, à des distances à peu près semblables, par des fermettes également en tôle, dont l'office sera démontré ci–après, de manière que ce réseau dont la longueur est de 140 *mètres* offre clairement l'effet d'un *damier* proprement dit (Voir la vue détaillée M).

Quant aux fermettes disposées transversalement à ces fermes principales, leur office consiste à servir d'autant les buttées aux voûtes de décharge (voir la coupe N) construites en briques pleines hourdées en ciment romain.

Le mode de *bandage* de ces berceaux dans le sens de la largeur de ce pont a pour unique objet de les douer d'une vertu de résistance éprouvée à ces effets de compression multiples des fardeaux mobiles de toute nature qui pérégrinent en tous sens sur cette immense surface, laquelle n'est autre qu'une espèce de grand rond–point ou rendez–vous commun des *dix* voies publiques qui y aboutissent.

Deux massifs circulaires, ayant chacun 15 mètres environ de diamètre, ornés d'arbustes et de verdures servent d'autant de *refuges* aux piétons dans tous moments d'embarras de circulation des véhicules quelconques.

Cependant, comme particularité dans l'espèce, je n'omettrai pas de dire que la gare dite de Courcelles, qui représente un édifice relativement important, composé de deux étages, est assise en entier sur le réseau du pont en amont de la longueur de ce dernier.

Pour ce qui est de la maçonnerie apparente de ce tunnel, elle est généralement faite en moellons de roche, essemillés et réglés en assises figurant bossages saillants en pointes de diamant à facettes sur leurs quatre côtés, taillés au rustique [1], c'est-à-dire isolés et détachés les uns des autres par des joints très–accentués faits à l'anglaise.

Disons ici que ce mode d'appareil encore très-peu connu présente dans son ensemble, vu à certaine distance, un aspect qui est loin d'être, tant s'en faut, désagréable à l'œil.

Comme tablier du pont, le sol de la place se compose ainsi qu'il suit, à partir de l'extrados des voûtes de décharges.

Savoir :

1° d'une chape en ciment romain de	0,10 ᶜ.	d'épaisseur.
2° d'un lit de béton en mortier de chaux	0,20 ᶜ.	—
3° d'une forme de sable de rivière	0,40 ᶜ.	—
4° enfin d'une nappe en macadam	0,15 ᶜ.	—
Total	0,85 ᶜ.	—

L'on conçoit dès lors qu'à raison de la méthode qui a présidé à l'établissement de cette contexture d'épaisseur en quelque sorte exceptionnelle, les effets de vibrations, produits par la pression des corps mobiles quelconques qui agissent sur sa surface se perdent périodiquement, et cela, en vertu de la loi des carrés des vitesses à travers l'épaisseur de cette espèce de matelas compact avant d'arriver jusqu'aux fermes et aux voûtes, lesquelles

---

[1] Le dos ou partie contendante de la hachette.

gagnent dès lors toute force d'inertie en vue de leur isolement relatif de la surface du tablier proprement dit.

Du reste, afin de plus amples renseignements, touchant les lois de la *statique* en pareille matière, j'inviterai mes lecteurs à se reporter à la description du *pont* du carousel, dit des Saints–Pères, comprise dans le deuxième volume du présent ouvrage.

CHAPITRE XVI

DES PONCEAUX EN TOLE DE FER

D'après le dictionnaire d'architecture civile et hydraulique, dû au chevalier *Davillcr*, on entend par *ponceau*, « un petit pont d'une arche pour passer un ruisseau ou petit canal. « On compte à Venise jusqu'à 363 de ces petits ponts. »

Bien que je croie devoir me dispenser d'analyser ici le mode de construction élémentaire de ces petits ponts ou *ponceaux*, il me semble à propos de ne pas les passer sous silence, ne serait-ce que comme citation seulement, tant ils se rattachent tous, comme combinaisons uniformes, à la méthode de construction du pont dit de la place Péreire.

Je dirai donc uniquement pour mémoire que, principalement de la gare des Batignolles jusqu'à celle de la porte Maillot, cinq ponceaux de ce genre ont été jetés dans ce parcours sur le chemin de fer aujourd'hui de Ceinture (section d'Auteuil) ; et que, grâce à leur solidité depuis déjà longtemps éprouvée, ils rendent journellement à la viabilité en général des services aussi importants et absolument les mêmes que tous ponts quelconques en maçonnerie, en fer et fonte, voire même en charpente de bois dont l'usage est, pour ainsi dire, désormais relégué dans les archives de notre vieux temps, attendu que cet us ne présente qu'une utilité accidentelle et toujours passagère, dans tous grands travaux quelconques, soit comme ponts *droits ou directs*, soit comme ponts *déviatifs*, afin de ne pas supprimer spontanément et d'un seul coup, pendant un certain laps de temps, une circulation ancienne et une incessante routine d'exigences journalières à l'endroit de l'existence, qu'ont même certaines voies publiques qui ne peuvent être distraites de leur affectation première.

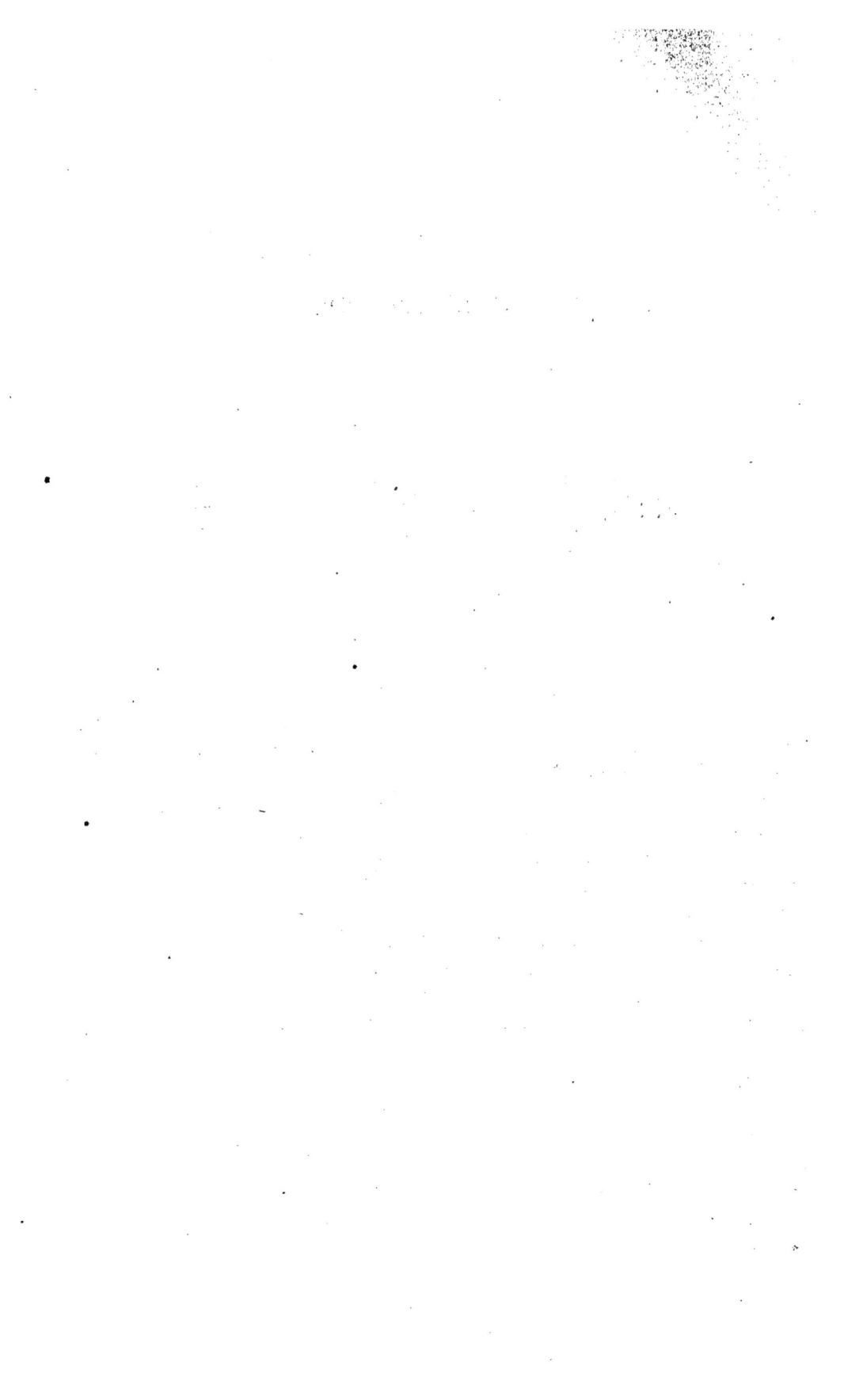

CHAPITRE XVII

PONT EN TOLE DE FER

DE LA PLACE DE L'EUROPE

La figure I de la planche 65 donne le plan d'une travée de la partie centrale ' du pont de la place de l'Europe faisant voir les longues fermes qui en forment les principales forces ou éléments de premier ordre, dans le sens de sa longueur, ainsi que les fermettes disposées transversalement à ces dernières, lesquelles servent d'autant de sommiers ou culées de dé— charge aux petites voûtes bandées en briques creuses hourdées en ciment romain, formant la contexture du tablier ou plateau.

Dans la partie milieu du plan sont indiquées, au pointillé seulement, et en coupe, les voutes en briques ci—dessus mentionnées, dont la direction en forme de cintres surbaissés, parallèles à celle des grandes fermes, présente à la puissance sans cesse trépidante de la locomotion en général, autant d'obstacles d'une résistance à toute épreuve, en vue du principe de décomposition des forces vives qu'engendrent les cohésions multiples des ma— tériaux composant ces sortes de voûtes.

La figure 2 représente la coupe des fermettes armées chacune d'un talon inférieur, et recevant les voûtes de décharge bandées dans le sens de la longueur du *pont* ainsi que les remplissages d'extrados ou reins de ces mêmes voûtes, également établis en briques et ciment de mêmes natures.

Lafigure 3 indique en coupe, deux des grandes fermes accouplées, lesquelles prennen

---

' La longueur de la partie centrale de ce pont, comprise entre les piles en pierre, et dans le sens de la rue de *Berlin* à celle de *Madrid*, n'est que de 30 mètres seulement, tandis que sa largeur, d'une balustrade à l'autre, est de 45 mètres, compris trottoirs.

leurs portées tant sur les quatre piles médiannes de l'ensemble du système que sur les culées extrèmes en maçonnerie reliées aux terres-pleins formant les amorces des issues aboutissantes.

Ces combinaisons hors ligne, dans l'emmanchement de tout l'ensemble de cette construction, constituent plus que toutes les autres la partie principale de la résistance exigible de tout le système, corroborée toutefois par l'adjonction des éléments subsidiaires dont les figures suivantes donnent les détails.

Dans la figure 4, sont représentés, en coupe, deux tronçons de voutes en briques creuses, garnies de leurs reins en mêmes matériaux et prenant leurs points de culées sur les pieds des fermettes également vues en coupes.

La figure 5 donne la vue de profil d'une travée des longues fermes accouplées, selon tous leurs détails, tels que pieds-droits ou tiges verticales de liaison entr'elles et les croix de saint André, lesquelles les retiennent diagonalement dans ses quatre sens, dans chaque compartiment de 2 mètres de longueur.

Sur la partie de ferme supérieure se trouvent indiquées, au pointillé seulement, deux voûtes en briques, ainsi qu'une fermette d'intersection, détails dont le commun office a été décrit ci-dessus.

Les parties constitutives de ces fermes étant chacune de 5 mètres de longueur, formant ensemble la longueur totale de ces dernières, la figure 6 indique le mode de jonction, ou soudûre entr'eux, de ces divers fragments métalliques.

Cependant, je n'oublierai pas de dire ici que si toutes ces combinaisons réunies présentent un tout parfaitement homogène et de résistance à toute épreuve, la quantité innombrable sinon fabuleuse des *rivets* qui les rendent toutes solidaires les unes des autres tant pour ce qui concerne les éléments principaux que ceux secondaires, joue en tous sens un rôle d'un ordre si important dans tout l'ensemble, que, sans ce complément de premier ordre, le système tout entier ne serait ni de résistance ni de force d'inertie possible.

En résumé, pour facilement comprendre le système de structure métallique de ce pont, on fera bien de se reporter à la figure de cette planche, qui donne une vue détaillée de l'ossature du pont couvrant le tunnel de la place *Péreire*.

Toutefois, comme bonne exécution voulue en pareil cas, ces *rivets* sont enfoncés à chaud *(rouge cerise)* à grands renforts de masse et de marteau, dans le but bien compris d'établir une adhérence éprouvée entre eux et les surfaces de *tôle*, de *fer* qui leur servent de loges.

La figure 7 consiste en une vue détaillée du mode uniforme d'assemblage ou d'agrégation entr'elles des briques creuses, formant double rang de voûte, superposé l'un à l'autre et sans coupure aucune de liaison.

Toujours disposées suivant les aplombs de leurs faces horizontales et verticales, ces briques ainsi assemblées présentent *voûte* à double épaisseur et créent ainsi une espèce de matelas dont la propriété absorbe à l'infini les effets de trépidation sans nombre, produits par la locomotion incessante des véhicules de toutes natures.

Quant au plateau ou tablier formant la contexture de la chaussée, il est composé d'une nappe très-épaisse (16ᵉ) en béton parfaitement aggloméré, recevant, à son tour, une chape de 4 à 5 centimètres d'épaisseur en bitume, d'une densité à l'épreuve des plus fortes pressions, sans être astreint à la moindre fissure.

D'un autre côté, les trottoirs préalablement protégés par des longues bandes de granit, sont généralement établis sur des planchers composés de solives en tôle, hermétiquement hourdées au droit des entrevoux.

Ces planchers confectionnés, puis recouverts d'une chape en mortier de ciment romain reçoivent enfin une forte nappe en bitume qui en constitue le sol proprement dit.

La figure 8 donne le plan général du pont de la place de l'Europe suivant toutes les dispositions locales qu'il a été tenu de recevoir.

Couvrant, à cet endroit, le passage du réseau des chemins de fer de l'ouest à leur point de départ, pour ainsi dire; cette partie centrale, en quelque sorte une véritable place, est le rendez-vous commun des *six* artères qui y aboutissent, savoir:

A droite, des rues de *Londres*, de *Berlin* et de *St-Pétersbourg*,

A gauche, des rues de *Vienne*, de *Madrid* et de *Constantinople*.

Je n'oublierai pas non plus de mentionner ici les balustrades servant de bordures de protection, dans toutes les parties de ce pont, et qui sont encadrées d'un puissant quadrillé métallique de forme en croix de St—André, haut de plusieurs mètres, destiné sans doute à être recouvert d'une chemise en plaque de *tôle*, moins pour dérober aux regards l'intérieur du débarcadère et les manœuvres des machines que pour former obstacle à l'éruption aussi soudaine que continue des masses de fumée, toujours très—gênantes, s'échappant en tourbillons prolongés des cheminées des locomotives par le fait de la rupture de la colonne d'air dans les fréquents moments de pénétration des trains [1] sous ce large viaduc.

Telle est, en résumé, la description aussi claire et aussi succinte que possible de ce *pont fixe*, nouveau modèle, qui, par son type non moins exceptionnel que pittoresque, occupera un jour, sans aucun doute, une des places les plus honorables et les plus méritées dans les annales de la construction en général, considérée au point de vue de l'espèce dont il s'agit [2].

[1] En moyenne de *cent quarante à cent cinquante* trains par vingt-quatre heures.

[2] Cependant il est, je crois de mon devoir, afin de rendre justice à qui de droit, de mentionner ici les noms des entrepreneurs qui, par leur pratique et leur intelligence, ont su heureusement contribuer à l'exécution de l'œuvre de l'ingénieur.

Ce sont:

1° Pour la *ferronnerie*, la maison bien connue de *Cail et Compagnie*.

2° Pour la *maçonnerie* en général, M. *Clairin* entrepreneur dont cette spécialité de travaux ne laisse rien à désirer.

Comme aussi, à propos de l'emploi de la tôle en général, appropriée à toute application quelconque dans ce genre de constructions métalliques, empressons-nous de citer la maison *E. Gouin*, que ses immenses travaux ont placée avec raison, depuis 15 années et plus, à l'un des premiers rangs de cette industrie toute spéciale.

CHAPITRE XVIII

DOCUMENTS DIVERS

En ajoutant à cette œuvre tout élémentaire certaines données, selon moi, vraiment nécessaires, j'ai pensé avec juste raison, que toutes les descriptions, touchant la matière aujourd'hui traitée, ne pouvaient être bien réellement démontrées que par l'exposé des documents instructifs catégoriquement classés selon les diverses natures des éléments constituant les différents modes de construction qui font l'objet de cette partie du présent traité.

Ces documents sont relatifs à l'emploi exclusif de la *tôle* et des briques creuses perforées dans la construction des bâtiments civils et industriels ainsi que dans celle des ponts fixes, etc., etc., etc.

1° TOLE LAMINÉE PRISE AU DÉPOT.

N°ⁿ D'ORDRE	DÉNOMINATION	ÉPAISSEUR	POIDS	PRIX DE REVIENT	SURFACE
1	Une feuille de tôle	de 5 m/m d'épaisseur.	38 k. 94	10 fr. 51	le mètre carré
2°	Une feuille de tôle	de 4 m/m 1/2 »	35 » 05	9 » 46	» »
3°	Une feuille de tôle	de 4 m/m » »	31 » 15	8 » 41	» »
4°	Une feuille de tôle	de 3 m/m 1/2 »	27 » 26	7 » 36	» »
5°	Une feuille de tôle	de 3 m/m » »	23 » 36	6 » 31	» »
6°	Une feuille de tôle	de 2 m/m 1/2 »	19 » 47	5 » 26	» »
7°	Une feuille de tôle	de 2 m/m »	15 » 58	4 » 67	» »
8°	Une feuille de tôle	de 1 m/m 1/2 »	11 » 68	3 » 50	» »
9°	Une feuille de tôle	de 1 m/m 1/4 »	9 » 74	2 » 92	» »
10°	Une feuille de tôle	de 1 m/m »	7 » 79	2 » 34	» »
11°	Une feuille de tôle	0 » 3/4 »	5 » 84	1 » 75	» »
12°	Une feuille de tôle	0 m 1/2 »	3 » 89	1 » 17	» »
13°	Une feuille de tôle	0 m 1/4 »	1 » 95	0 » 59	» »

2° TOLE ACQUISE PAR MARCHÉ

N° D'ORDRE	DÉNOMINATION	ÉPAISSEUR	POIDS	PRIX DE REVIENT	SURFACE
1°	Une feuille de tôle	5 m/m	38 k. 94	9 » 93	le mètre carré
2°	Une feuille de tôle	4 m/m 1/2	35 » 05	8 » 94	» »
3°	Uue feuille de tôle	4 m/m	31 » 15	7 » 94	» »
4°	Une feuille de tôle	3 1/2	27 » 26	6 » 95	» »
5°	Une feuille de tôle	3 m/m	23 » 36	5 » 96	» »

OBSERVATIONS.

A partir inclusivement de la surface uniforme d'un mètre carré de tôle depuis 2 m/m jusqu'à 0 m/m 1/4 d'épaisseur, le poids de chacune de ces feuilles étant le même que celui désigné au premier tableau précité, les prix de main-d'œuvre varient nécessairement en raison de la bien venue de la fabrication, comme par suite du plus ou moins de frais nécessités par le planissage. Ce n'est donc ici que l'objet d'un débat de clerc à maître.

BRIQUES CREUSES PERFORÉES.

N° D'ORDRE	DÉNOMINATIONS	POIDS	PRIX [1]	LE MILLE
1°	Une brique creuse, pour cloison ou voûte (sous sol), de 0 m 33 c. × 0,15 c. × 0,04 c. à 0,05. ordinairement perforée de deux trous pèse 2 k. 13 c. Il en faut 31 par mètre superficiel.	44 k. 75	65 fr.	le mille
2°	Une brique creuse pour planchers forts, voûtes secondaires et pans de tôle de 0,21 à 0.22 × 11 × 0.06 1/2 à 0,07 ordinairement percée de 6 à 8 trous pèse 0 k. 80 c. Il en faut 55 par mètre superficiel.	41 k.	52 fr.	le mille
3°	Une brique creuse pour murs de façade, secondaires ou de refend de 0,21 c. à 22 c. × 0,10 à 0,11 carrés, percée de 4 trous pèse 0 k. 92 c. Il en faut 50 par mètre superficiel.	46 ».	80 fr.	le mille
4°	Une brique creuse pour murs de face, très-résistants, voûtes à grandes portées et dosserets angulaires ou intervallaires de 0,21 à 22 × 0,10 à 0,11 carrés, percée de 6 trous pèse 1 k. 60 c Il en faut 50 par mètre superficiel.	80 k.	80 fr.	le mille

OBSERVATION

Le prix de main-d'œuvre de 1 mètre superficiel de construction en briques perforées telles qu'elles sont désignées ci-dessus revient :

[1] Aux termes du tarif des travaux de la ville de Paris, publié en 1867.

Savoir :

mètre superficiel.

1. Pour la brique de 0,33 × 0, 15 × 0, 05e à   **2 fr. 00**

2' Pour la brique de 0,22 × 0, 11 × 0, 06e à   **3 fr. 15 c.**

3° Pour les briques à 4 ou 6 trous de 0, 22ᵉ

 × 0, 11e, × 0, 11e à   **4 fr. 45 c.**

En résumé, pour clore cette addition au principal corps de cet ouvrage, qu'il me soit permis d'avancer ici que c'est mû par l'intérêt même de ceux de mes lecteurs qui, afin de s'éclairer autant que possible, croiront, à l'aide de tous ces sous-détails, pouvoir se rendre compte sans difficultés des diverses méthodes de construction analysées dans ce travail, que j'ai cru opportun de leur mettre sous les yeux les documents instructifs qui précèdent et pourront, par conséquent, les aider utilement dans les recherches toutes laborieuses auxquelles ils voudront bien se livrer, et corroborer d'autant, ainsi, par leurs observations et par leurs études les progrès de la science et de l'industrie.

FIN DE LA DEUXIÈME PARTIE.

RECUEIL

DE MACHINES

ANCIENNES ET MODERNES

APPROPRIÉES

A L'ART DE BATIR

ET

A DIVERSES OPÉRATIONS DE L'INDUSTRIE

INTRODUCTION

Les arts et les sciences, en général, ont entre eux des rapports plus ou moins directs ; l'architecture, en particulier, semble avoir avec ces dernières des relations plus intimes et plus immédiates.

En effet, l'architecte doit avoir des notions assez étendues de minéralogie et de géologie ; c'est aussi une obligation pour lui de connaître les propriétés physiques et chimiques des corps, ainsi que les lois de la gravitation et de l'équilibre.

Mais de toutes les connaissances qui viennent en aide au constructeur, la science des forces mouvantes, la mécanique, autrement dit, est en première ligne ; aucune ne lui est d'une utilité plus indispensable : elle est la base de ses opérations, elle lui prête un appui de tous les instants, elle l'assiste dans toutes les phases de ses travaux.

Pour ceux de ces travaux qui ne sont que préparatoires, tels que les fouilles, le creusement des fondations, l'enlèvement des terres, le curage des canaux, des rivières, il emploie les machines à draguer, les vis d'Archimède, etc. Pour l'extraction des matériaux propres à la construction, il trouve, dans les divers systèmes de grues, des moyens prompts et faciles. Veut-il opérer la translation des matériaux préparés, l'ascension des blocs taillés et prêts à être mis en œuvre, les fardiers, les engins, les grues mobiles lui prêtent leur secours

S'agit—il de procéder à la pose de quelque morceau de sculpture comme les statues, les bas-reliefs, les quadriges qui font le couronnement des édifices publics, il y parvient à l'aide d'échafaudages plus ou moins compliqués, dont la solidité est en rapport avec la pesanteur des objets à élever, et qui présentent en outre une surface commode et sûre pour les manœuvres.

Il importe donc au constructeur d'avoir à sa disposition les agents mécaniques qui économisent et le temps et les forces, qui accélèrent le mouvement et rendent le travail plus facile ; mais il ne suffit pas qu'il connaisse les moyens de les mettre en usage : il faut encore qu'il en étudie tous les ressorts, qu'il se rende compte des effets produits, qu'il sache calculer la puissance de tel moteur et la résistance de tel frottement, afin de modifier, selon les circonstances, soit la disposition, soit la forme des machines qu'il emploie, et de les soumettre aux exigences des localités.

Et ce n'est pas seulement dans la vue d'accroître leur puissance et d'obtenir des résultats plus satisfaisants, que l'architecte doit s'attacher à les perfectionner ou à en combiner de nouvelles ; une autre idée doit occuper son esprit ; sa qualité d'artiste lui fait un devoir de ne pas se mettre en quelque sorte dans la dépendance des autres.

Faudra-t-il que l'auteur d'une pensée belle, noble, grandiose, se traine à la remorque du talent d'autrui ? et ne saurait-il lui-même, demeurant à la hauteur de ses productions, trouver les moyens d'exécuter l'œuvre de son imagination ?

De beaux exemples, qu'il serait heureux de voir imiter, nous ont été légués par des hommes d'un vrai talent, des hommes dont l'art s'honore ; Rondelet succédant à Soufflot dans la direction des travaux de la nouvelle église Sainte-Geneviève, aujourd'hui le Panthéon, inventa plusieurs systèmes de grues, de manéges et de roues d'ascensions qui servirent à élever à une grande hauteur des blocs de pierre d'un volume et d'un poids considérables ; l'une de ces grues possédait une puissance telle, que son poinçon pouvait résister à une pression de cent vingt milliers.

Cette machine fut employée par la suite dans la construction du pont de Neuilly, dont l'appareil se compose de pierres de la plus grande dimension.

D'autres architectes, MM. Brulé et Brunel, imaginèrent aussi divers systèmes qui seront exposés ci-après.

La série des machines qui peuvent être l'objet de l'étude des architectes ne renferme pas seulement celles consacrées à la construction proprement dite, elle comprend aussi celles employées à la préparation même des matériaux de construction, le bois, la pierre, etc.; elles comprend encore celles qui servent dans les usines, les fabriques, les ports, les fortifications, etc., au transport ou au chargement et déchargement des fardeaux et produits de toute nature.

Il est donc à désirer de voir les architectes consacrer quelques-unes de leurs veilles à l'étude d'une science dont l'application se reproduit chaque jour sous mille formes différentes.

L'exposé qui va suivre donne quelques explications sur les machines qui sont d'un usage ordinaire dans la construction ; j'y ai ajouté, comme indication, quelques autres moins spéciales, mais qui n'en ont pas moins un rapport tout à fait direct avec les premières.

DES MACHINES DITES ANCIENNES

CHAPITRE PREMIER

MACHINES A DRAGUER

Les machines à draguer plus spécialement employées dans les travaux hydrauliques, pour le curage des fleuves et des rivières, sont aussi fort utiles à l'architecture civile pour les opérations préparatoires dans la construction des quais, des ponts, des canaux, des aqueducs, et au génie militaire pour le forage et l'entretien des fossés qui entourent les fortifications.

Celles qui servent à approfondir le lit des rivières, sont, d'ordinaire, établies sur des bateaux ou autres machines flottantes ; les autres, agissant sur des espaces plus resserrés, ont pour base, ou des estacades à demeure qui règnent le long des berges, ou des murs de soutènement, ou simplement des échafaudages mobiles composés de pieux enfoncés à coups de moutons et réunis par des sablières qui forment une espèce de chemin pour les machines.

La machine à draguer proprement dite, est supportée sur un châssis formé de deux poutres croisées par des traverses et munies de rouleaux glissant sur la voie naturelle ou factice dont il vient d'être parlé.

Elle se compose de madriers placés sur champ auxquels s'assemblent d'autres madriers verticaux liés entre eux par des traverses horizontales et qui, par leur réunion, forment une espèce de cage à jour, (*voyez* fig. 1 et 2, pl. 66°).

C'est dans cette cage qu'est renfermé l'appareil agissant dont voici le mécanisme : Un axe horizontal, mis en jeu par une manivelle, se termine par un pignon qui engrène une roue dentée verticale dépendante d'un second essieu : celui-ci s'assemble carrément dans un noyau (*voyez* la coupe en H, fig. 2) auquel on donne le nom de Hérisson, et qui est disposé de manière à s'enclaver dans les mailles d'une chaîne pliante sans fin D (*voyez* fig. 2), et à l'entraîner dans son mouvement.

La chaîne supportée par l'essieu supérieur est tendue, en contre-bas, par deux cylindres mobiles C C, dont les tourbillons s'engagent dans les *Lundes* ou coulisses verticales A A.

Suivant le degré de profondeur auquel on veut faire parvenir la chaîne, on élève ou on abaisse le système entier à l'aide d'une corde fixée à la traverse basse E et qui s'enroule sur un treuil B B.

Quant au travail de la machine en lui-même, il est fort simple ; des grappins fixés à la chaîne dégagent des portions de gravier ou de terre qui sont recueillies et enlevées par les hottes ou cuveaux aussi adhérents à la chaîne, et rejetées sur un tablier incliné vers la berge.

Ces sortes de machines varient de forme selon l'emplacement sur lequel elles doivent opérer et la nature des terres qu'elles doivent fouiller ; celle représentée fig. I est de l'invention de M. Raucourt, professeur à l'école centrale des arts et manufactures ; la seconde, imaginée par M. Guillaume, a fonctionné en 1804 et 1805 pour les travaux des digues au camp de Boulogne.

CHAPITRE II

GRUES TOURNANTES

QUI SERVAIENT AUTREFOIS DANS LA CONSTRUCTION DES ÉDIFICES PUBLICS

Les grues en usage autrefois dans la construction des monuments publics nécessitaient, en raison des grands développements de leur mécanisme, des emplacements très-vastes, ce qui en rendait l'emploi fort incommode et souvent impossible, car il n'était pas toujours donné d'avoir à sa disposition un espace suffisant pour leur manœuvre. Elles joignaient à cet inconvénient un autre assez grave, c'était celui d'être excessivement pesantes et d'exiger, par conséquent, des échafaudages d'une grande solidité, au cas où l'on eût voulu les faire fonctionner du haut des édifices. Du reste, ces machines avaient une puissance prodigieuse résultant des proportions colossales sur lesquelles elles étaient établies. Il suffit d'en examiner la structure pour se faire une idée exacte de la puissance de semblables moteurs.

La planche deuxième représente deux grues de cette espèce inventées, l'une par M. Brulé, lors des grands travaux de l'église Sainte–Geneviève, aujourd'hui Panthéon, l'autre par M. Brunel, architecte, pour la construction de l'école de chirurgie.

Toutes deux ont la forme d'une potence oblique d'une grande volée, composée de longues pièces de bois entées et reliées par des brides à des contre-fiches qui sont elles-mêmes retenues par des moises horizontales. Cette potence porte, en dessous, vers le tiers de sa longueur, un fort tasseau muni d'une crapaudine en fer qui roule sur un pivot ou axe vertical ; l'axe est enchâssé dans une énorme pièce de bois supportée sur un châssis et contre–butée par un certain nombre de pièces inclinées formant empattement.

Le mécanisme consiste, pour la première, dans un treuil fixé à l'extrémité inférieure de la potence et mis en mouvement par une roue à pédales ; sur le treuil s'enroule une corde qui s'engage successivement dans la gorge de plusieurs poulies fixes disposées en différents points du trajet de la potence, et retombe enfin verticalement pour recevoir les fardeaux à enlever.

Dans la seconde, la roue à pédales est remplacée par une roue dentée qui engrène un pignon mû par une manivelle et dont l'essieu est terminé par un volant qui en accélère la rotation.

Bien que ces sortes de machines soient depuis longtemps abandonnées, je les ai néanmoins produites comme termes de comparaison avec les moteurs en usage aujourd'hui.

La planche 67 fait l'objet de la présente description.

CHAPITRE III

ENGIN OU GRUE MOBILE

A L'USAGE DES PORTS ET DES BATIMENTS EN GÉNÉRAL

Aux systèmes de grues anciennes si embarrassantes, ont été substituées successivement d'autres machines moins volumineuses et tout aussi puissantes ; mais aucune n'avait atteint le degré de simplicité qui distingue l'invention de M. Delaperelle, connue sous le nom d'en—gin ou grue mobile. Ce genre d'équipe, d'un mécanisme très peu compliqué, a l'avantage de pouvoir être manœuvré dans un espace assez resserré et d'être changé de place avec une très grande facilité (*voyez* pl. 68).

Sa partie principale est un arbre de sapin vertical, armé à sa base d'un pivot en fer qui roule dans une crapaudine à scellement, et enveloppé à son sommet d'un cercle de fer auquel sont fixés quatre haubans de retenue en directions différentes.

Un peu au dessous du cercle de retenue, l'arbre est percé d'une mortaise destinée à rece-voir une poulie B', dont l'usage sera expliqué ci-après ; et plus il est traversé par deux pièces de bois légèrement inclinées qui l'embrassent en moise, soutenues elles-mêmes par deux contrefiches (*voyez* le détail pl. 68) : aux extrémités de cette moise sont ajustées, enclavées entre ses deux parties, deux poulies B et C, qui doivent fonctionner de concert avec la pou-lie supérieure B'.

Le système qui donne le mouvement est adhérent à l'arbre même ; il est fixé à sa partie inférieure par des armatures qui en supportent les pièces au nombre de trois, savoir : un premier essieu mû par deux manivelles et portant un pignon qui engrène une première roue dentée, un second essieu traversant la première roue et terminé de même par un pignon, et enfin un treuil dépendant d'une seconde roue dentée mise en action par le second pignon. Voici maintenant comment s'établit la communication entre le mécanisme et les fardeaux qu'on veut enlever ; revenons aux détails ; le câble de manœuvre est noué en D à la traverse du chapeau ; de ce point, il descend verticalement et vient supporter une poulie mobile dont la chappe est munie d'un crochet qui tient suspendu le fardeau ; puis il remonte, passe successivement dans les poulies C'B'B, et enfin redescend pour s'enrouler sur le treuil de la machine : on comprend aisément que si l'on met en jeu la manivelle, le câble étant fixe en D et son extrémité opposée s'enroulant sur le treuil, la poulie mobile s'élèvera, entraînée dans le mouvement d'ascension de la corde, et avec elle le poids qu'on y aura suspendu.

Cette machine, qui a fonctionnée pendant toute la durée du quai d'Orsay et qui est d'un usage journalier dans les ports de chargement, est employée aujourd'hui presque exclusivement, non-seulement pour la construction des monuments publics, mais encore pour celle des maisons particulières de quelque importance ; sa grande simplicité le fait préférer à toutes les autres destinées au même usage ; elle a, comme toutes les grues tournantes, l'avantage de se mouvoir dans tous les sens, sans être entravée par l'anneau de retenue dans lequel elle est engagée librement. Ainsi l'on peut charger la poulie mobile du côté opposé à la façade d'une construction, élever le fardeau à la hauteur voulue et le déposer à niveau d'assises, en faisant pivoter la machine, sans que le câble éprouve la moindre torsion.

CHAPITRE IV

DES TREUILS ET DOUBLES CHÈVRES

Le treuil en fonte à un seul pignon et à un seul engrenage, représenté fig. 1ʳᵉ, pl. 69, est encore une des machines le plus ordinairement en usage dans les constructions ; il supplée en certaines circonstances la grue mobile dont il vient d'être donné la description ; combiné soit avec une écharpe, une écoperche ou un poinçon retenu par des haubans, soit avec tout autre point d'appui auquel est fixé ou un mouffle ou un système de poulies simples, il en remplit tout à fait les fonctions.

Son mécanisme est enchâssé entre deux supports en fonte à double patte, fixés à boulons sur un châssis en bois ; il consiste en un pignon à double manivelle engrenant une roue dentée ; l'essieu de cette roue est recouvert d'un tambour à joues en tôle destinées à maintenir l'enroulement du câble ; il porte à son extrémité opposée une roue non dentée dont le cercle extérieur est enveloppé d'une plate-bande en fer ou frein, auquel correspond un levier (*voyez* A au plan).

Le cliquet, ménagé au sommet de l'un des supports de la machine pour arrêter à volonté le mouvement de recul du pignon pendant la manœuvre, est insuffisant ; souvent on a besoin de modérer la marche des rouages d'une manière insensible, afin d'élever ou d'abaisser le fardeau à une hauteur déterminée: dans ce cas, les ouvriers appliqués à la manivelle ne peuvent aisément la maintenir dans son mouvement de rotation d'arrière ou de rentrée ; au moyen de la seconde roue non dentée, ils n'ont aucun effort à faire, il suffit à l'un d'eux d'appuyer sur le levier, et le seul frottement de la plate-bande circulaire sur la roue suspend la marche de tout le système. Ce *modérateur* est surtout nécessaire lorsqu'il s'agit d'effectuer la descente des fardeaux, car si la machine était abandonnée à elle-même, elle acquerrait un de-

27

gré de vitesse tel qu'il serait impossible de l'arrêter, et il pourrait en résulter de très-grands malheurs.

Ce treuil, dont on retire de si grands avantages en le faisant opérer de bas en haut, peut aussi fonctionner isolément, s'il est placé sur le haut d'un édifice ; il amène à lui les fardeaux sans autre secours que le câble : on peut même dire que cette machine agit alors dans les conditions les plus favorables à la nature de la matière dont elle est formée (la fonte) ; en effet, ses supports subissent un effort tout de pression, c'est-à-dire, dans le sens de la plus grande résistance du métal, tandis que l'effort est de traction dans toute autre circonstance ; et les exemples sont malheureusement trop fréquents où l'on a vu la fonte se briser lorsqu'elle était soumise à des fardeaux d'un poids trop considérable appliqués en sens contraire de sa résistance.

DOUBLE CHÈVRE
EMPLOYÉE A LA POSE DES VOUSSOIRS DU PONT D'IÉNA.

Rarement, dans les travaux ordinaires, il est nécessaire de recourir à des machines d'une force aussi grande que celle représentée fig. 2, pl. 69.

Les proportions dans lesquelles elle est établie, la combinaison de ses rouages, les dimensions de ses poulies donnent à son ensemble un caractère de puissance imposant : c'est une double chèvre composée de quatre branches en bois de chêne assemblées deux à deux, du pied, dans une traverse et venant se réunir toutes, du haut, à un chapeau composé lui-même de deux fortes pièces également en chêne ; elles y sont profondément encastrées et retenues par des boulons ; la solidité de leurs assemblages est encore accrue par des barres de fer transversales boulonnées qui s'opposent à l'écartement des deux branches d'un même côté, et par d'autres barres en croix de saint André et boulonnées d'une part sur une des branches et de l'autre sur celle qui lui fait face.

La partie inférieure de chacune des branches est renforcée de deux tasseaux appliqués l'un en dedans l'autre en dehors ; les tasseaux extérieurs, un peu plus élevés que les autres, sont traversés, ainsi que les deux branches du même couple, par un essieu à double pignon et à double manivelle ; ceux intérieurs servent de support aux tourillons d'un treuil à double roue dentée qui engrène avec les pignons de l'essieu supérieur ; ils sont garnis de boîtes en cuivre dans lesquelles roulent les tourillons en fer.

Le milieu du chapeau est évidé de manière à recevoir quatre poulies en cuivre traversées par un axe en fer et correspondant, au moyen d'un câble, à une chappe en fonte garnie de trois autres poulies formant moufle avec les premières.

Les deux parties de la chèvre sont identiques, et donnent, par conséquent, en somme, deux treuils à double engrenage mûs par quatre manivelles. Qu'on se représente un même câble s'enroulant sur l'un des treuils, passant successivement dans la gorge de chacune des parties fixes et des poulies mobiles en venant s'enrouler sur le second treuil, et enfin quatre manivelles agissant simultanément, et l'on se fera idée des résultats produits par une semblable combinaison de poulies et d'engrenages.

Cette machine ne serait d'aucune utilité, dans la construction des édifices publics en général à moins qu'elle ne fût placée sur quelque plate forme élevée et très-solide, d'où elle attirerait à elle les matériaux ; mais elle a été d'un grand secours pour la pose des voussoirs du pont d'Iéna : établie sur un échafaudage en forme de plateau qu'on avait construit au dessus de l'extrados des arches, elle déposait immédiatement chacun des blocs à la place qu'il devait occuper; de cette manière, la maneuvre s'exécutait avec une très-grande facilité, et cependant le poids de chacun des blocs n'était pas évalué à moins de 2500 à 2800 kilog. Son changement de place s'effectuait d'ailleurs sans beaucoup d'efforts, car elle est supportée sur quatre rouleaux qui la rendent mobile à volonté.

CHAPITRE V

GRUES TOURNANTES SUR LE DEMI CERCLE

EN USAGE DANS LES MANUFACTURES, USINES, ENTREPOTS, ETC.

Les Grues soit fixes, soit mobiles, à l'usage des manufactures, usines, fabriques, etc., ont la plus grande analogie avec celles employées dans les constructions, mais leurs formes et leurs dimensions varient à l'infini selon la disposition des localités ou le volume des fardeaux.

Souvent l'emplacement est si resserré, qu'il est de toute impossibilité de leur donner le développement nécessaire à la manœuvre des rouages: dans d'autres cas, la hauteur manque et alors il faut opérer avec des poulies de renvoi ou autre système analogue ; mais ce moyen est impraticable si la machine doit être mobile, si les objets à élever ou à descendre doivent être transportés dans une direction écartée de la ligne d'ascension.

Cette difficulté se présentait dans un établissement industriel, pour lequel j'ai été chargé de combiner un mécanisme à l'aide duquel on pût transporter des fardeaux assez pesants d'un point à un autre avant d'en effectuer la descente.

J'ai dû, pour me conformer à la disposition du local, lui donner la forme d'une potence simple (*voy.* fig. Ire, pl. 70). Cette Grue est tout en fer forgé. Moins les rouages qui sont en fonte, sa tige verticale est engagée dans deux boucles ou crapaudines, l'une haute, et l'autre basse, scellées dans un mur.

Sur le champ du montant ou de l'arc—boutant, sont boulonnées deux chapes traversées par deux axes ; l'un porte un pignon à manivelle, l'autre porte une roue dentée engrenée par le pignon, et est de plus enveloppée d'un tambour.

A l'extrémité du bras horizontal, une autre chape aussi boulonnée sur son champ, reçoit deux poulies fixes; une troisième poulie mobile enclavée dans une chape à anneau et crochet complète le mécanisme : une corde fixée à l'anneau de cette dernière poulie la tient suspendue ; elle passe dans la gorge d'une des poulies fixes, puis revient s'engager dans la poulie mobile, remonte s'appuyer sur la seconde poulie fixe et enfin s'enroule sur le tambour de la roue dentée.

Malgré son peu de complication, cette machine est journellement employée à monter ou à descendre des fardeaux de 900 à 1000 kilog. et rien ne dénote que ses rouages en soient fatigués.

Elle a deux fonctions : elle attire d'abord à elle les fardeaux qu'on veut changer de place, et lorsqu'ils sont arrivés à l'aplomb des poulies fixes, elle les dépose à une assez grande profondeur et tout à fait hors de la ligne première de suspension.

Elle est très-mobile, il suffit de la pousser légèrement avec la main ; elle pivote sans la moindre difficulté, quelle que soit la pesanteur des fardeaux dont elle est chargée.

La Grue représentée fig. 2 a été imaginée par M. Roux aîné ; elle est plus compliquée et par conséquent susceptible de supporter des fardeaux d'un poids plus considérable.

Elle est, comme la présente, à demeure, mais tournante. La partie fixe se compose de deux colonnes en fonte scellées dans un patin et retenues du haut entre les solives principales d'un plancher.

En avant est fixé un poteau carré, aussi en fonte, réuni aux deux colonnes par des ceintures, mais pivotant librement sur un trépied en fonte qui fait office de crapaudine ; non loin de sa base, ce poteau porte un renfort qui sert de point d'appui à un arc—boutant, formant potence avec un autre arc—boutant supérieur E, auquel il est uni par des anneaux en fonte ; ce dernier est adhérent à la corde d'une demi—roue d'entrée horizontale, figurée au plan B.

En arrière des deux colonnes jumelées, et sur le même socle en pierre, est établie la partie principale du mécanisme ; elle repose sur deux supports scellés dans la pierre et soudés aux deux colonnes.

Un premier essieu à deux pignons, à double manivelle et muni de deux volans D, qui en accélèrent le mouvement, fait engrener ces pignons sur deux roues dentées traversées par un second essieu parallèle au premier, mais plus en arrière : c'est sur cet essieu que doit s'enrouler une chaîne de manœuvre ; ce câble—chaîne est à anneaux renforcés et les dif—férentes poulies distribuées par son parcours sont à double gorge, c'est-à-dire que leur gorge est disposée de manière à correspondre bien exactement et sans risque de brisure pour la chaîne à chacun des anneaux se présentant alternativement, l'un sur le plat, l'autre sur le champ.

Cette combinaison est uniquement employée aux opérations d'ascension ou de descente des fardeaux, mais elle est indépendante d'un autre mécanisme qui imprime à la machine un mouvement de translation horizontale ; ce système est établi à la hauteur du point de butée de la branche supérieure de la potence ; en ce point, une demi—roue dentée, dont il a été parlé, s'engrène avec un pignon qui dépend d'un arbre vertical surmonté d'une roue horizontale à dents obliques ; celle—ci transmet à l'arbre le mouvement qui lui est communiqué par un se—cond pignon à dents obliques placé sur champ et mis en jeu par un axe à manivelle et volant.

Les différents détails de la figure 2 indiquent la marche de l'un et l'autre mécanisme.

CHAPITRE VI

GRUES TOURNANTES

A L'USAGE DES PORTS, ETC.

Les Grues tournantes simples ou composées sont plus spécialement consacrées à l'exploitation des carrières et au service des ports où ils trouvent des emplacements plus spacieux et plus appropriés au développement de leurs manœuvres ; elles sont encore employées dans les établissements industriels d'une grande importance. Les Grues en bois, quelle que soit la force des pièces dont elles sont formées, sont sujettes à être avariées si elles sont continuellement exposées aux intempéries ; aussi donne-t-on, actuellement, la préférence au fer et à la fonte pour la construction de ces sortes de machines. C'est aussi le fer et la fonte que j'ai adoptés pour deux systèmes, représentés fig. I et fig. 2 de la planche 71, en ayant soin de réserver le fer pour. celle des pièces qui subissent un effort de traction, la fonte servant à former celles qui sont soumises à une pression directe ou qui font office de support.

Le premier système se compose de deux bras inclinés forgés BB (*voyez* au profil et au plan), renforcés de deux arcs-boutans en fonte C. Les premiers sont terminés, à leur extrémité inférieure, par des sabots ou colets qui embrassent à mi-épaisseur un arbre vertical ou centre d'action D, et qui sont enclavées de chaque côté entre deux boîtes AA encastrées à fleur de l'arbre (*voyez* aux détails) ; ces boîtes ont pour objet de résister à l'effort de bascule des branches BB qui, sans elles, imprimeraient au bois une compression capable de désunir ses fibres et de le faire éclater.

Les arcs-boutans sont aussi terminés par des sabots qui emboîtent le pied de l'arbre et qui s'appuient sur une platine horizontale au centre de laquelle est un pivot correspondant à une crapaudine en fonte.

Le fouettement des quatre branches est maintenu par des cercles en fonte de diamètre différent et par des embrassures qui les relient fortement les unes aux autres ; la résistance des arcs-boutans est de plus augmentée par une *chambrière* ou tige verticale E, armée de plusieurs branches en forme de contrefiches.

Du côté opposé, des bras horizontaux EF, enclavés aussi entre des boîtes et soutenus également par une tige verticale, supportent un contre-poids et font équilibre aux branches inclinées auxquelles les réunit un tirant d'écartement.

Les deux supports verticaux sont munis d'un galet qui roule dans une rainure refouillée dans le massif en pierre qui sert de base à la machine.

Le mécanisme consiste en une roue dentée menée par un pignon à manivelle et fixée à l'extrémité d'un treuil qui traverse l'arbre horizontal (*voyez* au plan). A l'autre extrémité du treuil est adhérente une roue non dentée qui est enveloppée d'un frein à levier destiné à modérer le mouvement de rotation pendant l'opération de descente des fardeaux.

Le câble, qui s'enroule sur le treuil, glisse sur deux poulies en cuivre dont l'une est placée au dessus des branches, vers le milieu de leur trajet, et l'autre à leur extrémité supérieure.

Le deuxième système diffère de celui-ci en ce qu'il est à doubles bras symétriques, opposés l s uns aux autres, et sans supports. Les arcs-boutans, au lieu de s'assembler immédiatement avec l'arbre vertical, reposent sur des patins en saillie auxquels sont fixés des galets.

Du sommet de l'arbre s'élève une colonnette en fonte servant de point de rattache aux deux tirans qui correspondent aux deux côtés opposés de la machine et en maintiennent la rigidité Quant au mécanisme, il est absolument semblable ; un même treuil, sur lequel s'enroulent deux cables en sens contraire, sert à élever simultanément des fardeaux qui se font équilibre réciproquement.

La grue à contre-poids fixe peut élever jusqu'à 6,000 kil. Celle à double bras, de 3 à 4,000 kil., somme totale pour les deux côtés.

CHAPITRE VII

———

GRUE PORTATIVE EN FER A DOUBLES BRAS MOBILES

EMPLOYÉE DANS LES ATELIERS DE M. MAUDSLEY A LONDRES.

———

La grue portative en fer, à doubles bras mobiles,dont la planche 72 donne tous les détails, est due à M. Maudsley, l'un des plus habiles mécaniciens de l'Angleterre.

Voici en quels termes il en est rendu compte dans les Mémoires de la Société de Berlin.

« .... Construite entièrement en fer, elle est très-légère quoique d'une grande solidité et peut élever et transporter les fardeaux les plus lourds. »

Elle est principalement composée de deux montants ou jumelles X, fig. Ire et IIe, et de deux bras ou *boutehors* Q en fer forgé dont le centre de mouvement est sur de forts boulons AA, traversant l'embase ou le patin de la grue. Ces bras se rapprochent ou s'écartent à l'aide de deux chaînes VV attachées à des boulons BB et s'enroulant, chacune en sens contraire, sur un treuil A. De cette manière, le fardeau suspendu à l'un des bras, est transporté latéralement. L'axe du treuil A tourne sur des coussinets établis au haut des montans de la grue; il reçoit le mouvement d'une roue dentée B dans les dents de laquelle engrène une vis sans fin C. L'arbre vertical E de cette vis porte une petite roue D, menée par un pignon F dont l'axe est solidement fixé sur une roue horizontale à bras G que les ouvriers font tourner.

Les fardeaux sont suspendus à l'un des bras de la grue seulement; l'autre bras porte un contre–poids T qui maintient l'équilibre. Ses chaines UU, destinées à les soulever, sont attachées à de forts boulons CC, traversant les bras QQ; de là, elles passent successivement sur les poulies H, portant le crochet de suspension et sur les poulies J, montées à l'extrémité des bras et tournant sur les boulons BB, pour venir s'enrouler définitivement sur le tambour K placé au bas de la grue. L'axe de ce tambour, qui tourne sur des coussinets D, fixés dans les montans X, porte une roue dentée L, qui engrène avec un pignon M, monté sur l'axe d'une roue dentée N, menée par un pignon O. Ce pignon est fixé sur l'axe de la manivelle M, au moyen de laquelle on fait tourner le tambour K.

Lorsque les fardeaux à soulever ne sont pas d'un poids et d'un volume considérables, on détache la manivelle M de son axe E, et on la place sur l'axe F du pignon M; puis on recule l'axe E au moyen du levier à contre-poids G; alors le pignon O n'étant plus engrené avec la roue N, le pignon M agit sans autre intermédiaire sur la roue L. En appliquant ensuite la manivelle M à l'axe de ce pignon, et la faisant tourner, le fardeau s'enlève avec facilité et promptitude.

A mesure que le fardeau s'élève, le contre-poids T descend et réciproquement. Cette disposition est avantageuse lorsqu'en faisant tourner la grue, le bras chargé du contre-poids passe sur des marchandises empilées. Il est inutile d'ajouter que les deux chaines UU ont le même développement sur le tambour K.

Le plateau P, sur lequel repose tout le système de la grue, est monté sur six roulettes HH, et tourne autour d'un axe ou pivot central I qui le réunit à un chariot R. Les roulettes HH cheminent dans une voie circulaire pratiquée à la surface de ce chariot, qui repose lui-même sur quatre fortes roulettes L montées sur les axes K; ces roulettes servent à transporter la grue dans tel endroit de l'atelier qu'on le désire. Comme il serait difficile d'opérer cette translation à bras, au moyen de leviers passés sous le chariot, on emploie une corde qu'on attache à l'un des points du bâtiment où l'on veut conduire la grue. Cette corde s'enroule sur le treuil S monté sur l'axe F; après avoir reculé cet axe de manière à ce que le pignon M n'engrène plus avec la roue L, on fait agir la manivelle N et on déplace ainsi la grue chargée de son fardeau; mais au préalable, il faut avoir soin d'arrêter le mouvement du tambour K, à l'aide d'un cliquet qui s'engage dans les dents de la roue L.

Explication des figures de la planche 72.

Fig. 1. Elévation de la grue chargée de son fardeau.
Fig. 2. Élévation, vue par devant, de la même.
Fig. 3. Le plateau P, vu séparément en plan.
Fig. 4. Coupe verticale du plateau P et du chariot R.
Fig. 5. Le chariot vu en plan.

Nota. *Les mêmes lettres désignent les mêmes objets dans toutes les figures.*

A Treuil sur lequel s'enroulent les chaines VV destinées à rapprocher ou à écarter les bras de la grue.
B Roue dentée montée sur ce treuil.
C Vis sans fin engrenant cette roue.
D Roue fixée sur l'axe vertical E de la vis sans fin.
F Pignon qui mène cette roue.

G Roue à bras à l'aide de laquelle on fait tourner le pignon F.

HH Poulies à crochet auxquelles sont suspendues les fardeaux.

JJ Poulies tournant sur des axes montés à l'extrémité supérieure des bras de la grue.

K Tambour qui reçoit la chaîne U destinée à élever les fardeaux.

L Roue dentée montée sur ce tambour.

M Pignon engrenant dans cette roue.

N Roue dentée fixée sur l'axe du pignon précédent

O Pignon qui mène la roue N.

P Plateau portant tout le système de la grue.

QQ Les deux bras de la grue.

R Chariot.

S Treuil recevant une corde attachée à l'un des murs du bâtiment et qui amène la grue à la place voulue.

T Contre—poids.

UU Chaînes pour soulever les fardeaux.

VV Chaînes pour rapprocher ou écarter les bras QQ.

XX Montants ou jumelles de la grue.

aa Boulons autour desquels tournent les bras QQ.

bb Axes des poulies J servant de points d'attache aux chaînes VV

cc Boulons auxquels sont attachées les chaines UU.

d Axe du tambour K.

e Axe du pignon O.

f Axe du pignon M et de la roue dentée N.

g Levier à contre—poids pour faire désengrener le pignon O.

hh Roulette du plateau P.

ii Pignon central autour duquel tourne ce plateau et qui le réunit au chariot R.

kk Axe des roulettes *ll* sur lesquelles repose tout le système.

m Manivelle du pignon O.

n Manivelle du treuil S.

CHAPITRE VIII.

FARDIER POUR LE TRANSPORT DES BLOCS OUVRAGÉS

PROPRE AU SERVICE DES FORTIFICATIONS, FONDERIES, CHANTIERS DE CONSTRUCTION, USINES, ETC.

Le transport des ouvrages de sculpture ou même simplement des blocs travaillés s'effectue assez ordinairement sur de petits chariots à bras appelés diables; mais ce moyen présente plusieurs inconvénients: si le chariot est à deux roues, il faut l'incliner et hisser dessus, à l'aide de leviers, les blocs qu'on veut transporter ; s'il est à quatre roues, il faut les élever complétement pour les déposer sur son plateau ou tablier. Dans l'un et l'autre cas, les blocs ou morceaux de sculpture sont exposés à être écornés dans les opérations de chargement ou de déchargement; et pendant le transport ils courent risque d'être brisés par le cahotement du chariot.

Au moyen du Fardier inventé par M. Guillaume, tous ces dangers ne sont plus à craindre: le chargement, le déchargement, le transport, ont lieu sans qu'il en résulte ni fatigue pour les ouvriers ni dégradation des blocs transportés.

Cette machine qu'un ou deux chevaux traînent sans effort, a dans son ensemble un très grand rapport avec les Fardiers ordinaires. Deux limons entés sur deux brancards, et réunis par de fortes traverses et un essieu que supportent deux grandes roues, tels sont leurs points de ressemblance ; mais on a ajouté à ces pièces principales, un mécanisme fort simplepour toutes les opérations indiquées précédemment. Sur les limons, et à l'aplomb de l'essieu, sont boulonnés deux forts taquets qui supportent les tourillons d'un treuil traversant une roue dentée verticale; cette roue dentée est engrenée, en dessous des traverses d'assemblage par une vis sans fin disposée à l'extrémité d'une longue tige parallèle aux limons, qui est mue par une manivelle à l'arrière du chariot; deux rouleaux à tourillons parallèles au treuil

et placés, l'un à l'avant et l'autre à l'arrière, font avec quatre bouts de cordage le complément du mécanisme : ces quatre cordages fixés par une de leur extrémité sur le treuil, sont
distribués deux à l'avant, deux à l'arrière, sur les rouleaux mobiles qui servent uniquement
à en faciliter le mouvement ; puis ils s'amarrent en dessous du Fardier, par leur extrémité
opposée aux quatre crochets d'un châssis isolé sur lequel doivent être placés les fardeaux à
transporter. L'on voit à quoi se réduit le mouvement de cette machine ; et d'abord, bien peu
d'efforts sont nécessaires pour déposer les blocs sur le châssis, il n'est souvent besoin que
d'un simple mouvement de bascule. Dès que le chariot a été amené à la position convenable,
on accroche les cordages aux quatre angles du châssis et quelques tours de manivelle suffisent pour raidir les câbles et les enrouler tous quatre sur le treuil dans un même mouvement, et élever de terre le fardeau qui, se trouvant totalement isolé et suspendu, arrive à
destination sans avoir éprouvé le moindre choc ni le plus léger cahotement.

Ce mode de transport si commode et si prompt est cependant à peine employé. M. Guillaume est peut-être le seul qui en ait fait usage pour une entreprise importante dont il
s'était chargé. Les entrepreneurs préfèrent en général les petits Chariots à bras comme moins
embarrassants ; mais il est pourtant des cas où l'emploi de cette machine serait d'une très
grande utilité, s'il s'agissait de transporter à des distances éloignées des morceaux de sculpture d'un poids considérable, des statues de bas-reliefs dont le chargement demande de
grandes précautions ; elle pourrait encore remplacer avantageusement les Fardiers en usage
dans les chantiers de charpenterie pour le transport des bois équarris.

Ces sortes de machines, dont l'appareil mécanique se compose, sans aucune espèce de
rouage, d'une forte chaîne d'embrasse, d'un grand levier et d'un rouleau qui lui sert de
point d'appui, occasionnent de fréquents accidents : car l'abattage du levier se faisant par
le tirage simultané de plusieurs chevaux qui y sont attelés, une fausse manœuvre peut compromettre la vie des ouvriers chargés de le mettre en direction. Déjà, dans quelques établissements, on a adopté le perfectionnement apporté par M. Fayard aîné et qui consiste à
remplacer le levier et le rouleau par un sommier traversé par deux vis de rappel qui élèvent
la chaîne d'embrasse, mais la méthode de M. Guillaume semble encore préférable : elle est
expéditive, facile et n'exige qu'un très-petit nombre de bras.

Telle est la description de la planche 73.

CHAPITRE IX

CHARIOT A ENGRENAGE

PROPRE AU SERVICE DES FORTIFICATIONS, FONDERIES, CHANTIERS DE CONSTRUCTION, USINES, ETC.

On a imaginé pour le service des forges, des fonderies et des grandes usines en général plusieurs systèmes de Chariots propres aux transports des matériaux de fabrication, des ustensiles, des produits de toute nature, et qui remplissent tout à fait leur objet.

En Angleterre, on se sert principalement dans les Docks, les Entrepôts, etc., de Chariots simples dont la marche est rendue extrêmement prompte, puisqu'ils sont généralement établis sur des chemins de fer qui existent dans presque tous ces établissements de quelque importance ; mais ces modes de transport, si faciles, si commodes lorsqu'ils opèrent sur des surfaces à peu près horizontales, sont insuffisants et même inapplicables sur des plans fortement inclinés ; car plus la mobilité de ces machines est grande, plus elles présentent de difficultés dans l'usage, incessamment entraînées dans le sens de la pente.

Aussi dans les ports, sur les grèves à pente rapide, est-ce à force de bras, ou à l'aide des cabestans avec lesquels on obtient assurément toute la puissance désirable, que l'on hisse les marchandises ou fardeaux de toute espèce à la portée des appareils de transport ; mais ces moyens sont lents, coûteux, et nullement en rapport avec les besoins de la vie commerciale qui veut de la célérité dans toutes les opérations de déchargement, transport et emmagasinage.

J'ai pensé qu'on parviendrait au même résultat et avec une économie notable de temps et de bras, au moyen d'un Chariot mécanique qui n'aurait pas, comme les chariots simples, de mouvement de recul spontané et qui serait au contraire mû en avant sans de grands efforts.

Ce Chariot, figuré pl. 74, est à quatre roues et deux essieux sur chacun desquels sont enfourchés trois supports de peu d'épaisseur, larges du haut, et se rétrécissant par le bas (ils se voient sur chacune de leurs faces au profil et à l'élévation) ; sur ces six supports est appliqué un tablier muni de coussinets ou de rebords selon la nature ou la forme des objets à transporter.

En arrière, attenant au chariot, est un petit marche-pied, autrement dit *trinquet* à deux roues, sur lequel sont placés les hommes destinés à manœuvrer le double mécanisme qui donne le mouvement au chariot. Les différentes pièces de ce mécanisme sont traversées par des axes que tiennent suspendus des tiges verticales fixées au tablier.

Supposons séparées les deux manivelles, qui sont réunies par une même traverse, et faisons-en l'application à un seul des deux mécanismes symétriques : son essieu traverse un premier pignon A qui, agissant de sortie, imprime un mouvement de rentrée aux pignons jumeaux B et B'. Ce dernier engrène un second pignon de sortie C qui produit sur les pignons jumeaux DD' le même effet que le pignon A sur les pignons BB'. Enfin le dernier pignon D' qui agit de rentrée sur la roue dentée E, alternante au moyen de la roue du Chariot, lui communique un mouvement d'arrière en avant qui est partagé par cette roue.

Les deux roues, recevant simultanément des deux parties du mécanisme une impulsion identique, cèdent facilement et chassent en avant les roues antérieures.

Si l'on voulait augmenter la vitesse du mécanisme, on ajouterait à l'essieu du pignon C un volant à quatre branches figurées au dessin seulement comme indication (car établi selon cette dimension, il serait gêné par l'essieu des pignons DD'.

A mon avis, ce Chariot pourrait être utilement employé dans certaines opérations de l'artillerie, telles que l'armement et le désarmement des places fortes. Ce qui ne se fait d'ordinaire qu'à l'aide de machines ou d'instruments qui souvent occasionnent des accidents graves, s'effectuerait avec le Chariot à engrenage sans autre secours que des leviers manœuvrés par un petit nombre de bras.

Ainsi l'enlèvement des pièces de dessus leur affût, leur levage à bras, leur transport, ne s'opèrent pas sans beaucoup de fatigue et de peine, précisément en raison de leur peu de volume et de l'impossibilité d'employer un nombre d'hommes proportionné à leur pesanteur. Si l'on faisait usage de Chariot à engrenage, après avoir préalablement supprimé le *trinquet*, on en acculerait l'arrière-train contre les flasques de l'affût, on élèverait la pièce en bascule sur des rouleaux et on la ferait glisser, la culasse en avant, au moyen de leviers, sur des sommiers ou coussinets évidés, qu'on disposerait à cet effet sur le tablier du Chariot : puis, le trinquet remis en place, deux hommes appliqués au mécanisme transporteraient ainsi la pièce, soit en montant soit en descendant sans de grandes difficultés malgré la rapidité de la pente du terrain sur lequel roulerait le Chariot. Pour le remontage de la pièce sur un nouvel affût, on emploierait une manœuvre analogue à celle du montage, et dans l'un et l'autre cas un petit nombre d'hommes suffirait.

CHAPITRE X

MACHINE A ENLEVER LES CHAPITEAUX CORINTHIENS

ET AUTRES FRAGMENTS DE SCULPTURES D'ÉDIFICES PUBLICS.

L'opération de pose et dépose des chapiteaux, fûts, bases de colonnes, ainsi que des statues, bas—reliefs et autres parties sculptées des monuments, cette opération si délicate et qui demande les plus grandes précautions lorsqu'on emploie les moyens ordinaires, m'a donné l'idée de combiner une machine spéciale à l'aide de laquelle cette manœuvre pût s'effectuer sans dégradation aucune pour les matériaux, et sans difficulté ni fatigue pour les ouvriers.

En voici la construction (voyez pl. 75):

Le sommier ou centre d'action LL, présente la forme d'un plateau carré horizontal à côtés ren'rants, terminé par quatre branches B, B, B, B, et percé à son centre d'un trou rond en pas de vis. Immédiatement au dessous du sommier est adapté un contre—sommier D'D', représenté en plan par les lignes ponctuées, dont chaque tranche porte une espèce de talon ou crossette qui s'embrève dans chacune des branches correspondantes du sommier, et qui y est fixé invariablement par les crochets de retenue à clavette GG ; ce contre—sommier, dont le centre est aussi percé d'un trou à pas de vis, sert à maintenir dans sa rigidité le plateau principal ; la disposition cambrée de ses branches l'indique suffisamment.

Quatre tiges verticales C, C, traversent en F les branches horizontales du sommier ; elles y sont retenues à demeure par des clavettes ainsi que par des éperons ou quarts de cercle D, D, qui les maintiennent dans une position verticale constante ; à leur extré—mité inférieure renforcée, elles sont traversées par des lames de support horizontales (voyez fig. 1re).

Telle est la disposition de la Machine, lorsqu'elle n'est employée à élever que des blocs sous forme de prismes ou de parallélipipèdes; mais lorsqu'il s'agit de morceaux de sculpture de forme à peu près conique, à côtés non parallèles, comme par exemple des chapiteaux de colonnes, il devient nécessaire de rendre mobiles les tiges d'embrasse, afin de pouvoir les rapprocher ou les écarter selon la dimension et la forme du bloc à enlever. C'est pour cela qu'ont été imaginées les brisures ou branches mobiles qui y sont adaptées à charnières (royez fig. 2); restait à leur donner de la fixité pendant l'opération de pose et dépose, c'est ce qui a motivé l'addition des axes de cercle HH, dont l'extrémité supérieure est fixée en rivure aux tiges verticales non mobiles, et dont la partie inférieure qui pénètre la tige mobile est percée d'une suite de petits trous. Une simple clavette T, qui passe et dans l'un de ces trous et dans un œil correspondant, pratiqué à la brisure mobile, retient celle-ci dans une position déterminée et fixe.

Ainsi le bloc ou chapiteau embrassé par les quatre tiges, se trouve soutenu en dessous par les quatre lames de support; il est retenu en dessus par une plaque d'arrêt E, armée de pointes de fer et comprimée par une vis de pression V dont le taraud, agissant sur les pas de vis du sommier et du contre-sommier, contribue encore à les raidir l'un contre l'autre.

Toutes les autres pièces ne sont qu'accessoires, elles servent à la manœuvre de la Machine; les quatre branches à double anneau H, H qui saisissent les quatre crochets de retenue GG, se réunissent au quadruple harpon R. L'anneau de ce harpon s'accroche ensuite à une poulie mobile A, entraînée dans le mouvement d'une chaine qui passe successivement dans la gorge de plusieurs poulies fixes à un engin et qui enfin va s'enrouler sur un treuil.

Quand le bloc ou chapiteau élevé au moyen de l'engin est arrivé au point voulu, et qu'il est mis au repos sur des cales, il suffit pour les dégager de desserrer la vis de pression et d'enlever les clavettes T; les lames de support amincies en biseau, se trouvant moins épaisses que les cales, s'écartent sans difficulté et laissent le bloc entièrement libre.

Cet appareil unit à l'avantage d'occuper fort peu de place, celui d'économiser la main-d'œuvre. Il faut moitié moins de temps avec cet appareil pour mettre un bloc en place à une hauteur donnée de 10 mètres, par exemple, que par les moyens ordinaires. L'expérience en a été faite à diverses reprises pendant la durée des travaux de reconstruction du palais de la Chambre des Députés, pour lesquels cette machine a été inventée.

Un modèle exécuté au 6°, admis à l'exposition de 1834, a obtenu une médaille d'encouragement à son auteur, et a depuis été acquis par le ministre du commerce et des travaux publics pour faire partie des inventions déposées dans les galeries du Conservatoire des Arts et Métiers.

CHAPITRE XI

CHARIOT ET ÉCHAFAUD MACHINE

QUI ONT SERVI POUR LE TRANSPORT ET LA POSE DE LA STATUE ÉQUESTRE DE HENRI IV SUR LE PONT–NEUF

La combinaison des échafaudages dans les édifices publics est une des parties importantes de l'art du charpentier; une entente raisonnée des lois de l'équilibre et de la statistique doit présider à leur construction qui ne saurait trop éveiller l'attention des architectes, puisque c'est sur eux que pèsent moralement la responsabilité des accidents qui peuvent résulter du défaut de solidité de ces sortes d'assemblages.

On ne peut donner que des éloges bien mérités aux entrepreneurs de charpente en général pour la bonne disposition qu'ils ont su donner à quelques–uns des échafaudages encore existan's, ainsi qu'à ceux qui ont servi à l'érection de plusieurs monuments achevés, tels que l'édifice de la Madeleine, l'édifice du quai d'Orsay, l'arc de triomphe de l'Étoile, etc.

D'un autre côté, ce serait dépasser les limites de cet aperçu que d'entreprendre la citation des détails relatifs à ce genre de construction et qu'on retrouve d'ailleurs dans les diffé- rents traités de charpente; mais il est certains assemblages moins compliqués qui ont plus directement trait à la manœuvre des machines, que je crois devoir rapporter ici.

Comme exemple, je citerai l'échafaud-machine construit par M. Guillaume pour la pose de la statue équestre de Henri IV sur le terre-plein du Pont Neuf.

Sans entrer dans le détail des différentes pièces composant ce double appareil, et qui sont expliquées dans la nomenclature ci-après, je crois ne pouvoir mieux faire concevoir la marche de cette machine qu'en reproduisant textuellement l'extrait des Mémoires historiques donnant la relation de ses fonctions lors de la pose de la statue sur son piédestal, le 29 août 1819.

La statue étant arrivée sur le Pont Neuf, en face le terre-plein, on la dégagea aussitôt de tous les cordages ou agrès qui avaient servi au transport.

Mais la statue se trouvait en travers du piédestal. La première opération devait être de la placer en face; il fallait à cet effet lui faire faire un quart de conversion, ce qui fut exécuté au moyen de deux forts leviers de chacun vingt-sept pieds de longueur et dont le gros bout présentait un équarrissage de 10 à 11 pouces. Ces leviers étaient en outre aidés par des crics disposés à l'avance non-seulement pour cet objet, mais encore pour seconder dans la route les mouvements du chariot ou traineau.

Cette première opération étant exécutée, on s'occupa d'introduire sur le terre-plein la statue, de manière que les semelles trainantes arrivassent butant et de niveau avec la marche palière du piédestal. Voici comment on a procédé à cette opération.

Il devenait nécessaire d'exécuter sur rouleaux ce mouvement de progression afin d'éviter les secousses qu'auraient occasionnées les inégalités du pavé; à la faveur du soulèvement qui avait eu lieu pour faire opérer à la machine un quart de conversion, on introduisit sous les semelles du chariot des *coulottes* ou *couchis*.

Alors deux cabestans furent placés; on les fit virer et les rouleaux étant sucessivement portés en avant à mesure qu'ils dépassaient les châssis, le chariot arriva ainsi jusqu'au bord antérieur du terre-plein.

Ce terre-plein était plus bas de trois pieds que la base du piédestal; cependant les deux semelles trainantes devaient elles-mêmes servir de coulottes, lorsque la statue serait élevée à la hauteur du palier et qu'il faudrait la faire marcher en avant pour la mettre à plomb du piédestal. Afin donc de gagner la différence qui existait entre le sol de terre-plein et la base du piédestal, toutes les coulottes furent posées en pente, et la machine étant de nouveau mise en mouvement, l'extrémité des semelles trainantes vint aboutir exactement à la marche palière. Il ne fut plus alors question que de faire jouer les grands leviers et les crics pour chercher le niveau qui fut établi avec l'aide ordinaire des cales.

Cette opération et les précédentes occupèrent la journée du 17 août. On démonta la charpente du traineau à l'exception des ventrières, sous-ventrières et des pièces dites *flasques*, lesquelles longeaient le cheval depuis la croupe jusqu'au poitrail ainsi que celles qui étaient nommées *garde-corps* et entretoises d'avant et d'arrière.

Toutes ces pièces étaient combinées de manière qu'elles ne portaient sur aucune des parties réparées de la statue; elles étaient soutenues par divers arcs-boutants et supportaient la statue comme sur un brancard, ce qui ne laissait pas la moindre inquiétude pour l'ascension. L'appareil destiné à élever la statue avait été reculé jusque dessus le piédestal; il avait été placé en arrière pour ne point gêner l'arrivage. Il fallut le faire avancer et le disposer sur la statue de manière à la saisir avec facilité.

Le jeudi 20, vers neuf heures du matin, tout le monde étant prêt pour le mouvement d'ascension, M. Guillaume fit rassembler ses ouvriers au nombre de quarante : il en forma six pelotons dont chacun était commandé par un chef. Cette espèce d'organisation était nécessaire pour prévenir la confusion et le désordre si funeste dans ces occasions. M. Guillaume donna à chaque chef de peloton les instructions convenables et les chargea seuls du soin de recevoir ses ordres et de les transmettre.

Chacun des quatre balanciers avait été numéroté à l'avance : l'ordre de s'y porter fut donné à quatre des pelotons ; chacun des deux autres pelotons fut chargé du service d'un cabestan. Ces cabestans, comme on le verra, remplissaient un double office. Ils devaient servir d'auxiliaires aux balanciers dans le mouvement d'ascension, et faire avancer l'appareil par un simple changement d'amarrage.

Au premier commandement, les balanciers et les cabestans agissant simultanément, on vit la statue s'élever sans effort de neuf pouces à chaque coup de balancier ; ce degré d'ascension s'accomplissait dans l'espace d'une demi-minute, de telle sorte qu'il eût fourni sur un plus grand appareil une élévation de cinquante pieds en une demi-heure. Les balanciers eussent pu agir encore plus vite, mais leur action, proportionnée à la vitesse des moufles qui, bien que doublée par l'application du second cabestan, faisant effort sur le dormant, n'aurait pu correspondre au degré d'activité qu'il était possible d'imprimer aux balanciers. L'action des balanciers était en outre suspendue toutes les fois que le cordage des moufles, roulé autour de la fusée des cabestans, arrivait vers la tablette. Pour faire descendre ce cordage, on en employait un autre appelé *bosse* en terme de marine, lequel était attaché au pied du patin de l'une des aiguilles.

Les fers de scellement adaptés aux pieds du cheval, sur une longueur de quatre pieds six pouces, avaient rendu nécessaire une égale surélévation de la statue pour que ces fers pussent passer sur ce piédestal. Le degré d'élévation ayant été obtenu, les dispositions furent faites pour avancer l'appareil à plomb du piédestal, de manière que les fers de scellement correspondissent exactement aux entailles de la pierre destinées à la recevoir. Ce fut alors que les cabestans, cessant de jouer le rôle auxiliaire de la force d'ascension des leviers, reprirent l'autre fonction à laquelle ils étaient principalement destinés, celle d'imprimer à l'appareil un mouvement de progression. Ce prompt changement s'exécuta à la surprise des spectateurs ; cette manœuvre, au lieu d'appliquer l'amarrage des bosses du côté de la charge pour la soutenir, comme cela se pratique ordinairement, consistait simplement à les amarrer en sens inverse, c'est-à-dire du côté des cabestans qui, dans leur mouvement de rotation, faisant effort sur le pied de l'appareil, devaient le forcer à avancer.

Pour fixer cet appareil durant le mouvement d'ascension, il avait été nécessaire de caler les rouleaux qui le supportaient. Avant donc de mettre les cabestans en mouvement, les cales furent enlevées, les cabestans virèrent aussitôt, et la machine s'avançant d'un mouvement égal se trouva à plomb du piédestal.

L'appareil avait à parcourir, pour accomplir ce mouvement, un trajet de seize à dix-sept pieds ; telle fut cependant la précision des mesures prises par M. Guillaume avant l'ascension, pour placer la machine sur ses rouleaux, telle fut aussi la sûreté de la direction qu'il lui imprima dans ce dernier mouvement de progression, que les fers adaptés aux pieds du cheval arrivèrent à *six lignes* près en ligne droite du milieu des ouvertures de scellement. Une exécution si parfaite surpassa même l'attente de M. Guillaume. Plusieurs témoins, au nombre desquels était M. le comte Anglès, s'empressèrent de constater cette rare précision, et, pour en juger, montèrent sur le piédestal.

Quelque peu sensible cependant que fût la différence de six lignes qui se faisait remarquer entre la perpendiculaire des fers et les ouvertures de scellement, il était prudent de chercher l'exact milieu, avant de faire descendre la statue. Ce fut le résultat d'un petit mouvement de côté donné par le levier et les crics.

Cette dernière opération qui consistait à faire descendre la statue pouvait s'effectuer à la fois, comme le mouvement d'ascension, par le double concours des balanciers et des cabestans.

Mais M. *Guillaume* fit alors tomber ses quatre balanciers. La suppression des premiers moteurs de la force de cette vaste machine éveilla la crainte des spectateurs ; M. *Lemot* lui-même fut du nombre de ceux qu'elle inquiéta.

Cependant M. *Guillaume* ayant garanti le succès de sa manœuvre, les quatre balanciers furent enlevés et le moufle resta seul chargé du poids de la statue.

Les personnes qui avaient suivi les détails de l'opération étaient alarmées de cette suppression, parce que le moufle n'avait paru jusqu'alors avoir d'autre but que de maintenir la statue en équilibre sur les *ventrières* et de laisser aux balanciers la presque totalité de l'effort. Quelques autres personnes, instruites du luxe des moyens qui avaient été mis en œuvre en 1763 pour mettre en place la statue équestre de Louis XV, s'effrayaient de la hardiesse du nouveau procédé et de la confiance de M. *Guillaume ;* mais cet habile praticien avait calculé toutes ses forces et avait acquis la preuve que son moufle pouvait facilement supporter quatre-vingt-seize mille livres pesant [1].

La statue étant ainsi suspendue au moufle, on s'occupa de dégager les pieds du cheval de toutes les ferrures qui avaient servi à prévenir l'effet des chocs durant le transport. Les cabestans remplirent alors un office tout nouveau en laissant lentement s'échapper le câble, par un mouvement contraire à celui qui avait procuré l'ascension ; on vit la statue descendre majestueusement et atteindre le niveau du piédestal.

Désignation des pièces de l'appareil d'ascension et de pose.

1° Les quatre principales pièces que l'on nommera *aiguilles :* elles étaient en bois de sapin et avaient chacune 15 mètres 50 cent. de long sur 0,27 à 0,28 cent. de grosseur.

2° Les deux *moises* qui liaient les quatre susdites pièces par le haut : elles avaient chacune 3 mètres de long sur 0,21 à 0,30 cent. d'équarrissage.

3° Les quatre *moises* servant de chapeaux aux poteaux jumelles et de ceinture aux quatre grandes *aiguilles :* elles avaient 5 mètres 50 cent. de long sur 0,14 à 0,30 cent. d'équarrissage.

4° Les deux *entretoises* en retour : elles avaient chacune 5 mètres 50 cent. de long sur 0,22 à 0,24 cent. d'équarrissage.

5° Les deux *entretoises* au dessous : elles avaient chacune 5 mètres 50 cent. de long. sur 0,22 à 0,24 cent. d'équarrissage.

6° Les quatre *soles* supportant les quatre *aiguilles* et posées sur rouleaux : elles avaient 9 mètres 50 cent. de long et de 0,30 à 0,33 cent. d'équarrissage.

---

[1] NOTA. Par une singularité remarquable, le moufle employé par M. Guillaume était l'un de ceux qui avaient servi à l'érection de la statue de Louis XV.

7° Les seize *poteaux jumelles* : ils avaient chacun 6 m. 30 cent. de longueur et de 0,16 à 0,27 cent. d'équarrissage.

8° Les douze *patins* entaillés sur les *soles* : leur fonction était de maintenir les écartements des *soles* et de supporter les *quatre aiguilles* ainsi que les seize *poteaux jumelles*. Les patins avaient 2 mètres 60 cent. de long sur 0,26 à 0,27 d'équarrissage.

9° Les quatre *balanciers* : ils avaient 5 mètres de long ; 0,22 à 0,24 cent. d'un bout et 0,15 à 0,16 cent. de l'autre.

10° Les quatre *boutte-dehors* : ils servaient à tenir d'aplomb les *palans* qui soutenaient les *balanciers* ; ils étaient en sapin et avaient 5 mètres de longueur et 0,11 à 0,12 cent. de grosseur.

11° Les six *rouleaux* : ils avaient chacun 2 mètres 60 cent. de longueur et 0,33 cent. de diamètre.

12° Le *moufle* d'une force de 96 milliers.

13° Les *palans* servant au mouvement des *balanciers*.

14° Les deux *coulottes* : elles servaient à supporter les *rouleaux*.

15° Le *piédestal*.

16° Les *cabestans*.

17° *Dormant* : c'est le bout de cordage qui est ordinairement fixé au dessous de la *poulie*.

18° *Bosse* : c'est un bout de corde d'une médiocre longueur qui s'applique à un autre cordage pour en maintenir la tension.

19° Les deux *sous-ventrières* du *traîneau* : elles servaient à l'ascension par le moyen des quatre *balanciers* et supportaient l'amarrage du *moufle* : elles avaient 4 mètres 50 cent. de longueur sur 0,36 à 0,33 cent. d'équarrissage.

ÉCHAFAUD ET CHÈVRE-CHARIOT

EMPLOYÉS A L'ASCENSION ET A LA POSE DE LA STATUE DE NAPOLÉON

C'est encore une fort ingénieuse combinaison et très-simple cependant que celle de l'échafaudage construit par M. Duprez, sous la direction de MM. Lepeire, Hittorf et Vilain, pour l'ascension de la statue de Napoléon sur la colonne, effectuée le 20 juillet 1833.

Voici quelle était la disposition des divers assemblages de ce genre de machine dont le principal mérite est d'avoir été établie sur une base extrêmement restreinte.

Cette base n'était autre que le dessus du tailloir du chapiteau de la colonne, et dans sa partie la plus renfoncée, celle attenante au socle du pavillon qui surmonte la colonne.

La saillie entière du tailloir était de 0,50 à 0,55 cent.; on y appliqua une semelle traî-nante circulaire EF (voy. à la coupe et au plan fig. 2, pl. 77); cette semelle, dont la largeur totale en dessus était de 0,20 cent., taillée en biseau ne reposait en dessous que sur une largeur de 0,10 cent. au plus; on avait ainsi reporté la charge au point vérita-blement résistant du tailloir: sur cette semelle on étendit quatre soles chacune parallèle à l'un des côtés du Tailloir et le dépassant de 1 mètre environ (voyez au plan fig. Iʳᵉ): elles étaient entaillées à mi-épaisseur et reliées extérieurement par quatre liens placés en diago-nale, et intérieurement par quatre autres liens parallèles aux premiers, mais non en porte à faux comme eux, car ils s'appuyaient sur le tailloir; ainsi ce premier châssis, qui portait en huit points seulement sur la semelle traînante, fut le point d'appui de tout l'échafaudage supérieur qui se composait de poteaux droits, de décharges faisant chevalements avec des traverses ou sablières hautes (voyez à l'élévation et au plan fig. 3).

Toutes ces pièces formaient l'assemblage qui devait servir de plancher de manœuvre en salilie sur le chapiteau de la colonne. Pour obtenir un temps d'arrêt, une sorte de palier de repos où pût être déposée momentanément la statue avant son arrivée au faîte de la colonne, on construisit, précisément en face de la petite baie donnant issue sur le tailloir, une plate-forme en charpente qui avait pour point d'appui principal deux pièces de bois horizontales en volée (on les voit au plan fig. Ire) : elles croisaient une des soles du châssis inférieur, puis venaient se réunir sur le noyau de l'escalier intérieur de la colonne sur lequel les tenait comprimées une buttée verticale, faisant effort sur l'axe intérieur de la calotte en bronze.

L'extrémité en saillie de ces deux pièces divergeant en dehors supportait une traverse boulonnée sur laquelle étaient encastrées, à angle droit, deux petites sablières ; celles—ci recevaient le pied des poteaux droits et décharges en retraite, moisées, dont l'office était de former potence avec d'autres sablières supérieures assemblées et sur la tête des poteaux simples et entre les doubles branches des poteaux moisés.

Le plancher supérieur ou de manœuvre, construit comme il a été dit, on le croisa, en différents points, de fortes traverses et on le relia vers le milieu de madriers ou semelles formant entretoises et affleurant la coquille ou calotte supérieure ; ces deux traverses de-vaient servir à faciliter la pose définitive de la statue (elles se voient en plan et en coupe, fig. 3). Sur les traverses, on établit deux coulisses fixes sur lesquelles devait glisser la chèvre-chariot, représentée fig. Ire, pl. 78, et dont voici la construction :

Deux aiguilles légèrement inclinées en dedans, assemblées dans un même chapeau, reliées par une croix de Saint—André et une traverse avec liens, s'appuyaient sur deux jambes de force ou contre—buttées intérieures ; les quatre pièces principales étaient enchâssées dans deux sablières formées chacune de deux pièces moisées qui laissaient entre elles un inter-valle correspondant à la coulisse fixe. (*voyez* au plan fig. I, pl. 78). Ces sablières étaient réunies par une croix de St-André disposée de manière à ne pas gêner le passage de la statue.

La partie mécanique consistait en deux treuils, l'un simple, manœuvré par des leviers, le second muni de deux roulettes à poignées ; sur celui-ci s'enroulait le câble dit de manœuvre qui passait dans l'une des deux poulies en cuivre fixées au sommet de la chèvre, l'autre re—cevait un second câble dit de guindage ou réserve, glissant dans la seconde poulie.

A l'aide de ce mécanisme si simple, la statue s'éleva majestueusement sans autre accident que le rallongement d'un des câbles qui, par mégarde, n'avait pas été essayé préalablement. Dès qu'elle fut arrivée à la hauteur de la calotte, on fit reculer le chariot au moyen de cor-dages qu'on amarra aux crochets boulonnés à l'arrière de son châssis de support, et l'on amena la statue à la place qu'elle occupe maintenant et qu'elle n'aurait jamais dû quitter. L'opéra-tion entière, y compris les préparatifs d'amarrage, fut terminée dans l'espace de trois heu-res. Le poids de la statue est de 4,000 kilogrammes.

Aujourd'hui cette statue, sous le costume moderne, placée au rond-point dit de Courbe-voie, dans l'axe de l'avenue de la grande armée, vient d'être remplacée par celle représen-tant Napoléon Ier dans le style antique, c'est-à-dire en empereur romain avec tous les em-blèmes de la conquête et de la gloire, et qui date de la création même de ce monument impérissable entre tous les fastes historiques du premier empire.

MACHINE

QUI A SERVI POUR LE LEVAGE DES FERMES DES ESTACADES
(*Camp de Boulogne-sur-Mer*).

La machine représentée fig. 2, pl. 78 serait tout à fait hors de notre sujet, si elle ne pouvait recevoir d'application que dans les travaux de fortification ; mais elle m'a semblé devoir être d'une grande utilité dans certaines constructions civiles, et c'est pour cela que je l'ai reproduite : en effet, il peut se présenter une infinité de circonstances où l'on ne pourrait employer les grues et chèvres qui servent dans les opérations journalières.

Que le point culminant d'un édifice soit en retraite de sa base, que certains obstacles, certaines parties saillantes interceptent la communication directe entre sa base et son sommet, on ne pourra faire usage des machines ordinaires. Celle inventée par M. Guillaume lève toutes les difficultés. Il est vrai que sa longueur peut quelquefois être un empêchement, mais je suppose qu'on n'y aurait recours que pour des constructions d'une grande importance et qui présenteraient tout le développement nécessaire. Cette machine, employée au levage des fermes des estacades du camp de Boulogne pendant les années 1804 et 1805, a cela de particulier qu'elle est à volonté fixe ou mobile, c'est-à-dire que son point de suspension peut, selon le besoin, s'écarter ou se rapprocher de son point d'appui.

Elle est formée de deux parties, dont l'une est fixe (*voyez* à l'élévation de face, fig. 2) ; c'est un châssis posé de champ dont les deux montants sont traversés par un treuil qui se termine à chaque bout par une roue à pédale. L'autre partie offre la forme d'une chèvre ordinaire à deux branches, jointives par un bout et s'écartant de l'autre, reliées par une traverse. Elle s'appuie sur le châssis vertical, occupant une position inclinée et présentant en avant ses deux branches divergentes munies chacune de poulies incrustées dans leur épaisseur. La traverse porte deux poulies retenues par des cordages. Deux câbles, qui s'enroulent sur le treuil du châssis, passent successivement sur les deux poulies de la traverse, dans deux poulies mobiles à chape et à crochet, puis sur deux des poulies fixes des branches pour venir ressaisir les poulies mobiles ; ces combinaisons de cordages et poulies forment deux palans qui tenaient suspendues horizontalement les pièces de bois amarrées à chacun de leurs crochets.

Au moyen de l'essieu à double roulette sur lequel s'appuie l'extrémité jointive des deux branches, on les écartait ou on les rapprochait à volonté du nu du mur de berge, pour le placement des diverses pièces de l'estacade.

CHAPITRE XIV

MACHINE A FAIRE LES TAMBOURS DE COLONNES

DE DIVERS DIAMÈTRES

La machine représentée dans la planche 79 est relative non plus au transport des maté-riaux, à leur ascension, pose ou dépose, mais bien à leur préparation ; elle doit être mise au nombre de celles qui sont le plus intéressantes pour le constructeur, car elle contribue à apporter une économie sensible de temps et de dépense ; elle est exclusivement consacrée à la fabrication des tambours ou tronçons de colonnes.

Elle est comprise dans une cage exagone formée de six poteaux droits qui sont réunis par des sablières et des traverses et reliées en outre par de longues pièces qui retiennent le rou-lement de l'assemblage. Au centre de cette cage est dressé un arbre vertical à pivot haut et bas, auquel sont ajustées quatre doubles tringles qui sont enchâssées dans une cerce recevant à sa rive extérieure une roue en fonte à denture ; cette roue, dans un même mouvement de rotation, met en jeu six petites roues dentées montées chacune sur un axe vertical qui pivote du haut dans l'une des six traverses ou sablières d'encadrement et qui tourne à son extré-mité inférieure dans une crapaudine à pointes dont il sera parlé plus bas. L'arbre ou centre d'action est mu par un manége attelé d'un ou deux chevaux tournant en dehors du châssis.

A chacun des six axes verticaux est adhérent un châssis circulaire mobile, qui participe du mouvement imprimé à la petite roue dentée enchâssée dans le même axe (*voyez* au plan). Ce châssis supporte huit verges horizontales en fer AAA, en forme de T, qui sont disposées en rayon et qui se rapprochent ou s'éloignent à volonté du centre du châssis sur lequel les retiennent des vis de pression ; elles portent, à leur branche extérieure qui est légèrement cintrée, une fente dans laquelle pénètre une lame de fer verticale B (*voyez* à l'élé-vation).

Chaque pierre dont on veut extraire un tambour de colonne est placée immédiatement au dessous du châssis mobile et reçoit à son centre une crapaudine C dont les pointes s'engravent dans son lit supérieur. Par leur seule pesanteur, les lames verticales BBB entraînées dans le mouvement de rotation du châssis s'incrustent dans la pierre et finissent par séparer totalement la partie milieu de celle extérieure ; il en résulte des disques d'un diamètre tou--jours uniforme et dont la surface extérieure peut, au reste, être réparée à la main après la pose, selon la diminution du galbe des colonnes.

On voit qu'au moyen de vis de pression, on peut augmenter ou diminuer au besoin la circonférence, et obtenir par conséquent des tambours d'après le diamètre voulu.

Selon la dureté de la pierre on fait usage de lames plus ou moins pesantes, c'est-à-dire qui varient de longueur, car leur épaisseur doit toujours être la même pour correspondre à la fente des verges à coulisses.

Quand on veut ou placer les pierres ou les déplacer, on désengrène les petites roues au moyen d'un crochet D qui tient suspendu l'axe et avec lui tout le châssis mobile.

Une scierie de ce genre donne les résultats les plus avantageux ; ainsi elle débite à la fois six tambours de colonnes en deux tiers moins de temps que n'en emploieraient neuf ouvriers, et, de plus, elle évite tout déchet, car la partie excédente peut être utilisée comme pierre de bâtisse, et lorsque les blocs sont de grande dimension, on obtient des margelles de puits, des pierres de puisards, etc.

Un ou deux chevaux, suivant le degré de dureté de la pierre, suffisent pour faire tourner le manége. Par jour on peut scier 0,30 cent. de pierre de liais, et pendant ce travail les lames de fer battu s'usent de 0,03 à 0,04 cent. Un seul homme peut entretenir de grès et d'eau les six tournants et diriger les chevaux.

CHAPITRE XV

SCIERIE MÉCANIQUE

A MOUVEMENT HORIZONTAL

On a imaginé pour le débit des bois de placage, et de tous ceux en général qui sont employés dans l'ébénisterie, plusieurs systèmes de scieries mécaniques plus ingénieux les uns que les autres et dont on retire chaque jour les plus grands avantages. On ne s'est pas autant attaché à varier la forme ou la disposition de celles qui servent à refendre les bois moins précieux employés aux usages ordinaires de la construction : les scieries pour les gros bois sont presque toutes à mouvement vertical et sont très—restreintes dans leur action ; ainsi on ne peut d'ordinaire refendre qu'une seule pièce à la fois en trois ou quatre morceaux.

Par la méthode que je propose, on peut non-seulement débiter une même pièce en plusieurs parties, mais encore en débiter plusieurs à la fois : pour obtenir ce résultat, j'ai changé le mouvement de va—et—vient de la scie, ainsi que la position du bois à refendre.

La partie fixe de cette machine (*voyez* pl. 80), tout à fait indépendante du mécanisme de sciage, est un châssis en bois de chêne assez épais que supportent quatre poteaux isolés sur des dés en pierre.

Aux quatre angles du châssis (*voyez* au plan et à l'élévation latérale), s'élèvent quatre montants XX renforcés du pied et portant, à leur face intérieure, une rainure qui reçoit un des quatre galets engagés sur essieu à demi diamètre, aux quatre angles d'un tablier K en madriers de chêne, ainsi qu'on le voit à la coupe et à l'élévation latérale ; c'est sur ce tablier ainsi encadré et qui ne peut dévier de la ligne des quatre montants, que sont placés les bois à refendre.

Les lames de scie étant à une hauteur constante (ainsi qu'il sera dit plus bas), il faut que le tablier et avec lui le bois soit élevé d'une manière uniforme ; c'est l'office des quatre ressorts en acier AA qui sont retenus en empatement aux quatre angles du châssis par des boulons à écrous ; leur élasticité est telle qu'ils font équilibre à la pression du tablier chargé de bois, plus à celle des lames de scie.

Les bois à débiter ne sont jamais d'une pesanteur égale, et d'ailleurs le tablier n'est pas toujours chargé d'une même quantité ; dès lors, il est nécessaire de modérer l'élasticité des ressorts qui, dans l'hypothèse d'une charge inférieure à leur puissance, élèveraient le tablier avec trop de force et gêneraient la marche des lames de scie. Cette compensation s'établit au moyen de contre-poids plus ou moins forts appliqués sur les ressorts, et l'on peut la cal-culer d'une manière mathématique :

Ainsi, admettant la force élastique des ressorts égale à. . . . .   200 kil.

    Le poids du tablier. . . . . 60 kil.

    Celui du bois à refendre 40

    La somme de pression nécessaire à l'introduction de la

    scie 5

On obtiendra un total de . . . . 105 kil. ci. 105 kil.

qui, retranchés de 200, force élastique des ressorts, donnent . .   95 kil.

à partager entre les deux contre-poids.

Quant à leur disposition, à la manière dont ils sont appliqués aux ressorts pour les com-primer, elle est indiquée à l'élévation latérale et au plan : les ressorts sont réunis deux à deux par une tringle horizontale C traversant une poulie D (voyez au plan) ; ils portent en arrière, à leur extrémité inférieure, un crochet auquel vient se fixer une corde ou grelin qui glisse sur la poulie D, puis revient sur la poulie de renvoi D' en dessous de la traverse du châssis. Cette corde tient suspendu le contre-poids B qui modère l'élasticité des ressorts AA.

Dans leur état d'expansion la plus grande, c'est-à-dire lorsqu'ils sont abandonnés à eux-mêmes, qu'aucun effort ne pèse sur eux, les ressorts AA s'élèvent jusqu'aux lignes ponctuées A'D'' qui les représentent totalement distendus, et les contre-poids sont alors élevés jusqu'en B' ; mais si, par un effet quelconque, les ressorts sont amenés à leur point de compression extrême, ils redescendront en A et D et les contre-poids en B.

Telle est leur position, lorsque la machine est en charge, c'est-à-dire au moment où l'on dispose les pièces de bois sur le tablier : un autre mécanisme, non encore décrit, opère le refoulement nécessaire au placement des pièces de bois ; à chacune des tiges ho-rizontales, et en dedans des longs pans du châssis, est fixée, de chaque côté, une double corde E,E qui passe dans les petites poulies de renvoi appliquées à la face intérieure de ces longs pans et qui va s'enrouler, retenue par un arrêt G, sur un essieu unique F parallèle aux tringles horizontales, mais traversant, d'outre en outre, les deux longs pans; cet essieu est muni d'une double manivelle et de plus, de deux petites roues dentées H. Quand on veut abaisser les ressorts, on tourne la manivelle, et les cordes en s'enroulant sur l'essieu les amènent au point le plus bas; alors, au moyen de deux petits cliquets, qui s'engagent dans les dents des deux petites roues, on arrête le mouvement de retraite de la corde pendant le chargement du tablier ; puis, cette opération terminée, on retourne les cliquets et l'on abandonne les ressorts à leur propre expansion qui se trouve sensiblement tempérée et par le poids du tablier en charge et par les contre—poids, calculés toujours assez faibles pour que les lames de scie puissent agir convenablement.

Jusqu'à présent, la machine a été considérée sous le point de vue passif, si l'on peut s'exprimer ainsi, reste à décrire la partie agissante : des lames de scie engagées dans deux traverses parallèles L,L (*voyez* au plan) et tendues au moyen de deux tringles en fer rond M,M, forment avec elles le châssis de sciage glissant dans le mouvement de va et vient sans s'élever ni s'abaisser, sur six galets emprisonnés dans des supports NN (*voyez* à la coupe).

Le mouvement de va et vient est donné par deux volants à manivelles OO dont les essieux brisés PP, qui sont supportés sur des trains en fonte P'P', communiquent au châssis par des tiges à brisures RS, RS. Les unes, les tiges SS, qui sont recourbées en refouloir, viennent s'adapter aux traverses mêmes du châssis de sciage ; les autres, les tiges RR, sont terminées par un anneau dans lequel passe l'essieu brisé. Les unes et les autres se réunissent en assemblage à tête de compas sur l'essieu d'un chevalet mobile T.

Six hommes sont employés à la manœuvre de cette machine qui donne une économie de temps très-grande, quatre sont appliqués aux manivelles et deux sont occupés à veiller au sciage, à refouler ou alléger les ressorts, soit en augmentant soit en diminuant les contre-poids, selon que les pièces à scier présentent une pesanteur plus ou moins considérable.

DE L'USAGE

DE

DIVERSES MACHINES ÉLÉVATOIRES

DITES MODERNES

APPROPRIÉES A L'ART DE BATIR

NOTIONS PRÉLIMINAIRES

Si, depuis un certain nombre d'années, [1] déjà, nos constructeurs ont su apporter dans l'art d'ériger les bâtisses cette célérité vraiment phénoménale, car on ne saurait trop s'en rendre compte, ce qui fait que là où leurs devanciers mettaient des années à élever et disposer dans son ensemble une maison tant soit peu importante, six ou huit mois en quelque sorte suffisent à nos praticiens d'aujourd'hui pour établir et parachever ses similaires, bien que les façades de ces dernières reçoivent presque toutes, et à tous propos, pour ainsi dire, certaines sculptures plus ou moins ouvragées qui impriment à leur ensemble le cachet du goût de notre époque et caractérisent ainsi la transition notable existant entre l'ancien type et le nouveau dans la méthode, cependant toujours la même dans son principe, qui préside à la *construction* en général.

Toutefois, pour y parvenir, il leur a fallu recourir à la science toute spéciale de l'Ingénieur afin d'exécution prompte et sûre de leur œuvre, à l'aide de moyens mécaniques quelconques, susceptibles de leur créer certains modes d'ascension des matériaux en général et de préserver en même temps leurs divers blocs de la moindre avarie possible, qui, si minime qu'elle soit, est toujours plus ou moins préjudiciable à la conservation intacte de ces matériaux, et motive même quelquefois des injonctions de *débord* ou *refus*, surtout quand il s'agit particulièrement de pierres de taille denses ou friables, dont tous les angles et points horizontaux ou verticaux de liaison demandent toujours un ménagement obligatoire quand

---

[1] Douze années et plus.

même de toute vive arête soit-elle *droite, aiguë* ou chanfreinée, les blocs étant une fois aux prises avec l'agent locomotif élévatoire, à partir du sol ou pied–d'œuvre jusqu'aux nivaux périodiques des *Crêtes* d'assises successivement superposées.

C'est donc là qu'arrivent, dans leur ordre indiqué d'avance par l'appareilleur, tous les matériaux en général, et qu'il leur est donné l'une ou l'autre direction selon les besoins du service, le tout, sans discontinuation aucune jusqu'au couronnement ou faîte proprement dit de l'édifice y compris les souches saillantes des cheminées, établies en surélévation.

Disons aussi quelques mots sur le mode actuel de *Bardage* ou transport des pierres, en général, d'une certaine distance à pied d'œuvre.

D'un autre côté, jusqu'à une certaine époque qui n'est pas encore éloignée de nous, Paris n'était pas, certes, ce qu'il est aujourd'hui ; il était, dès lors, donné à tout constructeur, de pouvoir entourer sa bâtisse en construction d'une espèce de chantier provisoire de taille de pierre, lequel était presque toujours très–vaste eu égard aux terrains vagues et sans nombre qui pullulaient alors dans tous les quartiers neufs de la Capitale.

CHARIOT FARDIER OU BARDEUR

Mais, actuellement, qu'il faut à peu près deux ans pour *bâtir* tout une rue, il est facile de concevoir que, les transports de matériaux venant forcément de points relativement plus ou moins éloignés, il a, par contre-coup, fallu découvrir une combinaison, soit un mode de *Bardage* à la fois expéditif, sûr et peu coûteux.

C'est pourquoi il a été inventé un système de *Chariot-Fardier* à flèche et à roues très–basses (0 m. 70 c. de diamètre), traîné par quatre hommes aidés par un cheval de trait et de conduite, qui transporte en un seul voyage des cubes de pierre de 1 m. 50 c. à 2 m., présentant un poids moyen de 2,000 à 2,500 kil. à raison de 10, 12, 15 et 18 mètres de parcours par minute suivant les pentes, plans droits et contrepentes.

Sur le tablier de ce chariot est disposé un *radier mobile* ou *Bar* à *rouleaux* proprement dit, qui reçoit le *bloc* ou *corps mort* de manière à ce que, arrivé sur *le tas* le *chariot* une fois *mis à cul* mais toujours chargé, se dit *radier mobile* glissant incontinent sur ses roues, touche le sol et *prend terre*, tandis que le chariot ainsi soulagé s'en retourne à vide à sa destination première, et ainsi de suite pendant tout le cours du travail.

Ainsi, comme on le voit, le mode de *Bardage* mis en pratique aujourd'hui à l'entreprise, par des ouvriers spéciaux, est un véritable progrès dans l'espèce, car il est, il faut le dire, aussi expéditif que simple, sûr et économique.

Tel est actuellement, en somme, le *Chariot-Binard* (ou *Bardeur*) le plus généralement situé dans toutes ces diverses phases de manœuvres afférentes à l'érection de tout bâtiment quelconque.

(*Nota*). Dans certains cas on fait également usage de *fardier-bardeur*, garni à l'avant d'un treuil à levier et double engrenage à Déclic, traînée par deux ou trois chevaux, le tout conduit par un charetier remplissant tantôt l'office de bardeur, tantôt celui de guide de l'équipe, et que l'on rencontre très-fréquemment aujourd'hui dans tout Paris, mais c'est lorsqu'il s'agit de transporter des cubes de pierre, œuvrés, autrement lourds et volumineux (de 3 et 4 mètres cubes environ et pesant de 3,500 à 3,700 kil.

Quant au prix de *revient (chevaux et ouvriers)*, soit comme bardage, soit comme montage des matériaux, il ressort, selon nous, plus spécialement de l'étude et de l'observation, sur place, de l'entrepreneur que de celles de l'architecte et de l'Ingénieur.

Cela dit, je vais passer aux descriptions de plusieurs machines élévatoires dites *modernes* ou *monte-charges* les plus généralement employées aujourd'hui dans la majeure partie de nos édifices publics et de nos constructions privées, persuadé que je suis, qu'une fois de plus en plus connue, l'utilité de ces sortes d'apparaux, sera de plus en plus appréciée par tous les hommes du métier.

CHAPITRE XVI

APPAREIL DIVERS DE LEVAGE

EMPLOYÉS DANS LES CONSTRUCTIONS A PARIS

Chacun de nous sait que, de tous les appareils élévatoires, celui le plus ancien et dont l'origine se perd, pour ainsi dire, dans la nuit des temps et remonte, par conséquent, à une époque dont il serait impossible de préciser la date, s'est toujours appelé *chèvre*.

Comme le dit le savant d'*Aviler* dans son *Ditcionnaire d'architecture civile et hydraulique* (*année* 1756) « *chèvre*, machine qui sert, lorsqu'on bâtit, à enlever des fardeaux à plomb, « comme les poutres sur les tréteaux. Elle est composée de deux pièces de bois qui forment « un triangle, et d'une troisième pièce de bois sur laquelle ce triangle s'appuie.

« Au milieu des deux pièces de bois est un moulinet avec des leviers, autour duquel s'en- « tortille une corde, qui, de là, va passer dans une poulie au point où les trois pièces qui « forment la *chèvre* aboutissent.

« On attache à cette partie de la corde le poids, et on l'élève en tournant le moulinet par « le moyen du levier. »

Plus tard ce système de *chèvre* a été modifié en supprimant la troisième pièce de bois dont parle d'*Aviller* et voici comment le savant *Quatremare de Quiney* s'exprime à ce sujet dans son *Dictionnaire historique d'architecture* (*année* 1832) : « *Chèvre*, machine à élever les « fardeaux, dont se servent les charpentiers et les maçons.

« La chèvre est composée de deux bras formant ensemble un angle aigu de 20 à 25 « degrés. Ces bras sont unis par plusieurs entretoises.

« Dans le bas, environ à trois pieds de hauteur, est placé un treuil horizontal qu'on fait

« mouvoir avec des barres ou leviers. On entortille sur le treuil le câble, dont un bout passe
« sur une poulie ajustée au haut de la *chèvre*. »

« *Hauban*, gros cordage, qu'on attache par un bout à la tête de la *chèvre*, d'un *engin*, et,
« par l'autre bout, à un pieu, pour le tenir en état lorsqu'on enlève un fardeau. »

Depuis de très-longues années, l'emploi de la *chèvre* appelée *stationnaire* parce que sans
devoir être dérangée, elle prend de pied ferme son point d'appui sur le sol même, a été,
pour ainsi dire, la propriété exclusive des charpentiers qui s'en servent encore aujourd'hui
dans leurs opérations de levage des bois en général qui contribuent puissamment à l'érection d'une bâtisse depuis le premier étage jusqu'au faîte ; et ce n'a été que plus tard qu'elle
a été affectée au service des maçons, pour le montage de leurs matériaux, tels que pierre,
moellons, etc., etc., lesquels, du reste, étaient, à cette époque, bien loin de comporter,
comme aujourd'hui, des cubes de volumes et poids de 12 à 1,500 kilog., mais relativement
très-faibles.

Plus tard, a été inventé un autre genre de *chèvre*, de dimensions bien moins grandes et
armée d'un treuil d'enroulement avec roues *d'engrenage, leviers–pédales* et *déclic*. Cette
chèvre avait un nom *mobile* parce qu'elle prenait périodiquement position sur chacun
des planchers une fois posés qui lui servaient successivement d'autant de plate s–forme s
jusqu'à la corniche ou couronnement du gros œuvre.

Tout ce travail était fait à main d'homme et suffisait à satisfaire aux exigences des moyens
de ces ascensions successives de donner aux *haubans* une carrière plus longue à la demande
du travail, c'est-à-dire en rapport avec les phases d'élévation de la bâtisse.

Cependant, le *progrès* suivant toujours son cours, et ces moyens d'opérer étant, à la fois
lents et dispendieux, on dut obvier à ce double inconvénient en substituant, suivant les cas,
à ce genre de *machine*, certains systèmes de mécanisme, qui font l'objet de la description
que nous devons, en même temps que la planche 81 qui les représente, à l'obligeance de
M. G.Maurice, rédacteur du *Bulletin de la société d'encouragement pour l'industrie nationale*.

Ces mêmes systèmes sont l'œuvre de M. *Georges*, serrurier–mécanicien très–intelligent et
très–habile qui a su, à partir de 1850, doter l'art de bâtir d'une de ces ressources, dont,
au milieu de diverses autres même plus nouvelles ⸰ on ne saurait se passer aujourd'hui,
surtout pour la bâtisse privée, et dont l'emploi en est à la fois simple et économique.

Laissons actuellement parler l'auteur de la notice descriptive très-succincte de ces divers
appareils élévatoires dits *modernes*, à raison de l'époque relativement encore assez rapprochée, à laquelle ils ont commencé à fonctionner.

« Nous avons reproduit dans le Bulletin de 1859, planche 571, d'après le portefeuille de
« l'École impériale des ponts–et–chaussées, l'appareil de levage à double mouvement com–
« mandé par une petite locomobile dont on s'est servi lors de l'édification de la caserne du
« Prince-Eugène. Les trois autres appareils du même genre que nous allons donner, et dont
« deux sont extraits du même recueil, sont généralement employés à la construction des

---

⸰ Portefeuille économique des machines par C. A *Oppermann*. — A Paris chez *Dunod*, éditeur, quai
des Augustins, 49.

« maisons ; ils se manœuvrent à bras, les deux premiers par un mouvement circulaire con-
« tinu et le troisième par un mouvement circulaire intermittent.

APPAREILS A MOUVEMENT CIRCULAIRE CONTINU.
(PLANCHE 81)

« Fig. 1. Vue de profil du mécanisme de l'un des appareils.

« Fig. 2. Vue de face.

« Fig. 3. Section verticale suivant la ligne XY de la fig. 2.

« Fig. 4. Coupe et élévation du triangle cannelé conducteur de la chaîne qui supporte la
« charge.

« Fig. 5. Vue de face et coupes partielles du mécanisme de l'autre appareil.

« Fig. 6. Vue de profil.

« Fig. 7. Section verticale suivant la ligne WZ de la fig. 4.

« Fig. 8. Coupe et élévation du triangle cannelé conducteur de la chaîne.

« Ces deux appareils ayant une grande analogie, nous allons décrire le second comme
« étant le plus compliqué (fig. 5, 6, 7 et 8) :

« a, a manivelles de commandes.

« b, pignon de 14 dents commandé directement par les manivelles.

« c, roue dentée de 73 dents engrenant avec le pignon b.

« d, pignon de 8 dents monté sur le même axe que le pignon b.

« e, roue dentée de 78 dents destinée à être menée par le pignon d lorsqu'on veut chan-
« ger la vitesse de marche de l'appareil ; ce changement se fait par un simple déplacement
« de l'axe des manivelles.

« f, lame de tôle formant frein et agissant sur une surface cylindrique portée par la
« roue e concentriquement à la partie dentée.

« g, levier de manœuvre du frein.

« H, triangle cannelé conducteur de la chaîne, il est monté sur le même axe que les
« engrenages c et e.

« ii, roues à crochets de sûreté montés sur l'axe des pignons b, d ; leurs dents sont diri-
« gées en sens inverse (fig. 7) afin de permettre à l'appareil de tourner dans les deux sens,

« k, valets des roues à rochets (fig. 7).

« ll, crochets pour relever les valets au moyen d'un anneau qu'ils présentent sur leur dos.

« m, levier avec contrepoids n servant à embrayer le pignon de droite ou de gauche.

« En considérant les fig. 1, 2, 3 et 4, on voit que l'appareil qu'elles représentent est plus
« simple que celui que nous venons de décrire. En effet, après avoir représenté les mêmes
« organes par les mêmes lettres, nous ferons remarquer l'absence du frein f et de son levier
« de manœuvre g, la substitution de simples petites chaînes aux crochets l pour relever les
« valets k, enfin la suppression du levier d'embrayage m et de son contrepoids n. Le dépla-
« cement de l'axe des pignons se fait ici de la manière suivante : les roues à rochets sont
« montées folles sur cet axe, mais rendues solidaires avec lui à l'aide d'une vis à écrou qui
« leur permet de participer au mouvement de rotation ; il suit de là que lorsqu'on veut

33

« débrayer un pignon et embrayer l'autre, on desserre la vis qui serre les roues à rochets,
« on pousse simplement à la main l'axe des manivelles, et les roues à rochets ne pouvant
« participer à ce mouvement de translation horizontale par suite d'un arrêt qu'elles rencon-
« trent, elles sont forcées de rester sous les valets ; on n'a plus ensuite qu'à serrer la vis à
« écrou, et l'appareil est prêt à fonctionner. Quant au triangle H, il diffère à peine de celui
« de la fig. 8.

« *r* (fig. 1 et 3) est un rouleau de renvoi sur lequel passe la chaîne en quittant le
« triangle H.

APPAREIL A MOUVEMENT CIRCULAIRE INTERMITTENT.

« Fig. 9. Vue de face et coupes partielles du mécanisme.

« Fig. 10. Section verticale suivant la ligne I, II de la fig. 9.

« Fig. 11. Détail d'un rochet d'arrêt.

« Fig. 12. Élévation d'un rochet de manœuvre et de son levier.

« Fig. 13. Plan d'un levier et de son rochet.

« AA, rochets de la puissance de 64 dents servant à la transmission du mouvement et
« montés aux extrémités du même axe (fig. 9, 12, 13).

« B, valet à ressort agissant sur le rochet A (fig. 12) et commandé par le levier C, à
« l'extrémité antérieure duquel est un contrepoids D ; le même système est adapté à chaque
« rochet A.

« V, ressort horizontal servant en temps de repos à tenir le valet séparé du rochet qu'il
« commande.

« E, tambour enroulant la chaîne de levage (fig. 9 et 10) et calé sur l'axe des rochets A.

« F, frein manœuvré par le levier G.

« J, rochet d'arrêt et de sûreté (fig. 9 et 11).

« L, valet du rochet J se manœuvrant à la main.

« On sait comment la manœuvre se fait : on appuie sur la queue de chaque levier C, de
« manière à relever le contrepoids D, opération qui fait tourner le rochet A, et par consé-
« quent le tambour E ; puis on relève le levier, on l'abaisse de nouveau et ainsi de suite. Afin
« de produire plus rapidement l'enroulement de la chaîne, on dispose la manœuvre de
« telle sorte que, pendant qu'on abaisse un des leviers, on relève l'autre et réciproquement.

« Signé, G. MAURICE. »

Note de l'auteur. — Ici, il y aurait lieu, selon moi, de parler du fonctionnement isolé de
la *chaîne de tension* qui est absolument le même dans ces divers appareils, et de celui de la
chaîne de guindage, lequel pourrait lui être adjoint pour motif de premier ordre de sûreté et
de garantie dans toutes ses phases d'opération ascensionnelle des fardeaux enlevés à l'aide
de divers mécanismes élévatoires, mais désirant expliquer plus amplement ce détail projeté,
et, cependant, très-important dans l'espèce dont il s'agit, je crois devoir inviter le
lecteur à se reporter aux *Observations* consignées à la suite de la description de la
machine élévatoire Borde, la dernière du présent recueil.

CHAPITRE XVIII

TYPE MONTE-CHARGE HYDRAULIQUE

EMPLOYÉ POUR LES NOUVELLES CONSTRUCTIONS DE PARIS
PAR M. L. ÉDOUX, INGÉNIEUR CIVIL.

Pour bien faire comprendre les propriétés de cette machine élévatoire, je ne saurais mieux faire que de donner textuellement ici la description qu'en a faite Monsieur *Jouve*, ingénieur civil, dans le portefeuille des machines dû à Monsieur C. A. *Oppermann*, ingénieur, constructeur et directeur de ce grand travail [1].

Suit cette description dont la planche 82 donne tous les détails :

« Un nouveau système de montage de matériaux de construction a été essayé l'année
« dernière (1860) par Monsieur L. *Édoux* ingénieur, entrepreneur de travaux publics, et
« commence à passer en pratique, du moins à Paris.

« C'est le montage par équilibre des charges connu et employé depuis longtemps dans
« certaines usines métallurgiques, mais conçu sur une base nouvelle, disposé avec habileté
« et appliqué avec succès par l'inventeur au cas dont nous parlons.

« En principe, deux plateaux sont reliés par une chaîne enroulée sur une poulie à la
« partie supérieure d'une *équipe* ou *sapine* de construction.

« L'un des plateaux étant chargé de matériaux à élever, si l'on vient à charger l'autre,
« jusqu'à ce que les deux charges fassent équilibre, le plus faible effort exercé sur le dernier
« de ces plateaux suffira pour produire le mouvement et, par suite, l'ascension de la charge

---

[1] Dunod, libraire-éditeur, rue quai des Augustins, 49.

« que l'on a en vue d'élever, et que l'on arrêtera en un point quelconque de sa course
« avec la même facilité qu'on l'a mise en mouvement.

« La réalisation pratique du système est des plus simples, et consiste dans l'emploi de
« l'*eau* comme charge additionnelle.

« On utilise la hauteur à laquelle l'*eau* qui court dans les conduits d'une ville est suscep—
« tible de s'élever, ou plutôt la force qu'un poids donné de cette *eau* ainsi élevée peut
« développer en descendant de cette hauteur qui varie d'ailleurs dans une même ville,
« suivant l'altitude des points.

« C'est le trait le plus caractéristique de l'innovation due à Monsieur *Edoux :* production
« d'un travail considérable, en un point quelconque, sans installation de moteur sp écial, au
« moyen de l'*eau* fournie par les conduites forcées.

« A *Paris*, à *Lyon*, à *Marseille*, à *Besançon*, etc., on a à peu près partout l'*eau* en éléva-
« tion au-dessus du niveau des constructions.

« Pour atteindre ce but, les deux plateaux composés de simples madriers juxta posés sont
« établis sur deux cuves en tôle de 0,55 de hauteur sur 2 mètres de largeur et de longueur
« (fig. 4 et 5).

« La capacité en est de 2^m 20 et le poids d'environ 500 k Chacune est guidée par deux
« systèmes de galets sur deux des six montants d'une *sapine* formée par la réunion de deux
« *sapines* jumelles ayant une face commune.

« Sur l'un des montants du milieu s'élève, en même temps que le niveau de la construc—
« tion dans son ensemble un tuyau en fer ou en fonte de 40 millimètres de diamètre intérieur.
« Les bouts de 1^m de longueur sont réunis par le joint *Petit*, l'un des plus faciles à monter.

« La poulie ou molette supérieure de 0^m 45^c de diamètre et à empreinte sur laquelle
« s'enroule la chaîne de suspension, est collée sur un arbre qui porte une autre poulie de
« 1^m de diamètre communiquant par une chaîne plus légère et de maillons plus petits avec
« un système moteur à manivelle (fig. 6 et 7), placé à la partie inférieure de la *sapine,* d'une
« poulie également à empreinte et d'un frein, et manœuvré par le conducteur.

« La poulie supérieure de 0^m 45 renvoie les deux brins de la chaîne de suspension dans
« l'axe des deux cuves au moyen de deux poulies de même diamètre p et p.

« Cela posé, voici comment on procède : l'un des plateaux étant chargé au niveau des
« matériaux à élever, on emplit d'*eau* la cuve supérieure.

« A cet effet, sur le dernier bout posé de tuyau, est monté un collet portant un tube en
« col de cygne et muni d'une allonge en tôle ou en caoutchouc. Cette allonge pénètre par
« une ouverture pratiquée dans les plateaux, et, à l'aide d'une disposition automatique,
« alternative, dans l'une ou dans l'autre cuve, à droite ou à gauche du tuyau, et introduit
« l'eau.

« L'emplissage qui peut durer, selon les hauteurs et les charges, de 3 à 5 minutes, se
« fait en même temps que le chargement au niveau du sol, qui est d'ailleurs beaucoup plus
« long.

« Lorsque l'équilibre est rétabli, ce que l'on tâte facilement, les verrous d'arrêt étant
« tirés, en levant le frein, on arrête l'écoulement de l'eau, au moyen d'un robinet-vanne r à
« portée du conducteur ; le système se met en mouvement de lui-même et sans effort, et la

« charge s'élève avec une rapidité que l'on ne peut comparer à aucun procédé de montage ;
« on modère, s'il y a lieu, le mouvement au moyen d'un frein, qui sert en même temps à
« arrêter la charge juste au niveau voulu.

« Le levier du frein est muni d'un contrepoids et constamment en pression ; dans le
« mouvement des plateaux, le conducteur n'a donc qu'à soulever le levier qui retombe et
« arrête ce mouvement dès qu'il n'est plus soutenu.

« Le niveau supérieur atteint, la cuve d'eau qui se trouve alors au niveau du sol
« peut être vidée par une bonde de fond, antomatiquement, ou mieux à la main au moyen
« d'une chainette qui soulève la soupape, dans une cuvette en maçonnerie d'où l'eau s'é-
« coule dans l'égout.

« Pendant ce temps, on décharge le plateau supérieur dont on emplit la cuve, et l'on
« charge de nouveaux matériaux sur celle d'en bas que l'on vide ; il résulte de cette simul-
« tanéité des quatre opérations une continuité complète et une rapidité extrême dans le
« service de l'appareil.

« Il faut remarquer que l'attache des cuves sur la chaine de suspension est mobile sur la
« longueur de celle-ci, ce qui permet de faire varier la distance verticale des cuves au fur
« et à mesure de l'avancement de la construction.

« Cette attache, représentée fig. 8 et 9, consiste en deux plaques en fer, percées d'en-
« tailles, dans lesquelles entre le dos des mailles de la chaîne, et réunies entre elles par deux
« frettes à coin.

« C'est sur ces deux plaques que s'accrochent les quatre amarres de suspension des pla-
« teaux.

« Le changement de niveau des cuves s'opère par le moyen du treuil A. A cet effet, la
« cuve inférieure étant arrêtée à son niveau et les frettes à coin enlevées, c'est-à-dire
« l'amarre libre le long de ce brin de la chaine, on embraye le pignon du treuil et l'on fait
« monter l'autre brin et, par conséquent, sa cuve de 0m 30 environ au dessus du point où
« l'on veut établir le niveau supérieur. Puis on fixe l'amarre de nouveau et l'on
débraye.

« Les 0m 30 servent à compenser la tension de la chaîne et disparaissent après le dé-
« broyager.

« Les deux bouts inférieurs de la chaine se replient chacun dans une barrique en bois
« enfoncée dans le sol dans l'axe des cuves.

« Cette continuité de la chaine a pour effet d'en équilibrer les deux brins dans toute sa
« longueur. De cette sorte, et par suite de l'égalité de poids et de forme des cuves, les résis-
« tances sont égales dans toutes les positions du système, et satisfont à l'égalité complète
« des mouvements.

« Le poids de l'eau à introduire en contrepoids est donc égal à celui des matériaux à éle-
« ver, plus une fraction de ce poids que l'on peut évaluer à un dixième environ, et qui est
« destinée à vaincre les frottements et autres résistances passives. Il faut encore compter
« un léger excès d'eau qui a pour effet de provoquer le mouvement.

« Il résulte de cette disposition que la longueur de la chaîne doit être d'au moins trois
« fois la hauteur de la *sapine* ou tour de montage, augmentée d'une portion horizontale de

« la chaîne d'environ 3 mètres à la partie supérieure. La chaîne a donc près de soixante-
« dix mètres.

« Cependant M. *Edoux* a réussi à en réduire la longueur en faisant une chaîne sans
« fin.

« Les deux brins se soudent à 1ᵐ 50 environ au dessus du sol, à la partie inférieure de la
« tour, et pendent librement d'une cuve à l'autre. La longueur est réduite à deux fois la
« hauteur de la *sapine*, augmentée de deux fois la portion horizontale de 3 mètres, soit de
« 48 à 50 mètres de longueur totale,

« C'est cette disposition qui est figurée sur le dessin.

« La chaîne de suspension pèse 8 kilog. par mètre courant, ses maillons sont en 18 mil-
« lim., ceux de la chaîne des amarres sont en 14 millim., et ceux de la chaîne de commu-
« nication entre ce treuil et l'appareil supérieur en 10 millim.

« Le niveau du plateau inférieur est assuré par quatre verroux que manœuvre le conduc-
« teur et qui s'engagent sous quatre barres d'arrêt, fixées au pied des montants de la *sa-
« pine*.

« Le niveau supérieur est assuré par ces mêmes verroux s'engageant dans les maillons
« d'une chaîne de 1ᵐ 50 de long qui se déplace le long des montants de la tour au fur et à
« mesure de l'élévation de la construction.

« La prise d'eau se fait sur la conduite qui, à Paris, court dans l'égout. Le service de
« la Ville est chargé de cette prise, et il dispose en même temps, dans les parois de l'égout,
« un manchon en fonte destiné à recevoir le conduit en poterie qui doit servir à la décharge
« des eaux.

« Il faut remarquer d'ailleurs que cette eau n'est pas toujours entièrement perdue ; elle
« peut être utilisée d'abord pour les usages du bâtiment ; de plus, conduite directement par
« le caniveau de décharge dans les ruisseaux de la voie publique, elle peut en opérer le
« lavage de même que celui des égouts où elle finit toujours par se rendre, permettant ainsi
« une économie sur les eaux qu'on emploie d'ordinaire à ce nettoyage.

« Suivant un mode qui commence à se répandre chez les entrepreneurs, M. *Édoux* fait
« avec eux un forfait en vertu duquel il se charge de toute l'installation et du
« fonctionnement de la machine. Le prix en varie naturellement avec l'importance de la
« construction et le délai de montage; et l'extrême variabilité de ces deux éléments rend
« impossible à cet égard toute indication générale.

« Le tableau suivant, du reste, fera saisir, dans tous ses détails, la manière d'opérer de
« M. *Édoux*. Nous y comparons son système hydraulique avec celui du montage par moteur
« à gaz et du montage à bras.

		Machine à 3 chevaux 2 tours 2 mois.		Machine à 2 chevaux 1 tour 3 mois		Un appareil Ledoux 2 mois		Montage à bras. 2 tours	
matériel	Tour de montage.	500		250		300		600	
	Treuil et transm. (locat.)	180		360		»		400	
	Installation.	120	1450	100	1145	200	550	»	1000
	Prise d'eau et de gaz.	50		60		50		»	
	Location de machine.	250		300		»		»	
	Loc. de pompes et access.	50		75		»		»	
matière	Eaux.	180		180		400		»	
	Graissage.	60		75		10		20	
	Pile, électricité.	20	1030	30	1045	»	430	»	100
	Gaz.	710		710		»		»	
	Usure de cordages, etc.	60		50		20		80	
main d'œuvre	Conduite de la machine	270	250	400	700	270	270	2000	2000
	Man. et treuil de guisage	500		300		»			
Frais génér., commissions, prime.		250		250	250	»	250	»	»
			3,300		3,140		1,500		3,100

« Nous prenons l'exemple d'un chantier de 3 à 400 mètres carrés exigeant de 1,000 à
« 1,200 mètres cubes de matériaux à élever, ce qui est une condition assez ordinaire.

« Nous posons en fait que, pour monter ce batiment dans un même délai de deux mois,
« il faut, dans le cas de montage par machine, deux tours élévatoires actionnés par un même
« moteur de trois chevaux.

« Dans le cas d'un montage moins rapide, trois mois, nous supposons un moteur de deux
« chevaux et une seule *sapine*. Pour la consommation de gaz du moteur, nous nous basons
« sur un résultat d'expériences publiées dans ce même travail en novembre 1864, col. 177,
« et portant à 2 m. 61 c. par cheval et par heure la consommation en gaz d'un moteur
« Lenoir.

« Nous admettons enfin que le moteur ne travaille que cinq heures sur dix pendant tout
« le temps de la construction.

« Les chiffres que nous donnons à cet égard, et qui sont loin d'être chargés, ont été pris
« sur place ou établis sur les renseignements fournis par les entrepreneurs de travaux eux—
« mêmes.

« Les chiffres cités dans la colonne du montage *Édoux* sont donnés par M. Édoux lui—
« même.

« Il est nécessaire d'observer que ni l'un ni l'autre de ces chiffres ne tiennent compte du
« bénéfice que doivent retirer les auteurs et propriétaires du système.

« Disons enfin que nous ne citons le montage à bras que comme essai de comparaison :
« il est à peu près impossible qu'un bâtiment de 1,000 mètres cubes se monte à bras en
« deux mois, quelque soit le système employé.

« De ce tableau que nous n'avons pas besoin de discuter plus longtemps, résulte en
« faveur du montage *Édoux* une économie de plus de moitié sur les autres procédés, mais

« quand même les prix de montage seraient les mêmes pour les deux systêmes, moteur à
« gaz, et monte-charge *Edoux*, nous pouvons donner l'assurance qu'en raison des autres
« avantages, rapidité et commodité des manœuvres, sécurité des ouvriers, simplicité d'ins-
« tallation, etc., aucun des entrepreneurs qui ont essayé les deux n'hésiterait un ins-
« tant.

    « Qu'il nous suffise de citer MM. *Demière, Ponsat, Lasnier, Debiée* et tant d'autres.

    « Notre but n'est pas de critiquer, ni de décrier le moteur *Lenoir*. Loin de là, nous le
« prônons au contraire partout où il nous semble devoir rendre des services à l'industrie,
« et nous avons été le premier à applaudir au début son application au montage des
« matériaux de construction par comparaison avec le montage à bras.

    « Mais nous croyons qu'il ne peut soutenir une concurrence raisonnée, dans le cas qui
« nous a occupé, avec le monte-charge hydraulique. Qu'il se fasse simple, rustique, petit
« et bon marché ; ce sont là aujourd'hui ses éléments de succès. »

Signé: R. JOUVE,

Ingénieur civil.

CHAPITRE XIX

APPAREIL DE LEVAGE

EMPLOYÉ A LA CONSTRUCTION DE LA CASERNE DU PRINCE EUGÈNE A PARIS

Si, comme gros œuvre, les travaux d'érection de la caserne du prince *Eugène* ont été exécutés dans un délai si court (2 années, 1858–1859), on reconnaîtra de prime abord que l'entente exceptionnelle de cette opération grandiose dans toutes ses parties, tant de la part de l'*ingénieur* que de celle du *praticien*, est venue fort à propos s'adjoindre l'application de la *mécanique* qui, par ses ressources variées et de tous les jours, a si puissamment contribué à l'édification d'un ouvrage qui peut, avec juste raison, passer pour un vrai *type* dans les grandes constructions de ce genre.

En effet, il serait difficile de se rendre compte des services multiples qu'a rendu l'appareil de levage employé dans cet immense chantier, si l'on ne se reportait *de visû*, à cet imposant quadrilatère présentant dans son ensemble l'aspect d'une citadelle dont toutes les embrasures ne sont autres que des croisées sans nombre élégamment disposées et décorées.

Tel est, cependant, le résultat de deux années d'efforts, d'intelligence et de mise en pratique pour arriver au couronnement de l'œuvre, que l'appareil mécanique dont il est question a dû continuellement servir au montage de *milliers* de mètres cubes de pierre, sans encombre et sans le moindre sinistre.

Ce système élévatoire (voyez la planche 83) trouvera donc très-opportunément sa place parmi ceux de genres différents qui sont compris dans ce recueil.

Je dirai, toutefois, qu'il existe, à mon avis, une certaine analogie entre cet appareil et celui *Edoux*, dans ce sens, qu'à part la nature de moteur qui les fait agir l'un et l'autre, l'un fonctionnant par la vapeur, l'autre, par l'hydraulique, les révolutions combinées d'ascension et de descente sont similaires, avec cette notable différence cependant, que dans le système à vapeur, la rapidité imprimée à ses *marches* et *contremarches* n'admet, dans son parcours, aucun temps d'arrêt.

Du reste la description de cet appareil, que donne ci-après M. G. *Maurice* que j'ai déjà cité plus haut (appareil *Georges*), élimine éloquemment tout autre commentaire à ce sujet.

Pour ce qui est de la chaîne dite de *Guindage* dont j'ai défini l'appropriation possible (voir la description de l'appareil *Borde*), la trouvant applicable à tous les systèmes de montage de matériaux en général, il me deviendrait superflu d'en donner ici l'explication qui, dans l'espèce, ne serait autre qu'une redite pure et simple pour ne pas dire une véritable superfétation.

« La planche 179 que nous reproduisons d'après le portefeuille de dessins de l'École im-
« périale des ponts-et-chaussées, représente l'appareil de levage qui a été employé lors
« de la construction de la caserne du Prince Eugène ; il est à double mouvement, c'est-à-
« dire que l'une des extrémités de la chaîne monte avec sa charge pendant que l'autre des-
« cend chercher la sienne.

« Fig. 1. Élévation du mécanisme vu de face et du côté extérieur de la tour en charpente.

« Fig. 2. Section verticale du même mécanisme suivant la ligne X Y de la fig. 1.

« Fig. 3. Croquis d'ensemble montrant la tour en charpente, le mécanisme, la transmis-
« sion de mouvement et le moteur à vapeur.

« Fig. 4 et 5, détails de différents organes.

« *a* Poignée de manœuvre pour le changement de sens du mouvement (fig. 1 et 2).

« *b* Tige verticale transmettant le changement de mouvement imprimé par la poignée *a*.

« *c* Levier guidant la tringle qui porte les fourchettes des courroies *d*, *e* de la transmis-
« sion, l'une de ces courroies *e* est croisée ainsi que l'indique la fig. 3.

« *ff* Fourchettes traversées par les courroies *d*, *e* servant à faire passer à volonté l'une ou
« l'autre de ces courroies des poulies folles sur la poulie fixe de transmission.

« *gg* Poulies folles situées à gauche et à droite de la poulie fixe.

« *h* Poulie fixe commandant le mécanisme de levage.

« *i* Arbre transmettant le mouvement de la poulie *h* aux organes du mécanisme de le-
« vage, il est réuni à l'arbre de la poulie *h* au moyen d'un manchon *j* (fig. 1) fixé par des
« clavettes.

« *k* Vis sans fin commandée par l'arbre *i* soit au moyen des roues d'engrenage 1 et 2
« comme l'indique la fig. 1, soit au moyen du pignon 3 de la roue 4. Dans ce dernier
« cas l'arbre *i* doit être déplacé et rapproché de celui de la poulie *h* de manière à mettre
« en prise les roues 3 et 4, ce qui se fait facilement à l'aide du manchon d'assemblage *j*.

« Les engrenages 1 et 2 ont trente dents et servent pour les grandes vitesses, le pignon
« 3 en a 19, la roue 4 en porte 55 et tous deux sont affectés aux petites vitesses.

« *r* Valet d'arrêt.

« *l* Roue de 52 dents engrenant avec la vis sans fin *k* et entraînant dans son mouvement
« la roue à gorge qui conduit la chaîne de levage,

« *m* Roue à gorge calée sur l'axe de la roue *l* et conduisant la chaîne de levage. Cette

« roue est représentée dans la fig. 5 par trois coupes indiquant les creux et saillies ménagées
« pour loger et saisir les maillons de la chaîne, la première coupe est faite par un plan per-
« pendiculaire à son axe, la seconde et la troisième ont lieu l'une suivant la ligne x, y et
« l'autre suivant la ligne w z de cette première coupe.

   nn Poulies de renvoi indépendantes l'une de l'autre et fixées en haut de la tour en char-
« pente (fig. 3) dans des plans parallèles ; la fig. 4 en représente une en coupe et l'autre en
« élévation.

   « La chaîne de levage reçoit à l'une de ses extrémités le fardeau à soulever (fig. 3), passe
« sur l'une des poulies n, descend sur la roue à gorge m qui la conduit et la remonte sur la
« seconde poulie de renvoi. Ainsi, tandis que l'extrémité qui est en bas s'élève avec son far-
« deau, l'autre extrémité libre descend pour recevoir à son tour la charge qui lui est destinée.
« La vitesse moyenne d'ascension est de 2 m. 90 par minute quand la commande est faite
« par les engrenages 1 et 2, et de 1 m. 08 lorsqu'elle a lieu par le pignon 3 de la roue 4.

   « s Est une sonnette d'avertissement qu'on manœuvre du haut de l'échafaudage pour
« commander les mouvements de la machine locomobile.

   « La figure 3 indique la construction de la tour en charpente, les travers et les croix de
« Saint André existent sur trois de ses faces seulement, celle qui se trouve du côté de la
« construction étant complétement dégagée pour laisser décharger les matériaux. »

                                                            Signé·G. Maurice.

(Nota). Le dessin de ce mécanisme est extrait du portefeuille de l'École impériale des ponts-et
chaussées.

CHAPITRE XX

APPAREIL ÉLÉVATOIRE A PIVOT ET BASCULE

EMPLOYÉ A LA CONSTRUCTION DU THÉATRE DU VAUDEVILLE A PARIS ET DE LA RUE IMPÉRIALE A MARSEILLE.

Telle est, ci—après, la description de cette machine élévatoire (voyez la planche 84) que je m'empresse d'emprunter à un de nos habiles ingénieurs, M. *de Friol*, qui en a dépeint toutes les circonstances et l'application, dans un style aussi clair que précis, dans tous les détails qui en font le thème [1].

« Lors de la construction des maisons monumentales qui longent le quai de la *Joliette* à « *Marseille*, M. *Borde*, ingénieur civil, constructeur, fut mis en demeure d'exécuter ces tra-« vaux dans un délai fort court.

« Reconnaissant l'insuffisance des moyens mis en usage jusqu'alors et l'impossibilité « d'arriver en les employant dans les délais voulus, il fut conduit à créer un nouvel engin, « permettant d'activer le travail dans des proportions considérables.

« La description des *grues* à vapeur dites *machines Borde*, qu'il imagina à cette époque, « a été donnée en 1860 dans le *Portefeuille des machines*, nous nous abstiendrons donc d'y « revenir.

« L'appareil que nous présentons aujourd'hui est celui employé actuellement à la con-« struction du théâtre du *Vaudeville*, et qui présente sur ceux employés à *Marseille* divers

---

[1] Voir le Portefeuille économique des machines etc. composé par M. C. A. *Oppermann*, ingénieur constructeur, directeur de cet important travail.

Chez *Dunod*, libraire éditeur, Quai des Augustins, 49, à Paris.

(*Livraison de septembre* 1867.)

« avantages tels que : meilleure répartition de pression sur les points d'appui de la base,
« disposition particulière du mât de chargement, qui rend le mouvement plus facile et dis—
« pense d'un aussi grand déploiement de force, enfin élégance dans la construction et plus
« grande simplicité dans l'engencement des pièces.

   « M. *Borde*, pressé par les circonstances, n'avait pas évidemment songé dès l'origine, à
« étudier tous les perfectionnements dont son nouvel *engin* était susceptible, et ce n'a été
« que plus tard qu'il s'arrêta au modèle que nous représentons agrandi et qui se trouve ex-
« posé au Champ de Mars.

   « Grâce à cette machine le théâtre du *Vaudeville* a pu être amené en quelques mois à la
« hauteur du deuxième étage; encore, devons-nous faire observer que l'on est loin d'utiliser
« complétement sa puissance.

   « Pour le détail des pièces nous renvoyons à la légende placée à côté du dessin.

   « Le mode de fonctionnement de l'appareil est des plus simples : monté sur un chariot
« roulant, il peut se transporter parallèlement à la façade de l'édifice à construire, puis, en
« inclinant plus ou moins le *mât* de charge, on fait arriver les matériaux en un point quel-
« conque de la construction.

   « Deux hommes suffisent à toutes ses manœuvres ; nous ne nous étendrons pas ici sur
« les avantages que peuvent présenter les *machines Borde*, sur les treuils dont on se sert
« ordinairement pour les mêmes usages.

   « Nous nous contenterons de citer quelques chiffres d'une éloquence supérieure à tout ce
« que nous pourrions dire et qui résultent d'une étude comparative faite par M. *Borde*, à la
« Bourse de *Marseille* au quai de la *Joliette*.

   « La Bourse de Marseille nécessitait l'emploi de 15,000 mètres cubes de pierre de taille,
« élevés à 16 mètres de hauteur.

   « Huit treuils mus par deux ouvriers chacun, avaient été installés pour servir au levage
« des matériaux.

   « Voici en résumé les résultats obtenus :

Temps pour montage et pour un bloc de brèche entier. Cube . . .	3,000 k.
Cube élevé en dix heures de travail par un treuil . . , . . .	3 m. 60 c.
Et pour les huit treuils	28 m. 80 c.

Prix de revient du mètre cube en prenant la moyenne sur 300 jours de travail.

Intérêt et entretien pendant 300 jours pour les huit treuils coutant chacun 500 fr. .	4,000 fr. 00
3,800 journées d'ouvrier à 3 fr. . . .	11,400 fr. 00
Total	15,000 fr. 00

Soit 50 fr. par jour.

Ce qui donne *quinze mille mètres cubes*, 15,000 mètres cubes
à 1 fr. 73 c. . . . ., ...   209 fr. 50
Échafaudage défalcation faite de la revente des bois . . . . .   700 fr. 00

                        Dépense totale . . . .   959 fr. 50

Si, maintenant, au lieu d'employer les huit treuils, on eut employé, ce qui eut été facile sans gêner le service, quatre machines *Borde*, on serait arrivé, en se basant sur les résultats obtenus au quai de la *Joliette*, aux chiffres suivants :

Temps pour monter un bloc de 30 cent. cubes (secondes) 427,00.

Cube élevé en dix heures de travail par une machine . . . . . 25 m. 35 c.

Cube pour les quatre machines. . . . . 101 m. 40 c.

Prix de revient du mètre cube calculé sur une moyenne de 300 jours de travail.

Intérêt calculé et usage de quatre machines coûtant l'une	7,200 fr. 00
Mécaniciens, chauffeurs.	12,800 fr. 00
Charbon, 226 tonnes à 40 fr.	9,040 fr. 00
Total.	29,040 fr. 00

Soit 96 fr. 20 c. par jour.

Ce qui donnerait 15,000 mètres cubes à 0 fr, 96 c. . . . . . 14,400 fr. 00

Dépréciation des machines . . . . 4,800 fr. 00

Total de la dépense. . . . . . 19,200 fr. 00

Bénéfice résultant de l'emploi des machines *Borde*, 76,750 fr., soit 80 0/0.

Il n'y a évidemment rien à ajouter à de semblables résultats.

Dans le premier cas 520 jours.

Dans le deuxième cas 148 jours.

« Il est cependant un petit perfectionnement que nous croyons utile de signaler, et qui « pourrait être facilement adapté aux *machines Borde*.

« Ce serait de mettre en communication avec la roue motrice l'arbre du treuil de rappel ; « on éviterait ainsi la manœuvre à la main du *mât de chape*, travail qui ne laisse pas que « d'être assez fatiguant pour les ouvriers.

« Si maintenant, malgré les avantages qu'elles offrent aux constructeurs, nous voyons les « *machines* de M. Borde aussi peu répandues qu'elles le sont, nous ne devons l'attribuer « qu'à la difficulté qui existe, principalement à Paris, de vaincre la routine et de faire « admettre une innovation dans l'art de bâtir, quels que soient, du reste, les bénéfices qu'elle « puisse rapporter.

« A l'objection que l'on pourrait faire que ces machines sont trop puissantes et ne peuvent « être complétement utilisées dans les constructions particulières, nous répondrons d'abord « que ces machines peuvent être établies dans des conditions très-variées ; qu'ensuite, en « admettant même que la moitié de leur travail soit utilisée, il y aurait encore bénéfice à les « employer.

« Enfin, il est évident qu'une seule machine pourrait parfaitement approvisionner de « matériaux les ouvriers de divers bâtiments situés sur la même ligne, sans qu'il puisse « pour cela en résulter aucune confusion, ni dans le travail, ni dans les intérêts distincts « qui se trouveraient engagés, et en conservant aux divers chantiers toute leur indépen— « dance.

« Mais ce serait surtout pour la construction de grandes voies comme les boulevards

« Saint–Germain et de l'Impératrice etc., que ces machines deviendraient réellement utiles
« et permettraient de réaliser d'immenses bénéfices. »

Signé: DE FRIOL

Ingénieur.

OBSERVATIONS

Comme je l'ai dit plus haut, la création déjà si longtemps attendue de ces diverses machines élévatoires, dites modernes, indique éloquemment les progrès multiples que, de nos jours, l'art de bâtir est en droit d'exiger à raison des ressources de toute nature qu'il a su enfin deviner en vue des embellissements sans nombre dont il ne cesse de doter surtout nos principales villes, tant sous le rapport des monuments que des édifices publics, voire même des maisons ou établissements privés.

Cependant, comme généralement il ne peut se découvrir rien de parfait du premier jet, et que toute invention quelle qu'elle puisse être, admet presque toujours certaines modifications, augmentations ou simplifications que fait successivement éclore la mise en pratique, je suis fondé à croire que les quelques réflexions qui, du reste, ne me sont suggérées que par la prudence, touchant certaines parties d'agencement de l'appareil élévatoire *Borde* (et j'en dirais autant de celui *Edoux* au seul point de vue du fonctionnement, en un mot sa *chaîne de tension*), seront facilement acceptées sans qu'elles se trouvent, pour cela, motivée par des précédents à l'appui de ce que je vais avancer.

En effet, dans le cas donné où est cette machine d'avoir toujours à enlever par intervalles de temps très–rapprochés, des fardeaux relativement considérables, la *chaîne* d'ascension doit être, nécessairement à la longue, plus ou moins fatiguée dans la plus grande partie de ses maillons, et, dès lors, il pourrait malheureusement se faire que un ou plusieurs de ces mêmes maillons se trouvant, par le fait d'une impulsion plus ou moins biaise, soumis à une puissance de tension en rapport direct avec cette même impulsion, viennent, en se rompant instantanément, à abandonner le fardeau dans le vide et occasionner ainsi des malheurs dont on ne peut calculer la portée.

Toutefois, à l'appui de ce raisonnement, prenons un exemple frappant qui ne laisse pas que de se produire assez fréquemment, celui de la *chaîne du touage*, dans son parcours de la *Seine* à la fin d'*Oise* (88 kilomètres [1]) eu égard aux nombreuses sinuosités du fleuve qui impriment, en raison des directions variées, nombre de mouvements de traction plus ou moins biaise, lesquels contrarient nécessairement ceux de traction directe qui fait la principale force des maillons eux–mêmes à raison de leur forme et de la résistance éprouvée que celle–ci leur donne.

Mais, ici, cette *chaîne* que l'on peut appeler *sous–marine* n'étant que traînante sur le lit du fleuve et s'enroulant comme se déroulant périodiquement, par degrés continus, sur un treuil qui en accélère ou en arrête la course à volonté, il s'en suit que le sinistre, en tant qu'il vient à se manifester, se borne à une phase d'arrêt d'abord, autrement dit *Stop*, puis au

---

[1] Vingt-deux lieues.

remplacement des maillons brisés par leurs similaires qui, par précaution, se trouvent toujours à la disposition du mécanicien.

Mais dans la question dont il s'agit, le cas et les suites de sinistre différant du tout au tout, je pense avec juste raison qu'il serait d'une opportunité incontestable de faire accompagner la *chaîne* de *tension* d'une autre *chaîne* dite de *guindage* qui suivrait la même direction que la première, mais à l'état de retrait à peu près libre, afin que la *chaîne* de *tension* venant à être disjointe par l'effet de la trop grande puissance du poids suspendu, celle de *guindage* puisse, à son tour, éprouver, dans une secousse spontanément trop forte, un effet de tension, tel, que si elle cédait, la chute du fardeau suspendu n'étant pas instantanée comme dans le premier cas, et les ouvriers se trouvant, par cela même, nécessairement avertis, la gravité du sinistre ait à se borner à une avarie purement matérielle.

Du reste, le motif qui m'autorise à émettre une telle opinion gît dans l'exemple du levage et mise en place de l'obélisque de Luxor sur la place de la Concorde en 1836.

En effet, ce gigantesque monolithe, bien qu'obéissant, dans son ascension parabolique, aux mouvements gradués de sa *chaîne* de *tension*, celle-ci avait été préalablement doublée par une *chaîne* dite de guindage destinée à convoyer avec elle jusqu'au sommet de l'ascension parabolique, qui, au moment de l'érection proprement dite de l'obélisque et de sa mise en demeure sur son centre de gravité, est venu puissamment soulager celle de *tension* dans une certaine partie des révolutions du parcours ascensionnel de cette dernière jusqu'à son point d'arrivée.

Et qui sait si, sans ce système de *guindage*, le célèbre ingénieur *Lebas* aurait amené à si bonne fin et dans un laps de temps aussi court (25 minutes) cette opération aussi hardie qu'encore inconnue de la plupart des hommes du métier.

En résumé, ce système préservatif d'accidents peut-être appréciables dans l'espèce, qui aurait bien son mérite, loin de nuire à la marche régulière de ces sortes de machines élévatoires, contribuerait, au contraire, essentiellement selon moi, à donner lieu à une entière confiance en éliminant toute crainte de sinistre immédiat à l'endroit de certaines catastrophes inouies qui ont déjà surgies à l'improviste et en dehors de toute prévoyance humaine.

FIN DU RECUEIL DES MACHINES DITES ANCIENNES ET MODERNES, APPROPRIÉES
A L'ART DE BATIR.

EXPLICATION DES PLANCHES

COMPRISES

DANS L'ATLAS DU PREMIER VOLUME

———

———

EXPLICATION DES PLANCHES

DE LA

DEUXIÈME PARTIE

PLANCHE 60

Plan, élévation et vues détaillées d'un pan de tôle de refend avec remplissages en briques creuses perforées.

PLANCHE 61

Plans, coupes et détails d'un poteau *cornier* en tôle et briques creuses perforées.
Plan et élévation d'une partie de cloison en tôle et briques creuses perforées.

PLANCHE 62

Plan, coupes et vues de profil de divers systèmes de combles, construits exclusivement en tôle.

PLANCHE 63

Plan, coupes et détails de diverses parties de toiture exclusivement en tôle.
Élévations et vues détaillées de divers outils employés pour le percement des tôles en général.

PLANCHE 64

Plan, coupe et élévation d'une fermeture de boutique, exclusivement en tôle.

PLANCHE 65

Plan, coupes, élévation, détails, du Pont de la place de l'Europe construit exclusivement en tôle et bandé en briques perforées.
Coupe et vue détaillée du pont en tôle couvrant le tunnel de la place de l'Europe.

PLANCHE 66

Fig. 1. Machine à draguer selon M. Raucourt.
Fig 2. Machine à draguer selon M. Guillaume.

PLANCHE 67

Grues tournantes qui servaient autrefois dans la construction des édifices publics.

PLANCHE 68

Engin ou grue mobile à l'usage des ports et des bâtiments en général (système de M. de Laperelle).

PLANCHE 69

Fig. 1 Treuil à un seul pignon et à un seul engrenage.

Fig. 2 Double chèvre, employée à la pose des voussoirs du pont d'Iéna.

PLANCHE 70

Grues tournantes sur le demi-cercle, en usage dans les manufactures, usines, entrepôts, etc., etc.
Fig. 1. Grue suivant M. Ch. Eck.
Fig. 2. Grue suivant M. H. Roux.

PLANCHE 71

Grues tournantes à l'usage des ports, etc.
1er système } suivant M. Ch. Eck.
2e système }

PLANCHE 72

Grue portative à doubles bras mobiles, employée dans les ateliers de MM. Maudsley, à Londres.
Fig. 1. Élévation latérale de la grue chargée de son fardeau.
Fig. 2. Élévation, vue par devant, de la même.
Fig. 3. Le plateau vu séparément en plan.
Fig. 4. Coupe verticale du plateau et du chariot.
Fig. 5. Le chariot vu en plan.

PLANCHE 73

Fardier pour le transport des blocs ouvragés dans les grands édifices publics (système de M. Guillaume)

PLANCHE 74

Chariot à engrenage, propre au service des fortifications, fonderies, chantiers de construction, usines, etc. (système de M. Ch. Eck).
Plan et élévation du chariot, détails du harnais moteur.

PLANCHE 75

Machine à enlever les chapiteaux corinthiens et autres fragments de sculpture des édifices publics (système de M. Ch. Eck).
Fig. 1. Coupe de la machine à tiges sans brisures.
Fig. 2 Coupe de la machine à tiges à brisures.
Détails de diverses pièces.

PLANCHE 76

Chariot et échafaud-machine qui ont servi pour le transport et la pose de la statue équestre de Henri IV, sur le Pont-Neuf système de M. Guillaume).

Plan et élévations de l'échafaud.

Machine supportant la statue.

Élévation du chariot chargé de la statue.

PLANCHES 77 et 78

Échafaud et chèvre-chariot qui ont servi pour l'ascension et la pose de la statue de Napoléon sur la colonne.

MM. Lepeire, Hittorff et Vilain, architectes.
Charpenterie, par M. Duprez.
Serrurerie, par M. Roussel.

La planche 77 contient :

Plans et élévations des deux étages de l'échafaud.

La planche 78 contient :

Fig. 1. Plan et élévations de la chèvre chariot.

Statue de Napoléon mise en place sur la Colonne.

Camp de Boulogne (sur mer)

Fig. 2 Plan et élévation d'une machine qui a servi pour le levage des fermes, dans la construction des estacades (système de M. Guillaume).

PLANCHE 79

Machine à faire les tambours ou tronçons de colonnes de divers diamètres (système de M. Jarry père).

Plan et élévation de la machine, détails des tournants.

PLANCHE 80

Scierie mécanique à mouvement horizontal (système de M. Ch. Eck).

Plan, élévation et coupe de la scierie.

DE L'USAGE DE DIVERSES MACHINES DITES MODERNES
APPROPRIÉES A L'ART DE BATIR

Notions préliminaires et description d'un Fardier *Binard* dit bardeur.

PLANCHE 81

Appareils divers de levage employés dans les constructions à Paris (système de M Georges).

PLANCHE 82

Type monte-charge hydraulique employés pour les nouvelles constructions à Paris (système de M. Édoux).

PLANCHE 83

Appareil de levage, employé à la construction de la caserne du Prince-Eugène, à Paris.

PLANCHE 84

Appareil élévatoire à pivot et bascule employé à construction du théâtre du Vaudeville à Paris et de la rue Impériale à Marseille (système de M. Borde).

FIN DE L'EXPLICATION DES PLANCHES

TOME PREMIER

TABLE DES MATIÈRES

FIN.

Abbeville. — Imprimerie de P. BRIEZ

www.ingramcontent.com/pod-product-compliance
Lightning Source LLC
Chambersburg PA
CBHW070256200326
41518CB00010B/1807